生态学与生态文明教育丛书

生态文明建设的生态学透视：原理与应用

主编 段昌群

中国林业出版社
China Forestry Publishing House

本书是"生态学与生态文明教育丛书"之一，是面向领导干部的生态学读本，旨在对领导干部介绍生态学是什么、有什么用，生态学在生态文明新时代中对自然-经济-社会复杂系统的问题怎么看、怎么办、怎么干。通过对生态学基本原理和应用实践的阐述，为领导干部了解基本生态学原则、服务科学决策提供知识与理论支持；通过对自然生态法则的诠释，增强领导干部尊重生态规律、处理复杂生态环境问题、全面理解生态文明和建设美丽中国的科学能力和行动自觉性。

图书在版编目（CIP）数据

生态文明建设的生态学透视：原理与应用：生态学与生态文明教育/段昌群主编. -- 北京：中国林业出版社，2024.12. -- ISBN 978-7-5219-2998-0

Ⅰ.X321.2

中国国家版本馆CIP数据核字第20241RS505号

策划和责任编辑：印　芳
营销编辑：蔡波妮

─────────────────

出版发行：中国林业出版社
　　　　（100009，北京市西城区刘海胡同7号）
电话：010-83143565
印刷：河北京平诚乾印刷有限公司
版次：2025年1月第1版
印次：2025年1月第1次
开本：710mm×1000mm 1/16
印张：19.5
字数：400千字
定价：69.00元

生态学与生态文明教育丛书
编委会

丛书学术顾问

傅伯杰	院士（中国科学院地理研究所）	张福锁	院士（中国农业大学）
贺克斌	院士（清华大学）	杨志峰	院士（广东工业大学）
吴丰昌	院士（中国环境科学研究院）	王焰新	院士（中国地质大学）
夏　军	院士（武汉大学）	朱　彤	院士（北京大学）
孙　航	院士（中国科学院昆明植物研究所）	余　刚	院士（北京师范大学）
汪华良	院士（华东理工大学）	杜官本	院士（西南林业大学）
安黎哲	教授（北京林业大学）	吴文良	教授（中国农业大学）
盛连喜	教授（东北师范大学）	王艳芬	教授（中国科学院大学）
胡春胜	研究员（中国科学院遗传所）	刘　庆	研究员（中国科学院成都分院）
卢宝荣	教授（复旦大学）	拉　琼	教授（西藏大学）

丛书编写指导

周学斌　马文会　吴　涧　段兴武　唐年胜　宋光兴　陈利顶　李　博　张志明

丛书总主编　段昌群

丛书副主编

付登高　刘嫦娥　王瑞武　达良俊　周　睿　王海军　张效伟

丛书编写主要参与单位

云南大学　华东师范大学　西北工业大学　西安建筑科技大学　重庆大学
北京市生态环境局　中国科学院昆明动物研究所　云南农业大学　昆明理工大学
贵州大学　江西农业大学　陕西师范大学　江西师范大学　山东大学　南京大学
云南省科学技术厅　云南省科学技术学会

丛书编写委员会

段昌群　付登高　刘嫦娥　王瑞武　达良俊　王海军　周　睿　石　辉　黄国勤
李　元　王海军　杨永川　张效伟　谭正洪　李维薇　张乙铭　常军军　王海娟

总协调员　刘嫦娥

《大学生态学》编写组

主　　编	段昌群	付登高					
副 主 编	周　睿	黄国勤	达良俊	李　元	张效伟		
编写人员	段昌群	付登高	周　睿	简敏菲	黄国勤	达良俊	李　元
	刘嫦娥	王海军	李世玉	李娇娇	王海娟	杨永川	李维薇
	刘　刚	张淑萍	张效伟	徐润冰	李　博	袁鑫奇	于雅东
	李　婷	赵洛琪	潘　瑛	郭卫华			
出版机构	高等教育出版社						
责任编辑	高新景						

《生态文明建设的生态学透视：原理与应用》编写组

主　　编	段昌群						
副 主 编	王海军	张乙铭	王瑞武	石　辉	谭正洪	杨永川	
编写人员	段昌群	张乙铭	付登高	周　睿	刘嫦娥	赵洛琪	汪斯琛
	吴晓妮	王海娟	赵　耀	石　辉	李娇娇	谭正洪	杨永川
	王海军	张效伟	刘　刚	王瑞武	费学海	李　婷	王春雪
	于雅东	袁鑫奇	潘　瑛				
出版机构	中国林业出版社						
责任编辑	印芳						

《大众生态学》编写组

主　　编	段昌群	刘嫦娥					
副 主 编	付登高	常军军	王海娟	李维薇	张效伟	杨雪清	
编写人员	段昌群	阎　凯	常军军	何高迅	贺克雕	陈冬妮	王　洁
	王海娟	肖　俞	李维薇	张雅静	丘庆添	吴家勇	土　琦
	杨化菊	张星梓	刘嫦娥	闵诗艺	张效伟	杨雪清	李小琦
	吴晓妮	曾　铭	任　佳	唐　蕊	唐春东	单麟茜	王盛泓
	李　旭	史琳珑	胡宇蔚	李　琴	吴博涵	周　锐	卿小燕
	李娇娇						
出版机构	人民出版社						
责任编辑	郑海燕						

丛书前言

纵览世界发展，任何国家和地区，在经济社会快速发展的过程中，都受到资源与环境的约束，只是不同的国家和地区解决资源环境问题的路径不同。欧美等西方发达国家通过殖民化、不公平的世界政治经济格局、科技先发优势等，主要从发展中国家和地区获取资源，向其转嫁环境问题，在取得发展的同时，保护了自己的环境，维护了本土的资源。中国现已成为世界第二大经济体，经济社会迅猛发展对资源环境的要求十分迫切，作为一个负责任的大国，虽然国土资源环境存在先天不足，但也不可能像美国等西方发达国家那样解决发展中的资源环境问题。中国主要通过自己的努力，积极主动地保护大自然，维持和提升资源承载力与环境容量，在资源可承载、环境允许的范围内进行优化发展，即文明地对待自然，通过自然的良性运转而持续不断地为经济社会发展提供资源保障与环境支持。这是中国生态文明建设的核心要义，也是中国为人类社会构建文明新形态的重要内容。

生态文明建设是关乎中华民族永续发展的根本大计，在持续纵深推进国家生态文明战略中，科学技术必将成为解决这些问题的关键力量。生态学已发展成为探讨和解决包括人类在内的所有生物如何科学生存、持续发展的科学体系，并成为人类维护地球资源环境支撑能力及可持续生物圈的核心学科之一，为此成为服务和支持国家生态文明建设、实现人与自然和谐共生现代化的关键基础学科之一。在"生态建设""生态产业""生态安全""生态文明"成为国家经济社会发展的重要目标和基本方位时，生态学在国家的政治、经济、社会、教育、文化、科技等领域中的地位更加突出，未来的生态学将可能像语文、数学、历史、地理一样，成为全社会各个领域、各个行业、各个部门的基础性知识需求和认知基础。

数千年来，尊重自然、顺应自然的朴素思想，成为中华民族持续发展和文明永续不竭的重要动力。在现代社会，我们要解决诸多资源环境问题，需要从极富现代生态学内涵的中国传统文化中汲取思想智慧，共筑认知基础，并内化于心、外化于行，积极应对挑战。与此同时，现代生态学快速发展，形成探究大自然如何运转、生命如何通过进化以适应变化的环境知识体系，已成为当今最具活力的学科之一。中国传统文化的思想羽翼与现代生态学的强劲动力的耦合，必将赋能生态文明发展与美丽中国建设。可以预见，由于社会的巨大需求推动，未来中国的生态学不仅能获得更快更好的发展，更能为经济社会发展提供知识力量和科学思想的引领，生态学知识也将成为大学生、领导干部，乃至每位公民必备的基本常识。

云南大学作为我国生态学与宏观生物学的重要科研与人才培养基地之一，百年来秉承"会泽百家，至公天下"的校训，一直围绕社会进步与国家发展办学。在国家"双一流"大学建设中，把习近平总书记要求云南"维护好我国西南生态安全屏障、成为生态文明建设排头兵"作为国家生态学"一流学科"建设的根本遵循。在通过高水平的科学研究与人才培养服务国家和地方发展需求的同时，也认真思考如何向社会提供生态学方面的公共服务。我们在调研中发现，作为生态文明建设的核心基础科学，生态学的基本知识、基本思想、基本原则远没有在社会中形成常识和常理，经济社会领域违背生态常识、不尊重生态规律的事情时有发生。为此，如何让生态学在大学校园里生根，让生态学走向社会，让领导干部和普通民众接受生态学的科学启智与思想洗礼，成为建设生态文明、建设美丽中国，迈向人与自然和谐共生现代化的重要全民教育工程。

有鉴于此，我们组织了"生态学与生态文明教育丛书"编委会开始实施这一教育工程。从10多年以前开始酝酿，丛书规划及大纲经过10多次修订，文稿经过5次修改，终于付梓出版。本丛书在编撰过程中，得到了国内诸多专家和领导的建设性意见，他们是：傅伯杰院士、张福锁院士、贺克斌院士、杨志峰院士、吴丰昌院士、王焰新院士、夏军院士、朱彤院士、孙航院士、余刚院士、汪华良院士、杜官本院士、安黎哲教授、吴文良教授、盛连喜教授、王艳芬教授、胡春胜研究员、刘庆研究员、卢宝荣教授、拉琼教授。本丛书的编写，纳入云南大学生态学"双一流"学科建设、环境科学与工程一流专业建设、高原山地生态与退化环境修复云南省重点实验室、云南省段昌群院士工作站、云南生态文明建设智库等工作内容，得到了周学斌、马文会、吴涧、段兴武、唐年胜、宋光兴等校内外领导的支持，还得到陈利顶、廖峻涛、张志明、李博、耿宇鹏等院内专家的支持，以及老一辈生态学家王焕校教授的热情鼓励。高等教育出版社高新景、中国林业出版社印芳、人民教育出版社郑海燕等编辑们也给予宝贵支持，在此一并感谢。

虽然生态学还远没有发展成熟到支撑一个伟大的社会变革和人类进步的程度，但它呈现出的既有认知，尤其是关于所有生命如何智慧生存、持续发展的人类思想光芒，已经穿透过去的迷雾，照耀未来人与自然和谐共生之路。牛顿力学促进人类从农耕文明向工业文明转变，爱因斯坦的相对论拓展人类向信息时代发展，未来人类的发展道路也需要理论知识引领，生态学在生态文明时代当有所贡献。我们希望能在这个伟大的历史发展时期做一点生态专业人员的微薄努力和贡献。因为能力和水平有限，书中难免存在缺陷或不足，敬请读者指出并反馈给我们，我们心存感激，并在以后修订中认真学习吸纳。另外需要说明的是，由于编写历时久，参与人员多，涉及学科领域广，编委会尽力列出引用的文献资料，可能难免有遗漏或引文不妥，如有敬请告知，当尽力补正或删除。相关信息请反馈到 cn-ecology@qq.com。

"生态学与生态文明教育丛书"编委会
2024 年 8 月

本书前言

中国特色的生态环境保护道路，其鲜明的特点就是加强党的领导，把生态环境保护作为国家目标和意志，通过党政领导的施政决策、管理，将其转化为经济社会发展中遵循的刚性要求而一以贯之。这样使我们在建设中国特色社会主义现代化、实现中华民族伟大复兴的历史进程中，一方面满足了经济社会快速发展对资源的巨大需求，守住了生态环境的底线和红线；另一方面，不仅较好地规避了西方国家曾经走过的"先污染、后治理"的老路，同时历史性地把生态环境保护与经济社会发展有机融合在一起，实现了环境与发展的协同进步，创建了人与自然和谐共生现代化、走向生态文明的人类文明新形态。

领导干部是生态文明建设的关键力量。他们在决策管理中对自然生态法则理解的程度，决定了他们对生态文明建设的自觉程度。生态学是探讨包括人类在内的所有生命体系科学生存、智慧发展的科学体系，是生态文明建设的自然科学武器，更是生态环境保护的核心理论源头。将生态环境保护的生态学理念内化于决策者心中，进而外化形成主动保护生态环境的具体行动，在行动中结出推进生态文明的实践之果，是生态文明新时代领导干部科学施政、先导决策、前瞻管理的学理逻辑。特别是党的十八以来，党政领导干部生态环境保护问责制作为我国生态文明建设的重要政治制度，对领导干部如何用生态学的理论思想，前瞻性、预警性地研判生态环境保护与经济社会发展的复杂关系，真正在高质量发展中进行高质量保护，提出了更高、更新的要求。有鉴于此，作为国家生态学双一流学科建设的高校，云南大学积极探索如何把生态学的科学思想体系以较为简洁明了的形式呈现出来，让生态学从大学象牙塔真正走出来服务生态文明的社会实践，特组织专家学者编写了旨在面向领导干部的生态学读本——《生态文明建设的生态学透视：原理与应用》，以满足当前干部学习和培训的紧迫需求。

需要特别指出的是，近年来，各级党委政府将习近平生态文明思想纳入领导干部教育培训体系，领导干部学习研究习近平生态文明思想的热情高涨。如何把习近平生态文明思想的学习引向深入，就需要进一步探究这些思想深处的科学内涵和知识源头。生态学作为生态文明思想的自然科学的重要知识源头之一，自然成为领悟习近平生态文明思想应该深入学习的科学知识内容。

领导干部应掌握的生态学知识和理论，既无需太过专业，但也不能停留在常识与科普层面，为此，我们在长期开展的领导干部培训中摸索出一套大多数学员认同的生态学知识体系，就是既要体现生态学理论对经济社会管理和决策的指导性和引领性，也要根据领导干部面临具体的保护与发展难题中的实际场景，体现生态学的实践性和应用性。为此，本书内容在遴选和组织安排上，更多介绍生态学如何认识大自然，生态环境问题具有什么样的特点，研判生态环境问题应该把握的生态学原则，围绕环境、资源、人口等与生态学直接相关的重大经济社会问题如何应用生态学原理和方法去剖析等作为重点。

把生态学复杂的学科理论、知识体系进行凝练，作为领导干部学习习近平生态文明思想后的科学知识补充，对我们编写组是一个巨大的挑战。在编写过程中，我们得到了学术界专家的指导，还得到了相关行业和部门领导的建议和支持，他们的名单在丛书的学术顾问委员会、编写指导委员会中列出，这里再次表示衷心感谢。

作为"生态学与生态文明教育丛书"之一，《生态文明建设的生态学透视：原理与应用》，其定位是领导干部生态学读本，编写历经5年，几易其稿，终付梓出版。本书由段昌群起草大纲、组织编写和全书统筹。编写人员主要有：周睿、刘嫦娥、赵洛琪、汪斯琛、吴晓妮、王海娟、赵耀、李娇娇、王海军、张效伟、刘刚、费学海、李婷、王春雪、于雅东、袁鑫奇等；作为副主编，王海军、张乙铭、王瑞武、石辉、谭正洪、杨永川等分别负责对本书各章进行统稿和校阅。

鉴于编写针对领导干部的生态学读本，缺乏国内外同类工作的参考和借鉴，加之组织者、编写者能力与水平的局限，书中难免有诸多问题，热切期望读者及使用者提出宝贵意见（电子邮件请发：cn-ecology@qq.com），以便修订时进行补充和完善。

《生态文明建设的生态学透视：原理与应用》编写组
2024年8月

目　录

丛书前言
本书前言

第一篇　导论：新时代领导干部需要学习生态学

一、生态文明新时代生态学是人生必修课 ·································002
　　1. 把握时代脉搏是领导干部应该具备的基本素养 ···················002
　　2. 中国进入生态文明建设新时代 ·······································002
　　3. "生态"很热，但你知道的可能不是"真生态" ···················004
　　4. 了解真正的生态学，站在科学制高点上认识人与自然 ··········005
　　5. 生态学还是方法论，师法自然是人类获取生态智慧的方略 ·····006

二、生态学是自然界的经济学，也是人类智慧生存的思想熔炉 ·······009
　　1. 自然界没有永久性的环境污染问题 ·································009
　　2. 自然界没有持续性的资源危机问题 ·································010
　　3. 中国传统优秀文化的现代生态学内涵 ······························011
　　4. 生态学如何破解人类社会的资源环境问题 ························012

三、生态学是理解国家生态环保大政方针、生态文明国家方略的科学基础····013
　　1. 中国快速发展与生态环境问题的特点 ·······························013
　　2. 中国生态环境保护政策的演进 ·······································015
　　3. 生态学与生态文明建设的科学内涵 ·································017

第二篇　基本生态现象与规律

一、生物生存需要资源与环境 ··024

1. 生命的基本特征 ·· 024
　　2. 生命对资源和环境的依赖 ·· 025
　　3. 生物在获取资源与环境中的适应 ······································ 026
二、生存发展是同种生物群体性生命活动 ································ 030
　　1. 生物的种群 ·· 030
　　2. 种内关系 ·· 032
　　3. 种间关系 ·· 035
　　4. 种群相互作用 ·· 037
三、不同生物彼此需要、互为条件 ·· 038
　　1. 物种之间的联系 ·· 039
　　2. 群落中生物组合 ·· 044
　　3. 群落的变化 ·· 047
四、生物与环境形成统一的复合体 ·· 049
　　1. 生态系统是自然界的结构与功能单位 ······························ 049
　　2. 生态系统的结构 ·· 050
　　3. 生态系统的基本功能 ·· 054
　　4. 生态系统的结构与功能关系 ·· 060
　　5. 生态系统类型、分布与变化 ·· 061
五、地球生命共同体 ·· 067
　　1. 所有生物通过生物地球化学循环耦合为一个整体 ·········· 067
　　2. 生物圈的物质循环与人类活动 ·· 068
　　3. 地球是一个整体 ·· 075

第三篇　从生态学的角度认识世界

一、生态学中的地球和宇宙 ·· 082
　　1. 宇宙之大与地球之小 ·· 082
　　2. 生命之脆弱 ·· 083
　　3. 人是地球最后的来客 ·· 085
二、生态学中的环境 ·· 086

1. 环境概念的内涵 ··· 087
　　2. 环境成分与要素 ··· 087
　　3. 大环境与小环境 ··· 088
　　4. 主导因素 ··· 089
三、生态学中的生物 ··· 089
　　1. 生命的本质 ·· 089
　　2. 生命的意义 ·· 091
　　3. 生命的价值 ·· 092
　　4. 生命活动必然有竞争 ··· 093
　　5. 竞争带来活力与发展 ··· 093
四、生态学中的人类 ··· 095
　　1. 人在生态学中的地位 ··· 095
　　2. 人类对生态系统的影响方式 ··· 096
五、生态学中的经济 ··· 099
　　1. 经济的生态学本质 ·· 099
　　2. 生态经济概念与内涵 ··· 099
　　3. 自然生态系统的经济价值 ··· 100
　　4. 自然生态系统提供的"无法估量"的服务 ······················ 102
　　5. 生态经济平衡 ··· 103
六、生态学中的社会 ··· 104

第四篇　生态学认识生态环境问题的视野和角度

一、系统整体观 ·· 108
　　1. 生物与生物之间有机联系为一个整体 ···························· 108
　　2. 生物与环境之间形成一个统一整体 ······························· 108
　　3. 综合作用与综合适应 ··· 109
　　4. 先见森林后见树木 ·· 110
二、生态层次观 ·· 111
三、自然动态观 ·· 113

1. 一切皆变 ·· 113
　　　2. 季节变化和年际变化 ··· 114
　　　3. 演替变化 ··· 115
　　　4. 微进化与大进化 ··· 116
四、生存适应观 ··· 117
　　　1. 生物的适应方式 ··· 117
　　　2. 极端环境下的适应 ··· 118
　　　3. 对生物环境的适应性 ··· 118
　　　4. 适应组合 ··· 119
　　　5. 适应中权衡 ··· 121
五、进化发展观 ··· 122
　　　1. 生命的进化发展 ··· 122
　　　2. 生命进化的动力 ··· 124
　　　3. 生命进化的方向 ··· 125
　　　4. 可持续发展 ··· 126
六、整体协同观 ··· 127
　　　1. 生命内部机能的协同 ··· 127
　　　2. 生物与生物之间的协同 ··· 129
　　　3. 生物与环境之间的协同 ··· 130
　　　4. 生态环境问题的复杂性 ··· 131
　　　5. 整体协同观的意义 ··· 131
七、生命平衡观 ··· 132
　　　1. 新陈代谢平衡 ··· 133
　　　2. 个体机能平衡 ··· 134
　　　3. 种群内个体间平衡 ··· 135
　　　4. 群落内种间平衡 ··· 136
　　　5. 生态系统平衡 ··· 136
八、综合时空观 ··· 137
　　　1. 空间就是资源 ··· 138
　　　2. 时间也是资源 ··· 139

  3. 生态现象发生于特定的空间 ·· 140
  4. 生态环境问题的解决需要一定的空间和时间 ································ 141

第五篇 生态环境问题特点的生态学审视

一、级联效应 ·· 144
  1. 级联效应的现象 ·· 144
  2. 马尔科夫过程 ·· 145
  3. 蝴蝶效应 ·· 146
二、剂量效应 ·· 146
  1. 限制因子 ·· 147
  2. 主导因子 ·· 148
  3. 突变与阈值 ·· 149
三、积累效应 ·· 151
  1. 污染影响生长发育 ·· 151
  2. 污染影响种群增长 ·· 152
  3. 污染影响群落与生态系统 ·· 153
四、放大效应 ·· 154
  1. 生态破坏的放大效应 ·· 154
  2. 环境污染的放大效应 ·· 155
  3. 局部影响与全球变化 ·· 156
五、滞后效应 ·· 157
  1. 生态变化的因果滞后 ·· 157
  2. 污染发生的时间滞后 ·· 159
  3. 防控效果的时间滞后 ·· 160
  4. 保护环境需要久久为功、功成不必在我的定力 ······································ 161
六、转移效应 ·· 162
  1. 生态环境问题的空间转移 ·· 162
  2. 生态环境问题的时间转移 ·· 163
  3. 对象的转移 ·· 163

  4. "公地悲剧"与损害的转移 …………………………………… 164
  5. 价值转移 …………………………………………………………… 164
七、共享效应 ……………………………………………………………… 165
  1. 环境变化损害的全球性 …………………………………………… 166
  2. 生态环境价值的溢出效应 ………………………………………… 166
  3. 生态环境的公共产品 …………………………………………… 167
  4. 地球生命共同体 ………………………………………………… 168
  5. 人类命运共同体 ………………………………………………… 169

第六篇　生态学解决环境问题的基本原则

一、极限与阈值原则 …………………………………………………… 172
  1. 最小因子法则 …………………………………………………… 172
  2. 耐受性法则 ……………………………………………………… 172
  3. 限制因子 ………………………………………………………… 173
  4. 最大可持续产量 ………………………………………………… 174
  5. 最小有效种群 …………………………………………………… 174
  6. 生态红线 ………………………………………………………… 175
  7. 底线意识、危机意识 …………………………………………… 176
二、整体综合原则 ……………………………………………………… 176
  1. 生命系统 ………………………………………………………… 176
  2. 生态系统 ………………………………………………………… 177
  3. 要素综合性 ……………………………………………………… 178
  4. 不可替代性与可补偿性 ………………………………………… 178
  5. 互补与冗余 ……………………………………………………… 179
  6. 部分与整体的协同 ……………………………………………… 179
  7. 结构决定功能 …………………………………………………… 180
  8. 短板原理 ………………………………………………………… 181
  9. 社会－经济－自然复合生态系统 ……………………………… 181
三、群体协同原则 ……………………………………………………… 182

1. 个体与种群——依赖与共生 ················ 182
2. 群体的力量——整体大于部分之和 ················ 183
3. 自疏效应——生态系统的自我调节 ················ 184
4. 竞合并举——生态平衡的双重机制 ················ 185
5. 相互依赖——生态网的纽带 ················ 186
6. 协同适应——生物与环境的共同演进 ················ 186
7. 共同发展——朝着可持续的未来 ················ 187

四、空间尺度的刚性约束 ················ 188
1. 空间的生态刚需 ················ 189
2. 边缘效应 ················ 189
3. 岛屿生物学效应 ················ 190
4. 生态位与生态幅 ················ 191
5. 复合种群与最小保护区面积 ················ 192
6. 领域 ················ 194

五、时间尺度的柔性支撑 ················ 194
1. 时间三要素 ················ 195
2. 时间是核心资源 ················ 196
3. 生态现象的发生和解决需要时间 ················ 196
4. 时间与空间的转换 ················ 197

六、调节反馈原则 ················ 198
1. 正反馈与负反馈 ················ 199
2. 上行效应、下行效应 ················ 199
3. 生态系统恢复力 ················ 200
4. 生态平衡 ················ 201

七、承载力原则 ················ 202
1. 环境容量 ················ 203
2. 资源承载力原则 ················ 203
3. 合理的人口规模 ················ 204
4. 合适经济体量和合理发展速度 ················ 206
5. 产业结构优化和空间布局优化 ················ 207

6. 适应性管理·····208

第七篇　生态学在综合管理中的应用

- 一、污染治理·····214
  - 1. 大气圈与大气污染治理·····214
  - 2. 水圈与水污染治理·····215
  - 3. 土壤圈与土壤污染治理·····217
  - 4. 污染治理与人群健康·····218
- 二、生态修复与生态建设·····220
  - 1. 森林修复·····220
  - 2. 草地修复·····222
  - 3. 水体修复·····224
  - 4. 矿山修复·····225
  - 5. 基础设施建设中的生态修复·····227
- 三、美丽乡村建设·····228
  - 1. 农村是维护生态环境质量的关键堡垒·····228
  - 2. 乡村建设的生态规划·····230
  - 3. 村落水污染治理·····231
  - 4. 农业生产污染防控·····232
  - 5. 生态农业·····234
- 四、生态城市建设·····236
  - 1. 城市是人类社会的主要生活家园·····236
  - 2. 城市生命哲学观与都市演替论·····237
  - 3. 生态型宜居城市建设的误区及破解途径·····238
  - 4. 城市近自然生态建设实践·····241
- 五、生态经济与生态产业·····243
  - 1. 生态经济·····244
  - 2. 生态产业·····246
  - 3. 生态产业化与产业生态化·····247

- 4. 国外生态经济发展典型案例 ... 248

六、生物多样性保护 ... 250
- 1. 生物多样性及其保护的内涵 ... 251
- 2. 珍稀濒危生物的保护 ... 253
- 3. 自然保护区与国家公园建设 ... 254
- 3. 生物种质安全与种质资源库建设 ... 257
- 4. 入侵物种防控 ... 259

七、生物安全与生态安全 ... 260
- 1. 生物安全与国家安全 ... 261
- 2. 生态安全与国家安全 ... 261
- 3. 微生物与病毒的公共卫生安全 ... 262
- 4. 转基因的生物安全 ... 263

八、国家"双碳"目标与生态固碳 ... 266
- 1. 全球气候变化的共同行动 ... 267
- 2. 中国"双碳"目标及实现的主要路径 ... 268
- 3. "双碳"目标中的生态"加减法" ... 269

九、美丽中国和人与自然和谐共生现代化 ... 271
- 1. 生态文明的内涵及其初心 ... 271
- 2. 尊重自然、顺应自然、保护自然 ... 272
- 3. 生态文明建设的突出地位 ... 273
- 4. 人与自然和谐共生，人与自然和谐发展 ... 274

十、打造人类命运共同体，保护地球生命共同体 ... 276
- 1. 全球资源危机 ... 277
- 2. 环境危机及其全球性影响 ... 277
- 3. 全球问题需要整个人类社会共同行动 ... 279
- 4. 构建人类命运共同体是保护地球生命共同体的行动基础 ... 280

参考文献 ... 283

习近平总书记在党的二十大报告中指出,"全面建设社会主义现代化国家,必须有一支政治过硬、适应新时代要求、具备领导现代化建设能力的干部队伍",随后又在中央党校建校90周年庆祝大会暨2023年春季学期开学典礼上强调,"履行好党和人民赋予的新时代职责使命,领导干部必须全面增强各方面本领,努力成为本职工作的行家里手"。领导干部在政治方向上起着导向作用,在科学决策中起着主导作用,他的思想境界、他的知识素养,决定了党和人民事业的发展。但是,每个领导干部,特别是青年干部,不可能要求一开始都是各个专业领域的行家里手,都是要通过不同的工作历练,不断地学习积累,逐步成为一个知识全面、能力突出的优秀管理者的。

领导干部面临的改革任务繁重,具体事务繁多,同时要学习的东西很多。要学的东西很多,为什么一定要学习生态学?生态学是什么东西?生态学有什么用?国家现在进入生态文明发展新时代,建设人与自然和谐共生现代化,生态学与生态文明、与人与自然和谐共生有什么关系?

带着这些疑问,本书的开篇将要对此解答。生态学不仅有用,而且堪为大用。

第一篇

导论：新时代领导干部需要学习生态学

一、生态文明新时代生态学是人生必修课

1. 把握时代脉搏是领导干部应该具备的基本素养

时代在发展，人类在进步。不同的时代，社会经济发展水平不同，科技进步对经济社会发展的贡献方式不同，对人的能力和素质要求也不同。在中国，乃至世界，仁人志士们无一不是仔细研判自己所处的时代，并努力把握所处时代的脉搏，跟进新知，提升新能，厚植素养，成就伟业。

青年毛泽东，在国家危亡之际，立下拯救民族于危难的远大志向，研究国家振兴的真理所在。他认为，离开真理来谈立志，只是对前人中有成就者的简单模仿。时代在变，拯救和振兴中华的路子也在变，真正的立志，首先是寻找真理，然后按它去做，若"十年未得真理，即十年无志；终身未得，即终身无志"。1915年9月，在给好友的信中，他提出有"为人之学""为国人之学""为世界人之学"。正如习近平总书记在纪念毛泽东同志诞辰120周年座谈会中这样形容，"年轻的毛泽东同志，'书生意气，挥斥方遒。指点江山，激扬文字'，既有'问苍茫大地，谁主沉浮'的仰天长问，又有'到中流击水，浪遏飞舟'的浩然壮气。"时代的车轮滚滚行进到今天，我们处于什么时代，这个时代之问有哪些，这是我们每位领导干部都应该思考的。

2. 中国进入生态文明建设新时代

当代中国正在建设中国特色社会主义现代化，以美丽中国建设全面推进人与自然和谐共生的现代化是这个时代的战略导向，全面保护生态环境，以高质量的生态环境保护推动经济社会高质量发展，以新质生产力全面赋能经济社会的绿色发展，中国进入生态文明建设新时代。

生态文明新时代是中华民族在生态文明建设领域追求人与自然和谐发展的新阶段。党的十八大以来，以习近平同志为核心的党中央把生态文明建设作为统筹推进"五位一体"总体布局和协调推进"四个全面"战略布局的重要内容，开展了一系列根本性、开创性、长远性工作，提出了一系列新理念、新思想、新战略。生态文明理念日益深入人心，污染治理力度之大、相关制度出台频度之密、监管执法尺度之严、环境质量改善速度之快前所未有，生态环境保护发生历史性、转折性、全局性变化。在这个时代的领导干部，必须充分认识这一新形势，意识到自身责任。

我国建设生态文明，核心是要破解资源环境的巨大压力。中国人均资源占有量

远低于世界平均水平，以占世界9%的耕地、6%的淡水资源，养育了世界近1/5的人口。我国14亿多人口要整体迈入现代化，实现全体人民共同富裕，如果走美西方资本主义国家的老路，再有几个地球也不够消耗。节约资源，高效利用资源，降低对资源的开发强度和依赖程度，寻找和探索新的材料替代传统资源，是人类可持续发展、建设生态文明的重要方略。

中国推进生态文明战略，关键是要提高经济社会发展的绿色低碳水平。中国传统产业所占比重依然较高，我国生产和消耗了世界上一半以上的钢铁、水泥、电解铝等原材料，资源能源利用效率偏低，污染排放大。空气质量仍未摆脱"看老天的脸色"，根据《2023中国生态环境状况公报》，全国136个（占40.1%）城市环境空气质量超标，很多区域水生态、水环境、水资源问题依然比较突出，部分地区土壤污染持续累积。中度以上生态脆弱区域面积比例大，生物多样性丧失趋势尚未得到有效遏制。我们追求的是可持续发展，不能只管眼前而扼杀了未来的发展。

践行生态文明，重点是要在生态环境问题上"削存量、减增量"。我国用短短40多年就完成了西方发达国家二三百年的经济社会发展历程，长期积累的生态环境问题较多，解决起来难度大。比如生态环境基础设施建设仍是突出短板，新建设施维护不够，老旧设施亟待更新改造。目前，全国有尾矿库近万座，固体废物历史堆存总量高，危险废物、医疗废物应急处置能力不足；传统产业所占比重依然较高，经济社会发展全面绿色转型内生动力不足、基础薄弱。我们需要厚植绿色发展动能，不断偿还历史旧账，同时不再增添新的环境债务。

在2023年全国生态环境保护大会上，习近平总书记强调，我国生态环境保护结构性、根源性、趋势性压力尚未根本缓解。我国经济社会发展已进入"绿色化、低碳化"的高质量快速发展阶段，生态文明建设仍处于压力叠加、负重前行的关键期，这是当前生态文明建设的形势，既要深入推进环境污染防治，又要促进发展方式绿色低碳转型，还要加强生态系统保护修复，为此要站在"建设人与自然和谐共生"的现代化高度来认识和把握。

推动绿色发展，促进人与自然和谐共生，首先要尊重自然、顺应自然、保护自然，这是全面建设社会主义现代化国家的内在要求。那么，自然是什么？如何尊重自然、顺应自然、保护自然？这是当今时代领导干部必须了解的基本知识和具备的能力素养。

大自然是一本博大浩瀚的书，我们现有的基础科学都是围绕揭开大自然的奥秘展开的，其中生态学是直面大自然的知识体系，是服务和支持国家生态文明战略的基础学科，是生态文明时代的必修课。

3. "生态"很热，但你知道的可能不是"真生态"

"生态""生态学"大概是当今时代使用频度最高的词汇之一。在"百度"上搜索"生态""生态学"相关的词条，结果显示数亿条之多。现在涉及生态、生态学的学科多达400多个，"生态学是最好创造新学科的学科"一度成为议论热点——任何一个学科去掉"学"字后缀上"生态学"，都可能成为生态学的一个分支学科；任何一个学科的前面加上"生态"一词，都可能与生态学交叉而成为该领域的一个新的学科，而首次发表或杜撰该词语的人都可能成为该学科的"创始人"。诚然，任何一个学科领域都有自己的学科范式，借用其他学科的名词术语来表述自己学科的内容、解决本学科的问题，是所有学科交叉融合的必然趋势，但也出现了一些问题。很多所借用的名词术语与源学科可能相距甚远，有的甚至只是借用其形，而非其神，例如"金融生态""教育生态""产业生态系统"。

中国处于社会转型时期，生态学的处境目前非常微妙。一方面，社会发展需要生态学为生态文明、绿色发展提供理论支持和知识服务；另一方面，在面临发展和保护的两难选择时，相关机构经常自然而然地忽略基本的生态常识，本能地选择轻松的但却是破坏性的发展方式。生态学家也经常处于十分尴尬的境地。生态学还不是一个很成熟的学科，现在远没有达到能解决一切生态问题的时候，同时生态问题复杂多样，不同的区域具有很强的不可比性，对于很多生态机理目前我们只知皮毛，从而绝大多数的生态学家在面对重大生态环境问题时都小心翼翼，不会简单地用"是"或"否"来回答，不敢贸然"承诺"某开发计划和项目不会造成生态环境问题，更不会拍胸脯"确保"能完全解决相关生态环境问题；而与此相反，"无知者无畏"，一些对生态完全不了解的人，却常常断然下结论。

在"增长压倒一切"的社会氛围中，生态学家的观点和主张经常可能曲高和寡，难以与"唯增长论"者保持一致，从而被边缘化甚至被视为"异类"，进而被逐出有决策建议的"专家"行列。有的生态学者不堪重负，逐步远离了自己曾经钟爱的科学，选择"躺平"，成为"人见人爱的、比较开明"的生态学专家。当然，根据需要把一些"识时务之人"树立成满足某种需要的生态专家，也并非鲜见。

这些不同层面的"生态学家"，各自发展着自己的"生态学"。生态学有时是一门学问，有时是一种符号，有时是一个口号。当生态学成为一种社会时尚时，很多情况下生态学的相关知识并未被广泛和深入了解。这种现象曾经在20世纪60年代的西方世界，尤其在生态学、环境学界被认为是一种病态，在20世纪八九十年代的中国，这些现象也时有发生。

进入到20世纪90年代以后，中国社会各界广泛认识到了环境危机和资源问题，生态学得到了学术界乃至社会公众的关注，并被广泛推崇为能够对人类和其他生物的生存和发展提供指导。但生态学不能仅仅只是一个口号。特别需要提醒的是，当被曲解了的生态学在社会中泛滥时，很可能导致真正的生态学被打入冷宫。生态学的内涵被全面接受和深刻理解之日，就是我们真正走向可持续发展之时。

4. 了解真正的生态学，站在科学制高点上认识人与自然

生态、生态学被全社会高度热议和认同，这是生态学的一大幸事，说明人们关注生态、注意环境保护，认识到保护大自然、保护生态环境与这个学科分不开。

但是，在"生态"热起来，生态学家感到一丝欣慰后，马上被鱼目混珠的各种各样的"生态学"所震惊。他们担心，当什么都是生态学时，生态学可能变得什么都不是；高度滥用"生态"一词，可能使生态学以被曲解的面貌呈现在人们面前，真正的生态常识和基本的生态法则可能被冷落到一旁。

为此，有必要让社会各界知道真正的生态学是什么，生态学能做什么，生态学是如何看待问题和分析问题的，生态学是如何指导人类的可持续发展的，生态学与其他学科交叉、融合并被提升为一个哲学观念，其不变的本质和深刻的内涵是什么。同时，应该让社会对生态、生态问题、生态学持严肃科学的态度。

那么生态学到底是什么呢？

简而言之，生态学是研究生物与其生存环境之间关系的学科。它既要研究生物，也要研究环境，还要关注人类的作用，是一门综合交叉学科。原来的生态学只是作为生物学的一个分支，有时也作为地球科学、环境科学研究的重要组成部分。现在，在我国新的学科体系中，生态学是独立的一级学科，生物学、地球科学、环境科学为生态学的基础。

生态学涉及的生命体系包括多个生命层次，如生物个体、种群、群落、生态系统直至整个生物圈；关联的环境体系包括自然环境，如大气、水体、土壤、岩石等整个支撑生物生存的介质与活动空间；还包括受人类影响的自然环境，如农田、村落、城镇等。

生物圈 (biosphere) 是地球表面上生命活动最为活跃的圈层，它处于大气圈、岩石圈和水圈的界面上。生物圈的基本组成单元是生态系统（ecosystem），它因生物的生命活动而具有沟通无机界和有机界之间、能量与物质转化的特殊功能，形成了适于生命存在的环境，成为支持复杂多样的生命活动的庞大系统。同时，源源不断地制造各种"生物产品"，成为人类生活资料最基本的来源。

生物依赖自然界提供的资源与环境而生存，它们相互作用、相互影响、相互改变，形成了一个统一的整体，这就是生态系统。生态学既然是研究生物与环境之间的科学，显然，生态系统是生态学研究的基本对象和主要结构，以及功能单元，大自然是由各种不同的生态系统组成的，生态学就是研究大自然及其生态系统的组成特点、结构特征与功能发挥的条件，因此，生态学是理解自然的知识体系。

如今，人类社会对大自然的影响十分广泛和深刻。对自然的索取超过了自然的再生产能力，对自然的污染超过了自然可以吸收净化的能力，很多生物灭亡，生物多样性的丧失，使我们这个星球越来越不能提供良好的资源和适宜的环境。

人类与其他生物一样，其赖以生存的物质和能量都源于自然，源于健康健全的生态系统。我们只有全面、深入、系统地了解大自然的运行规律，才能明白人类在大自然面前该做什么、不该做什么，怎么做既满足人类的生存发展需要，又不影响自然的良性运转，这就是生态学服务人类的主要目标。生态学原理是实现人与自然和谐共生的科学精髓。

日月星辰、风雨雷电，各有其轨；虎啸深山、雁排长空，各行其道。大自然的万事万物虽然多样复杂，但一切都有自己的运行轨迹，物与物之间的相互关系都有其规律性。按照规律办事，就能有序发展。一个单位一个集体的管理，每个员工都有自己的职责和任务，若都能够按照规定的工作流程履职工作，整个企业就会像日月星辰，按照自己的轨道运行，达到最佳的有序运行状态；同样的，一个单位及集体中，每个人的性情、能力不同，如果能按照各自的特点发挥作用，鱼沉潭底、驼走大漠，既强调个性发挥，又遵循法律、道德和伦理规范，整个群体就能达到和谐稳定的状态。这些现象的背后，就是重要的生态规律在发挥作用。

这种遵循自然规律，保护生态环境，实现可持续发展的思想观念和价值取向，就是生态理念。它是伴随人类社会经济发展过程中不断出现的生态恶化、环境危机和社会关系危机而逐渐发展起来的对人与人之间、人类与生态环境关系的重新的系统认识，它强调生物与生物之间的有序性、生物与环境之间的协同性、人类与自然界之间的共生性。生态理念是认识自我和适应社会的科学智慧。

5. 生态学还是方法论，师法自然是人类获取生态智慧的方略

人类无论与地球上其他生物有多少不同，归根结底都是自然界生态系统中的一员，人类的生命与其他生物一样，也是为了生存和发展。

生存和发展是指生物体为了保持生命而进行的一系列活动，包括适应环境、获取食物、抵抗逆境、规避危险、繁殖后代、扩展分布等。

这些生命活动都需要能量和养分来维持，而能量和养分则来自获得的食物，为此生物需要寻找、捕捉或收集食物。不同的生物需要的能量和养分不同，要获取的食物的数量和品质也不同。食物是从环境中获取的，环境中食物有无、丰富程度，决定了生物生存的方式和规模；生物之间对共同食物的获取方式，决定了生物彼此竞争激烈程度和种群发展方向，生物适应环境的方式，在一定程度上是由资源的供给水平和供给方式决定的。总之，生命的生存和发展都需要资源的支撑，都需要环境的保障。

既然生命的生存发展都受资源制约，而资源是有限的，那就需要珍惜资源保护环境。珍惜并利用好资源，这是生命的智慧。生命的智慧本就存在，但对人类而言，技术的进步带来的不是节约和珍惜资源，而是谋求开发获取更多的资源。如何减少及合理利用资源这种生命的智慧，需要对生命的本质、意义、目的和价值进行深刻理解和洞察，并通过长期的思考、学习和实践而获得，它可以帮助人类更好地理解地球上的生物，以及与外部世界的相互依存关系。自身之外的事与物，是直接的资源，是资源的来源之地，更是资源得以维持和再生的条件，珍惜资源就要珍惜它们。

要维护好自己的生存环境，考验的是生存的智慧。生存智慧也是本就存在的，但对人类而言，形成这种为了自我保护和生存而采取的理智和智慧的策略，是经历了漫长工业革命导致的全球环境污染后才深刻觉悟到的。当环境恶化后，资源不再支持我们生存和发展时，我们才觉得环境的珍贵和稀缺。保护环境就是保护我们自己，这个现在看来十分浅显的道理，我们人类是先知而后觉的。

努力建设和完善自己所依赖的生态系统，这是生活的智慧。生活智慧就是努力调整眼前的行为而对以后的生活产生积极的影响，它建立在对整个生命周期及其后代生命全过程的理解、洞察和把握的基础上，反过来表现应用在日常生活中。生活智慧，对于自然界的生物来说是进化的本能约定，对人类则是一种生活经验的积淀和领悟，它可以帮助包括人类在内的生命更好地谋划当前，着眼未来，从而更加积极主动地应对生活中的挑战和困难，提高生活质量，并实现自己的目标和价值。

生命的智慧、生存的智慧、生活的智慧，其认知和行为的综合，让生物可积极应对环境、高效获得资源、有效处理环境问题，可统称为生态智慧。

生态智慧看起来十分简单，对大自然中的生命而言，只是一种本能，它们时时刻刻按照大自然的基本规律生存和发展，但对于人类而言，尤其是进入文明社会以后的人类，已经丧失了自然生物应有的感知、预警、调控的能力；同时，人类历史短暂，世代更替远没有地球上其他生命那么多轮回和往复，还没有来得及把这种生态智慧内化到人类个体基因、种群特性中，在人类知识文化体系中更没有固化为一种信息信号或群体记忆，因此，人类还没有获得如何长期生存发展的自然本能，而且，这些智慧很多都是在经历了后来的资源危机、环境危机进而引起生存和发展危机以后又被找回来的。这种智慧的探寻与归集，涉及许多领域，不仅仅是在生态学、生物学，很多闪光点散落在哲学、心理学、社会学、宗教领域。生态智慧看似简单，但博大精深，需要不断学习领悟来获得。

珍惜资源，保护环境，维持大自然的良性运转，这些都是人类社会从血的历史教训中获得的宝贵经验，也是每个人在生活中获取、处理资源，营造良好环境中应谨记的基本原则和操守。大自然几十亿年的内涵，值得才出现几万年的人类去探索。

师法自然，谋求人类的生存发展，需要以虔诚的态度向大自然学习，并形成人类自身的智慧，从而调整和优化其行为。心理学上很多生存生活的智慧，都与此有关。主要表现在以下几个方面。

自我认知 寻找和认知自己的生态位，了解自己的优点和不足，接受自己的缺点并努力改进和提升自己，努力成为所在生态位中的成功者。

人际关系 生物要处理好种内关系。对人类而言，每个人的成功都有赖于良好的人际关系的建立，既要有序竞争提高效率，更需要在竞争磨砺中形成秩序，降低内耗，还需要与其他个体合作、沟通和解决面临的共同问题。

财富管理 即对自己的资源有效配置和利用，包括如何用资源去积累新的资源，如何把资源合理利用到不同的生命过程中，尤其是繁育、衰老以及极端环境条件下，有效地管理个人财务，包括理财、投资和开支，自然界能为我们提供很好的借鉴。

健康管理 保持身体健康，以便有足够的体能随时应对难以预料的挑战，自然界的高等动物都在包括饮食、运动和休息等方面形成了健康的内在运维机制。

情绪管理 减少过度的应激反应。必要的应激反应是化解危机、度过危险的重要手段。应激反应引起的资源过度消耗是难以长期稳定解决问题的，因此应控制自己的绝大多数情绪，避免过度的情绪波动对生活造成负面影响。

学习与适应 在生态学上，越是高等动物，越是社会性动物，越是具有良好的学习能力，从别人的失败和成功中获得启迪和能力，从而更好地适应时刻都在变化的环境。

师法自然，不是简单地模仿。人类既要向自然界的其他生命一样不断地学习、试错和适应环境，还应充分思考、借鉴人类已有的知识和智慧。同时，更要保持开放的心态，接受新的经验和观点，不断地成长和进步。

二、生态学是自然界的经济学，也是人类智慧生存的思想熔炉

生态学英文 ecology 和经济学 economics 字源同为 ECO，是"家"的意思，生态学研究的是自然生命的"家"，经济学研究的是人何以成"家"。所以生态学家认为，生态学应理解为自然的经济学（economy of nature），是"管理自然的科学"。一般来说，生态学研究生物与环境之间的关系，其本质就是探索大自然及其生命体系如何科学地获得和配置资源。德国生物学家恩斯特·海克尔（Haekel）于1866年最早提出生态学的概念，在1870年对这个词又做了详细解释，其中就表达了这个意思："我们把生态学理解为自然与经济有关的知识，即研究动物与它的无机和有机环境之间的全部关系，此外，还有它以及和它有着直接或间接接触的动植物之间的友好的或敌意的关系。"有人认为，经济学就是研究人的生态学，可以为生态学的研究提供新思路、新路径和新目标，促进经济学站在更高更远的地方审视人类的发展。

生态学则可以为经济学的研究提供新理念、新视角和新工具。简而言之，生态学是服务包括人在内的地球所有生命的，经济学是服务人类社会的。二者都是研究人类社会与自然环境和谐共处的学科。

1. 自然界没有永久性的环境污染问题

人类面对的自然环境是一个综合系统，主要由大气、水体、土壤、生物、岩石、太阳辐射等无机要素和动植物、微生物兼有机生命所构成，彼此之间通过物质循环和能量流动联系在一起。植物通过吸收大气中的二氧化碳，利用水分和土壤中无机盐进行光合作用，将光能转化为储藏在有机物中的化学能，并释放氧气；动物直接或间接利用植物所转化的有机质，吸入氧气，氧化有机物以获取生存所需的能量；植物和动物生命活动过程中所产生的代谢物、碎屑以及残体，最后都将被微生物分解，回归土壤，可再次被植物利用，形成循环。在这个循环过程中，各种要素有着相对确定的功能地位和相关作用关系，形成一个统一的整体，这就是生态系统（ecosystem），植物称为生产者，动物称为消费者，微生物称为分解者。它们共同组成了这个有机统一体。而大气、水体、土壤、岩石和太阳能称为无机成分。在某种程度上，自然环境存在的形式就是生态系统，有时为了强调自然要素的整体性使环境构成一个系统，也称为环境系统（environmental system）。

正常情况下，这个综合系统中的每个环节紧紧相扣，每种物质都加入到生物地球化学循环（biogeochemical cycle）中，即各类物质在生态系统中进行循环，或者

加入到地球的生物圈和大气圈、水圈和岩石圈中进行循环，分别称为小循环和大循环。物质或元素经生物体的吸收，从环境进入有机体内，生物有机体再以死体、残体或排泄物形式将物质或元素返回环境，进入大气、水、岩石、土壤和生物五大自然圈层的循环。在这个循环过程中，没有遗漏，可全面地转化，形成一个和谐封闭的物质循环系统。

自然界每种物质在生态系统里面都是资源，而且都是稀缺资源，都成为每个生态环节中必需的原料，源源不断地进入到生态系统物质循环的相应环节中，因此大自然本没有污染问题。

当然，火山爆发、森林大火、地震泥石流等自然灾害，也会产生污染，但这些污染从地质历史来看，时间短、范围小，生命都能适应，并且能通过自然生态过程很快化解并恢复，不会产生长期、持久、大范围的影响。自然界有污染，但没有污染问题。

但人类的活动打破了这种和谐的循环。随着科技的发展，人类生产了太多对自身和其他生物都有害的物质，其数量和程度超过了自然生态系统分解、转化的能力，并不断扩散，使环境系统的结构和功能发生变化。这就是污染，能够产生污染后果的物质称为污染物（pollutants）。

环境污染主要是工业革命以来的产物。起初因范围小、程度轻、危害不明显等，未能引起人们足够的重视。到20世纪50年代以后工业和城市化发展迅速，重大污染事件不断出现，才引起了人们普遍的关注。现在，环境污染已经发展成全球问题，污染防治成为全世界人们共同的任务。环境污染在本质上是没有被完全利用的资源（一种工业和生活原料）进入到环境中所出现的后果。提高资源的利用效率，本身就是在控制污染。

2. 自然界没有持续性的资源危机问题

在人口数量少的情况下，自然供给比较充裕，人类生存所需资源较少受到制约，但随着人口数量的不断增加，而一定时间和空间中自然能够有效提供的生活资料有限，就出现了资源短缺。在人类社会发展的历史长河中，资源短缺问题时时困扰着不同区域的族群，但这种短缺是相对的，主要因为手段和工具的落后，很多潜在的生活资料一时难以获取。随着社会发展，特别是科学技术水平的不断提高，人类获得生活资料的能力不断加强，但当这种能力几乎延展到世界上所有空间时，这时的资源短缺就成为全球资源危机，人类普遍面临着生存压力。

不难看出，所谓资源危机 (resource crisis)，主要是人类对资源的过量开发和不合理利用而产生的，导致资源数量的持续减少和质量不断降低，进而难以满足人类生存和发展需要的一系列问题。

资源短缺由来已久，或将一直伴随着人类社会的始终。所不同的是，起初的资源问题可能是局部的、短期的，部分人群所面临的问题，但进入20世纪后期，资源问题不断扩展，成为全局性、长期性、全人类都将面临的全球性问题，从而演变为资源危机。

人类的出现，毫无疑问是地球生命进化发展最绚丽的华章，但同时也为地球及其支撑体系带来前所未有的挑战。而与此相反，在没有人类干扰和破坏的大自然，是没有资源危机问题的。

自然界的每种生物，都根据资源的供给情况调整自己的需求而繁衍；每个生物种群都根据资源的可得性调整种群的繁殖性能、规模，优化分布；每个生物群落里的资源被群落物种共享，若资源丰富就养活更多的物种，形成丰富的群落结构，资源稀少就养活较少的物种，物种多样性就减少；每个生态系统里，每种生物都在一个相互联系、相互制约的食物网中生存和发展，各自在相应的生态位上获取资源，调配资源，也接受其他生物的调控和制约，整体为相对稳定、协同适应的动态体系。当然，对个体性生物及其种群而言，资源短缺是绝对存在的，但对群落及其生态系统而言，可动态调整和优化其规模、结构和分布，整体来看是没有资源危机问题的。

自然界长期进化形成的以供定需、以供调需、以供活需的自我优化机制，也成为现代社会资源管理的重要方略，如很多城市面临缺水之困时，纷纷采取了以水定产、以水定人、以水定城、以水定地的做法。

3. 中国传统优秀文化的现代生态学内涵

人类社会在不同文明阶段所持的自然观有很大的不同，如原始文明的自然观主要是依附和崇拜自然，农业文明的自然观主要是利用和敬畏自然，到工业文明的自然观就成为征服和支配自然。从中可以看出，随着社会发展和技术进步，人类离自然越来越远，关系越来越紧张，对自然的态度也从敬畏变成战胜，人类的生态智慧逐步消退。现代社会在走向生态文明的过程中，在构建新的自然观——人与自然和谐共生的过程中，需要从古人的生态智慧中寻找与自然相处之道。

古人的生态智慧在不同的文明、文化中都有阐释。

庄子最早阐述"天人合一"的思想概念，后被汉代儒家学者董仲舒发展为"天人合一"的哲学思想体系，并由此构建了中国传统文化的重要支柱之一。该思想强调天道与人道、自然与人为的相通和统一。这里的天道指自然界中自然规律和法则，人道指人类社会的道德和行为准则，天道与人道的关系是相互影响、相互制约的，天道决定着人道的走向，而人道又反作用于天道。在处理天道与人道的关系时，要遵循自然规律，同时也要注重人的主观能动性，实现天人合一的境界。

《论语》中记载有孔子"钓而不纲，弋不射宿"的思想。孔子倡导用竹竿钓鱼，不用大网捕鱼，强调心怀仁慈，做事留有余地，不一网打尽。这体现了孔子仁爱、节制的思想，人类要减少对大自然的过度索取，维护生态平衡，防止因一时之利而丧失长远利益。

老子主张"道法自然"。这里的"道"可以理解为自然规律，"自然"是事物按照自身的特点而自生、自长、自衰、自灭的过程或状态。这个思想强调万物的变化是依自然规律循环往复并保持平衡，人要与天地万物一起遵循自然规律。

张载提出"民胞物与"思想。"民胞"即视人民为同胞，意味着对人民充满尊重和关怀；"物与"即视万物为同伴，意味着对自然万物的亲近和敬畏之心。这个思想呼吁人们以一种普遍的关爱和尊重的态度对待他人和自然，要秉持人和自然共生的理念，而不应为了人类自身的生存，无限度地利用自然、征服自然。

凡此种种，还有很多。中国古代社会的自然观，很多看起来是朴素的、自然的，是现代生态科学智慧的源头活水。而现代生态学对相关现象的发现、规律的总结，特别是现代社会倡导的人与自然的和谐共生（类似于"天人合一"）、自然保护思想（类似于"仁民爱物"）等遵守自然规律的思想（类似于"道法自然"），却是经历了长期的系统研究，并在过去的破坏生态环境教训中凝练出来的。

4. 生态学如何破解人类社会的资源环境问题

生态学探索生态关系，这种关系既包括生物与无机环境之间的关系，也包括生物与生物之间的关系，即生物与生物环境之间的关系，主要有三个方面的理论问题。

一是环境如何塑造和决定生物？二是生物如何适应环境？三是适应环境的生物如何对环境进行改造？

生态学的理论体系中，把人作为一种生物来看待，审视其受环境的影响以及对环境的影响，与此同时，也把人当做一种特殊的生物来看待，认识其对自然生态系统的影响与破坏作用，也重视其对自然的保护作用和建设作用，进而为人类如何与大自然协同相处、维持自己的可持续发展提供理论遵循和规律引领。生态学支持和引领人类发展方面主要从以下角度着眼。

一是自然界（生态系统）是如何运作的？二是自然界（生态系统）能给人类提供的环境和资源支持的能力有多大？三是人类如何科学合理地配置自然资源、利用环境容量，以取得永久的、最大的发展？

不难看出，生态学是探究包括人类在内各种生物如何生存的科学体系，在解读生物与环境的关系中，认识生命过程存在和发展的条件，既分析自然界的生物如何"经济地、有效的"获得资源和配置资源，以取得最大化的生存和发展的，也关注人类如何"生态性地、可持久地"从自然界获得所需满足所求，以实现人类社会的可持续发展和最大福祉。显然，生态学这种以自然界（生态系统）的整体性研究策略，综合地、动态地认识自然界的运行规律，从中探寻人类活动应该遵循的自然规律，以及解决资源环境问题的核心环节和重要途径。

人类要发展，离不开大自然的支持和支撑，今天的大自然，也需要人类的呵护和修复。人与自然如何和谐共生，是当今地球进入人类世以后面临的时代命题。生态学是研究永续生存、智慧发展、和谐共处、面向未来的知识体系，哪个国家、哪个民族能够在应用自然界的生态智慧上走向自觉，它就掌握了解决人类困境的关键，它就能在未来赢得主动和成功。

三、生态学是理解国家生态环保大政方针、生态文明国家方略的科学基础

环境保护、生态文明建设是关系中华民族永续发展的千年大计。领导干部不仅要理解这些国家方略的政治要求，也需要知晓这些方略实施中的科学基础。关于生态文明建设的科学理论涉及很多，其中生态学是最关键的基础科学之一。从生态学的视角审视中国经济社会发展中存在的环境问题，有助于领导干部保持经济社会管理的科学自觉性，同时也有助于领导干部在处理复杂多元的保护发展问题时保持主动性和前瞻性。

1. 中国快速发展与生态环境问题的特点

改革开放以来，中国经济快速发展，创造了世界发展史的奇迹。1978年，中国国内生产总值（GDP）只有3679亿元，2017年站上80万亿元的历史新台阶，达到827122亿元。40多年来，我国国内生产总值年均增长9.5%，远高于同期世界经济2.9%左右的年均增速，多年来对世界经济增长贡献率超过30%，已成为世界第二大经济体、制造业第一大国、货物贸易第一大国、商品消费第二大国和外资流入第

二大国。

需要注意的是，任何国家和地区的发展，都需要消耗资源，也都可能影响环境，中国也不例外。中国是资源消耗大国，某些大宗物质资源消耗规模世界上绝无仅有。20世纪70年代，13种大宗资源的年消耗总量规模为12亿~13亿吨，1980年代的资源年消费总量不超过20亿吨，90年代，年消耗各类大宗资源不到24亿吨；但2004年快速增长到超过30亿吨，2017年已达90亿吨以上。相应地，重要矿产资源供需缺口大，对外依存程度不断增强。铁矿石2010年对外依存度为50%，2016年已超过65%。铜、铝、铅和锌等大宗矿产的供需缺口也较大，尤其是铜矿，其供需缺口达350万吨左右，进口成为供应的主要来源。2016年，我国煤炭、石油和天然气需求量分别为37.7亿吨、5.8亿吨和2058亿立方米，石油资源对外依存度已高达65%。2017年中国石油和铁矿石的对外依存度分别高达67.3%和68.1%。传统优势的煤炭资源出现大量进口，天然气出现"气荒"。与此同时，在开发利用资源过程中产生了大量的尾矿、固体废弃物，截至2015年11月，全国废石、煤矸石、尾矿总量超过600亿吨，占地近40万公顷。大气质量、水环境质量、土壤质量在21世纪初一度呈现严重恶化的势头。

中国共产党第二十次全国代表大会以来，我国把资源、生态、环境问题纳入国家经济社会发展全局中进行解决，全面遏制了环境污染、生态退化等发达国家在经济快速发展时出现的严峻问题，取得了全球公认的生态环境进步，但是我们面临的资源环境问题依然十分突出，结构性、根源性、趋势性压力尚未根本缓解。

在产业结构方面，重工业占比高。我国制造业规模已经连续13年位居世界首位，2022年制造业增加值为33.5万亿元，占国内生产总值的27.7%，占全球比重近30%。钢铁、冶金、机械、能源、化工等重工业在国民经济中占比较高。

在能源结构上依然依赖煤炭。2021年年底我国能源绿色低碳转型虽然实现了清洁能源消费比重升至25.5%、煤炭消费比重降至56%、可再生能源发电装机占总发电装机容量44.8%的显著成效，但富煤的资源禀赋是我国确保能源安全、稳定能源价格的"压舱石"。

在交通运输结构上，以公路运输为主。虽然我国2022年铁路、水路货运量，港口集装箱铁水联运量同比增长4.4%、3.8%、16%，铁路、水路货运量占营业性货运量比重较2021年提高1.8个百分点，但公路运输占比仍高达73.3%，交通领域的绿色低碳转型的任务艰巨。

资源能源消耗和污染排放还处在高位。我国成品钢材、精炼铜、精炼铝消费量占全球比重分别为51.7%、55.4%、55.8%，单位国内生产总值氮氧化物、二氧化碳排放仍是美欧等发达国家的 2 倍以上。大量资源能源消耗和污染物排放给生态环境保护和污染治理带来较大压力。2022 年我国 $PM_{2.5}$ 浓度（29 微克/立方米）以及臭氧浓度（145 微克/立方米）与以健康为导向的世界卫生组织目标值（5 微克/立方米、60 微克/立方米）仍然存在较大差距，超过 1/3 的城市空气质量不达标，$PM_{2.5}$ 浓度是欧美国家平均水平的 3 倍左右。

生态环境历史欠账较多。我国生态本底脆弱，长期积累的生态环境问题较多。多达 21 个省份存在生态系统抗干扰能力弱、气候敏感程度强、时空波动性大、环境异质性高等脆弱性特征；流域水生态、部分地区土壤污染、局部地区生态系统质量和功能等问题较为突出；老旧城区、城中村、城乡结合部污水管网建设，县级地区生活垃圾焚烧处理，固体废物、危险废物、医疗废物处理等存在突出短板，解决难度较大，实现"以高品质生态环境支撑高质量发展"的目标仍存在较大压力。

经济绿色转型还在进行中，生态环境刚性压力还没有解除。在全面建设社会主义现代化国家新征程中，我国工业化、城镇化尚未完成，"高精尖"领域与发达国家仍有较大差距，城镇化的数量和质量还有较大的提升空间，人民对美好生活的需要日益增长，这意味着我国资源能源的刚性需求还会增加、生态环境压力还会加大。部分地方可能为追求经济增速，仍依赖传统粗放式发展路径；部分企业为追求利润，可能违规生产、违法排污，给经济高质量发展带来不利影响。

国际环境问题对国内趋势性压力增强。在人类面临生态赤字、环境赤字加重的情况下，全球环境治理形势更趋复杂，美西方国家一方面逃避历史责任，对我国承担生态环境国际责任的要求越来越高；另一方面，在引领绿色低碳发展、领导全球环境治理方面采取不公平竞争手段，通过采取单边措施、设置绿色贸易壁垒等手段，企图遏制我国高新技术发展和产业转型升级。

生态环保和应对气候变化存在诸多不确定性。一是自然灾害、极端天气频发，影响的空间范围增大，持续时间加长，对生态环境和经济社会发展造成的损害更大。二是具有生物毒性、环境持久性、生物累积性等特征的新污染物持续增加，存在较大风险隐患。

2. 中国生态环境保护政策的演进

自 1972 年联合国人类环境会议开始，中国生态环境保护与治理之路至今已走过 50 余年。伴随着经济发展、社会进步以及公众环境意识的提高，中国从确立环境保护的基本国策到实施"五位一体"推进生态文明总体战略布局，建立了行政管制、依法保护、经济激励、公众参与综合运用的环境政策体系。

1972—1992 年是将环境保护确立为基本国策的阶段。在这个阶段，我国开始实施主要污染物总量控制，并且建立了三大政策和八项管理制度。这些标志着我国环保工作开始进入规范化、法制化轨道。

1992—2012 年是可持续发展阶段。在这个阶段，我国关注环境保护与经济发展的平衡，实施可持续发展策略。在政策层面，开始施行一系列的环境经济政策，如排污收费、生态补偿等。

2012 年至今是生态文明建设阶段。在这个阶段，我国开始全面推进生态文明建设。党的十八大提出了"五位一体"总体布局，将生态文明建设纳入国家战略层面。在政策层面，我国开始实施更加严格的环保法规和标准，推动绿色发展和低碳经济。同时，生态文明教育也开始普及，公众的环保意识和参与度逐渐提高，基本建立了与生态文明和美丽中国建设相适应的环境战略政策体系。

生态环境保护法律体系建设持续完善。1978 年，"国家保护环境和自然资源，防治污染和其他公害"写入宪法；1979 年 9 月，我国第一部环境法律《中华人民共和国环境保护法（试行）》颁布；1989 年，第七届全国人大常委会第十一次会议通过《中华人民共和国环境保护法》，我国环境保护工作逐步走上法治化轨道。其中，为了保护环境和人民健康，应对突出的环境污染问题，制定实施的"气十条"（2013 年 9 月发布的《大气污染防治行动计划》），"水十条"（2015 年 4 月 16 日发布的《水污染防治行动计划》），"土十条"（2016 年 5 月发布的《土壤污染防治行动计划》），对快速推进污染的防治、保障国家的环境安全发挥了重要作用。2020 年以来，我国先后颁布实施了《中华人民共和国长江保护法》《中华人民共和国黄河保护法》，这些流域法律陆续出台，标志我国生态环境保护与生态文明建设又进入一个新阶段，我国生态环境保护法律法规日益完善。立法力度之大、执法尺度之严、成效之显著前所未有。

在环境保护法律不断完善的同时，我国的环保政策与生态文明制度建设也在纵深推进。

全国及各地区主体功能区规划　2006 年，国家为了实现经济、社会和环境的协调发展，根据全国各地的资源禀赋和比较优势，对全国进行功能区划分。2011 年 6 月，《全国主体功能区规划》正式发布。该规划根据不同地区资源环境禀赋、发展条件和发展阶段，制定不同的功能定位和发展方向。其中为了在国家宏观上进行综合保护与协同发展，一些地区被定位为生态保护区，对其生态环境和自然资源重点保护。

生态保护红线政策　在 2011 年开始实施生态保护红线政策，旨在保障和维护国家生态安全，维护生物多样性，防止生态环境恶化。该政策确定了重要的生态功能区域和生态环境敏感区，对这些区域实行严格的生态保护措施。

污染物排放控制政策 针对大气、水、土壤等环境污染问题，实施了严格的污染物排放控制政策，这些政策包括对工业污染源的排放限制、对机动车污染的限制、对建筑工地和道路交通的扬尘控制等。

排污权交易政策 在部分地区开展了排污权交易试点工作，通过市场机制来控制和减少污染物排放。排污权交易政策通过赋予企业排放权，并允许企业通过交易来获得经济效益，从而鼓励企业采取环保措施。

绿色发展政策 绿色发展理念即鼓励企业采取环保技术和措施，推动经济与生态环境相协调。政府出台了一系列的绿色发展政策，如对绿色产业的扶持、对节能减排的鼓励、对新能源的支持等。

环境影响评价制度 实施环境影响评价制度，对规划和建设项目实施后可能造成的环境影响进行分析、预测和评估，提出预防和减少不良环境影响的对策和措施。环境影响评价制度是预防和减轻环境污染的重要措施之一。

环保督察行动 开展了大规模的环保督察行动，旨在加强对地方各级政府和企业的环保监督和管理。督察行动重点检查环境违法行为、环境保护措施的落实情况等，并对违规行为进行严厉打击。

这些政策和措施的实施，有效地推动了我国的环保工作，改善了环境质量，促进了可持续发展，推动了生态文明建设的深入发展。

3. 生态学与生态文明建设的科学内涵

从生态学的基本原则我们知道，人类社会像自然界的任何生命一样，生存发展离不开大自然提供的资源支持和环境保障。要获得持续的资源环境，必须要保护自然，爱护自然，敬畏自然，实现人与自然和谐发展。这就是生态文明的核心要义。换句话说，只有人类文明地对待自然，大自然才能持续不断地为人类提供资源与环境的馈赠，人类社会才能获得可持续的健康发展。

事实上，任何国家的经济社会发展，都需要解决资源和环境问题。西方绝大多数国家都曾经通过殖民的方式解决这一问题。

首先，殖民者对当地资源进行了掠夺式开发，这些资源包括矿产、木材、农产品等，通常被运回宗主国进行加工或直接销售。这种掠夺式的开发对殖民地的生态环境造成了严重的破坏。

其次，殖民者还采取了种植园经济的方式，种植经济作物如咖啡、可可、橡胶等。这些种植园通常由宗主国公司或个人控制，当地居民被迫从事种植或劳动力供应。这种经济模式对殖民地的经济和社会发展产生了深远的影响。

另外，殖民者还通过科技、贸易、税收、军事等手段来控制和获取资源。他们建立了贸易网络和港口，以方便宗主国对殖民地的贸易往来，并通过科技、税收乃至军事手段获取当地资源。这些贸易和税收手段也促进了殖民地经济的发展。

与此同时，他们把污染严重的产业转移到发展中国家，从而保护了自己国家的资源和环境。在此基础上，依靠科技进步，摆脱资源环境的约束，持续高质量发展。

但中国的发展不可能像美西方发达国家那样，主要依靠国外资源来解决资源问题，也不可能向外转移环境问题，主要依靠自己。但由于过去对资源环境问题重视不够，快速发展中出现的资源环境瓶颈问题十分突出。一是我国95%以上的能源、80%以上的工业原料、70%以上的农业生产资料均来自矿产资源，虽然我国矿产资源总量丰富、品种齐全，但人均占有量少，大多矿产资源品质差，开发利用难度较大，有些重要矿产短缺或探明储量不足，不少关键矿产资源需要大量进口才能满足需要；二是20年前以城市为中心的环境污染不断加剧，并向农村蔓延。在一些经济发达、人口稠密地区，环境污染尤为突出。三是过去相当长一段时间森林减少、沙漠扩大、草原退化、水土流失、物种灭绝等生态破坏问题严重。生态退化、环境恶化已成为制约我国经济发展、影响社会安定、危害公众健康的重要因素，成为威胁中华民族生存与发展的重大问题，而经济的高速发展和人口基数大又给我国的资源和环境带来了新的压力和冲击。

党的十八大以来，党中央以前所未有的力度抓生态文明建设，全党全国推动绿色发展的自觉性和主动性显著增强，美丽中国建设迈出重大步伐，我国生态环境保护发生历史性、转折性、全局性变化。2021年，全国地级及以上城市细颗粒物（$PM_{2.5}$）平均浓度比2015年下降34.8%，全国地表水Ⅰ—Ⅲ类断面比例上升至84.9%。土壤环境风险得到有效管控。自然保护地面积占全国陆域国土面积的18%，300多种珍稀濒危野生动植物野外种群数量趋稳向好。近十年来，全国单位国内生产总值二氧化碳排放下降了34.4%，煤炭占能源消费总量比重从68.5%下降至56%。可再生能源开发利用规模、新能源汽车产销量稳居世界第一，经济社会高质量发展的绿色水平显著增强。

但是，我国生态文明建设与绿色发展面临的调整还十分突出，主要体现在以下三个方面。

一是在目前经济发展换挡期，资源环境面临严峻的结构性问题。我国还处于工业化、城镇化深入发展阶段，产业结构、能源结构、交通运输结构仍具有明显的高污染、高排放特征，结构调整任重道远，统筹发展与保护难度不断加大。

二是历史积累问题与新产生问题持续叠加。我国生态文明建设仍然面临诸多矛盾和挑战，资源环境压力较大，环保历史欠账尚未还清，治理能力还存在短板弱项等，根源性压力还很突出、尚未根本缓解，未来发展中还将有新的环境问题不断出现。

三是借助国际力量解决资源环境问题的空间受限。我国仍处于并将长期处于社会主义初级阶段，经济绿色转型的基础尚不稳固，国际局势日趋复杂严峻，不确定性风险将长期存在，实现生态环境质量从量变到质变的趋势性拐点还需付出艰苦努力。

我国生态环境保护面临的问题是发展中的问题，发展中的问题需要通过更好更快的发展来解决。通过高质量的保护来促进高质量发展，需要科学的思想理论来引导，需要科技手段解决具体问题。

生态学作为探讨包括人类在内的所有生物如何智慧生存、科学发展的知识体系，将在中国进行生态文明国家战略实践中作为基础性科学力量，发挥应有作用。我们面临的复杂保护与发展问题需要通过生态学来统筹认识；面临的生态退化和环境污染等复合性环境问题，需要建立以生态学为基础的新科学体系来认识；我国在经济社会发展过程中，某个时期曾经自然或不自然地走上了"先污染后治理"的老路，科学剖析和认真反思这种道路、并全面摆脱西方既有的发展方式，需要从生态自发走向生态自觉。生态学应该成为统领全社会发展理念的科学基础。

生态学在过去半个多世纪以来，为我国解决发展中资源环境问题，以及生态环境保护事业做出了巨大贡献。自20世纪70年代以来，中国生态环境政策出台及其实施，都得益于生态学的贡献。

在环境污染治理中，生态学强调系统性、综合性进行环境立法和环境治理，把西方国家曾经割裂的生态问题、环境问题有机结合起来解决污染问题，包括制定环境法规、加强环境监管、推广清洁能源等。

在环境保护立法中，早在20世纪50年代就推进自然保护立法，20世纪70年代以来，就把生态系统作为保护的基本结构和功能单元，助推环境立法的全要素有机融合，以保护环境、规范环境污染治理、促进环保产业发展等。

在生态文明建设中，近20年来，我们把生态系统服务功能、生态健康作为认识资源环境问题的重要抓手，特别是党的十八大以来，生态文明建设作为全面解决资源环境问题的总抓手，融入到社会经济发展的方方面面，"生态+"经济、"经济+"

生态，打破了保护与发展的壁垒，以"绿水青山就是金山银山"为思想引领的生态文明建设成为社会发展的主线。

在绿色发展中，生态学中的生态价值、生态资产、绿色 GDP 成为经济发展的主要目标导向，发展中的资源环境问题内化到经济社会中，全面推动绿色发展，包括制定绿色发展政策、推广绿色技术等成为高质量发展的风向标。

生态学作为自然界的经济学，作为人与自然和谐共生思想的科学技术体系，将提供一系列理论思想和有效方法，帮助解决资源环境问题，助推生态文明建设，实现"人与自然和谐共生"现代化目标。以下是一些具体的应用场景与方案。

生态学调查与生态监测　通过长期持续的生态监测，能够全面掌握生态系统中不同生物种群的动态变化、结构与功能关系，这些系统全面的信息为实施可持续生态系统管理提供基础数据支持；通过定位深入的生态监测，可全面了解人类活动及其对生态环境乃至生物圈内所有生物的影响，精准获得环境与生物的基础资料，诊断分析人类对生物、对环境、对生态系统的影响方式、程度和动态变化，为保护生物多样性、保护湿地、森林等重要的生态系统，全面规划山水林田湖草沙的保护方略提供科学指导。

生态修复与生态重建　对于受损破坏的生态系统，采用生态学原理和修复技术对其进行结构恢复和功能重建。例如，通过植被恢复、土壤修复和水质改善等技术，可以重建受损的生态系统，提高其生态服务功能。

产业生态与生态经济学　将物质生产、物质循环、能量流动、价值增值等生态学原理与方法应用于农业、工业、服务业及其"三产融合"中，按照自然生态系统的方式优化配置资源，改变生产方式，减少对环境的影响，优化调整产业结构，提高产业生产效率和整体效益。

循环经济与绿色发展　按照生态系统物质循环的基本原理组织产业，实现资源的循环利用和废物产量最小化。通过建立可循环利用的经济模式，把不同的产业链贯通融合，形成产业网络，实现所有废弃物和排放物作为各新产业链中的资源，进行无废物排放、全面利用，实现资源的最大化利用和效益的提高。循环经济可以降低企业的成本和提高企业的竞争力，同时也有助于减少对环境的污染，实现绿色发展。可以通过生态农业、生态工业、产业园区等方式来实现。

生物多样性保护　保护生物多样性是维护生态系统稳定性和可持续性的重要手段，也是增强自然生态系统服务功能的主要方式。通过建立自然保护区、国家公园、"两山转化"示范区、制定保护与发展政策等方式，保护物种的生存环境，提升生态系统服务价值。

资源管理与利用　应用物质循环、能量转化等生态学的理论工具，实现对自然界的各种自然资源最大程度的节约、最小程度的破坏、最有效的利用。例如，在水资源管理中，按照生态系统水循环的规律建立完善的水资源管理体系，实现水资源的合理配置和有效利用。在能源利用中，按照生态系统能量流动的规律，高效利用可再生能源如太阳能、风能和水能等替代传统能源，减少对有限资源的依赖，降低能源消耗和环境污染。

城市规划与生态城市建设　现代城市之所以出现严重的城市病，就在于它是一个高耗能、高物流、高度人工化运维体系，在城市规划和建设中，应考虑生态学的原则，效仿自然生态系统的运行原理与方法，让城市成为一个具有自我维持、自我更新、自我升级的生态体系，让自然进入城市，让城市具有自然的生命力和更大的承载能力。

总之，作为一门研究生命系统的结构、功能及其实现条件和保障机制的科学，生态学在揭示了自然系统的运行规律和人与自然的相互关系中，为人类认识自然、保护自然、利用自然，为科学构建人与自然和谐共生体系、实现生态文明提供了理论思想和解决路径。它将给予领导干部在主政一方时就如何谋求合理高效发展提供科学指导，为如何积极有效开展环境保护和资源利用提供科学依据，更为如何挖掘和利用资源，智慧发展产业、提高区域经济社会发展水平提供科学引领。

了解自然界基本生态现象及其规律，对规范人类合理利用自然资源、科学保护生态环境、维护生态安全等具有重要意义。本篇以生态学作为基本理论，从个体、种群、群落、生态系统不同生态层次上剖析大自然的运行规律。

　　首先从个体生态层面上，重点阐述生命的基本特征及生物与环境之间的关系；再从种群生态层面上，重点阐述同种生物群体的种群通过竞争、合作、协同进化，实现维持种群及物种生存发展的需求；然后从群落生态层面上，重点阐述多物种通过多种多样的种间关系在特定空间、一定时间内形成特定的群落结构及动态；进而从生态系统生态层面上，重点阐述生物与环境是一个统一的复合体系，它们相互作用、相互影响、共同发展形成了一个结构和功能的复合体；最后从全球生态学角度，重点阐述地球生命共同体的保护是实现整个星球的生态良性运转的基本前提。

第二篇 基本生态现象与规律

一、生物生存需要资源与环境

自然界由生物和非生物组成，二者相互联系，互相依存。生物依赖于环境，必须与环境连续地交换物质和能量，因此环境对生物具有决定和塑造作用；同时生命要维持生存，就需要适应环境，从环境中获取生存必须的资源，生物可以从形态、生理、行为等方面适应环境，适应环境的生物可以改变环境，以便更好地维持生物与环境之间相互作用而形成的统一整体。适应环境、获取资源、争取最大繁殖是生物个体生态的核心内容，在这个过程中生物往往需要在生存维持、繁衍发展、抵抗胁迫、获取资源等方面平衡资源的分配，以实现整个生活史最大的繁殖成功。

1. 生命的基本特征

生态现象的主体是有生命的生物。生物作为具有多元层次的自然实体，与其生存的环境又构成了一个极为复杂的生命体系。认识生物，洞察生命，是认识并把握基本生态现象及规律的重要基础。

生命的基本特征，主要体现在生物体和非生物成分之间的区别。

严格的结构　生命绝大多数由细胞组成（病毒除外），而非生物成分通常由无机物或能量组成。

繁殖能力　生物体可以通过繁殖过程产生新的个体，这种"复制"形式是生物体进化和传递遗传信息的基础；非生物成分没有自我复制的能力，无法产生新的个体。

新陈代谢现象　生物体能够进行代谢活动以维持生命活动的正常进行，包括摄取营养物质、转化能量和排泄废物等；非生物成分不需要进行新陈代谢。

对外界环境有感知和应激能力　生物体能够感知环境变化，并做出相应的反应，这种反应能力是生物体生存和适应环境的关键；非生物成分则无法对外界刺激做出适应性反应。

生长发育　生物体具有生长发育能力，通过遗传信息表达调控、细胞分裂分化实现自身的生长发育；非生物成分没有这种能力。

遗传信息传递　生物体的遗传信息决定了生物体的形态、结构和功能；非生物成分则没有。

非生物概念除了包含非生物成分外，还可以表示非生物环境，即构成生态系统中不属于生物的物质，如空气、土壤、水、光等。生物与非生物环境往往是一个不可分割的整体，存在紧密的相互作用，这种相互作用构成了生态系统，共同维持着地球上生命的存在和发展。

2. 生命对资源和环境的依赖

生命要维持生存，就需要从环境中获取生存必须的资源，这些资源提供了生命活动所需的能量和原料，对于个体的生存、生长、繁殖都至关重要。资源来自于环境，环境的质量决定了能够提供多少资源，也就决定了生物的繁荣程度。

在生态学中，资源通常包括食物、水、光、空气、栖息地和其他必需的生存条件。生物通过不同的适应性策略，以及在进化的过程中形成的各种生理和行为特征，不断优化资源获取的效率，以成就自身的生存和繁衍。

非生物环境中的各种资源为生物提供了大量生存繁殖所需的能量，而不同生物获取资源的方式和策略存在差异，这些方式取决于生物的类型、周围生态环境和自身生活史。不同的生物获取资源的方式不同，这些方式充分展示了生物在不同生态环境中获取资源的多样性。

光合作用　大多数植物和某些微生物可以通过光合作用，利用太阳能将二氧化碳和水转化为有机物质和氧气。这是植物获取能量和碳的主要方式。

腐食　这是腐生生物获取有机物的主要方式，如以腐肉、腐植质等为食。

滤食　浮游动物和某些底栖生物，通过过滤水来捕获悬浮在水中的微小有机颗粒，获取其中的能量和营养物质。

直接吸收　植物和微生物可以直接通过根系、菌丝等结构吸收土壤或水中的养分，包括无机盐、矿物质和水等。

捕食　动物通过捕食其他生物来获取能量和营养，这包括食肉动物捕食其他动物以及草食动物吃植物等。

与生物息息相关的不止与非生物环境之间的关系，还有生物彼此之间的相互关系。不同生物间都存在着竞争、合作、捕食和被捕食关系，这些生物相互关系形成了生物环境。几乎每个生物个体都至少是一种猎物或捕食者，比如生物圈中绝大部分的能量都来自于植物固定太阳能后的被捕食。

与非生物环境不同的是，生物环境决定着生物获取资源的效率。为了提高获取效率，生物衍生出了相应的获取策略。

互惠共生　植物与某些根际微生物可以建立互惠共生关系，如根瘤菌能够与豆科植物形成共生，根瘤菌可提供植物所需的氮，植物则为根瘤菌提供有机物。

寄生　全寄生植物菟丝子可以通过自身特有的吸器"嫁接"到寄主植物的茎秆上，吸收寄主体内的水分和营养物质，直至寄主死亡。

合作迁徙 当资源出现不足的情况时，活动能力强的动物会选择通过迁徙来寻找季节性变化中的资源，如鸟类迁徙以寻找适宜的繁殖地和食物源。

社会组织性行为 某些社会性生物如蜜蜂、蚂蚁和大型哺乳动物等，通过群体合作和分工来获取资源，如工蜂通过采集花粉和蜜为整个蜂群提供食物、母象集体哺育小象。

3. 生物在获取资源与环境中的适应

资源是能够满足生物生存和发展的物质和能量的统称，而环境是人类或其他生物的生存空间及其中可以直接或间接影响人类生活发展及其他生物生存繁衍的各种自然因素。生物乃至人类所需的资源几乎都来自于栖息的环境，生物可以从形态、生理、行为等方面适应环境，在适应环境中获取各种资源；同时在各种获取利用资源的过程又会反过来影响生存的环境及其所能提供的资源潜力。

（1）资源与环境的关系

资源是生态学、地理学、经济学等学科共同关注研究的主体，但不同的学科对它的定义又各有侧重。在生态学中，所谓资源就是指能够满足生物生存和发展的物质和能量的统称。对不同的生物而言，资源包含的内容不同，如对植物来说其资源主要强调的是水分、光照、温度、营养物质、土壤等；对于动物则主要包括水分、食物、营养、领地等。在地理学中，资源强调的是一切可被人类开发和利用的客观存在。在经济学中，资源泛指一定时间内对人类社会发展有用途和价值的事物的总称，环境学中则指人类或其他生物的生存空间及其中可以直接或间接影响人类生活发展及其他生物生存繁衍的各种自然因素。

在生物的生命历史中，所有必需资源几乎都来自于栖息的环境，但其各种获取利用资源的过程又会反过来影响生存的环境，这种资源利用与环境变化之间的相互依赖关系是受生态系统调控的。

在自然条件下，资源绝大部分都是不均匀分布的，而且随时都在变化，人类在寻找资源的过程中永远都面临时空上的不确定性。人类为了生存和发展，需要全面了解气候资源、水文水力资源、生物资源、油气煤炭资源的分布、形成规律和利用价值，在大规模开发利用资源过程中，导致了生态环境的破坏，资源获取利用和环境维护间产生矛盾。按照目前人类所利用的资源及其消耗的速度和方式是难以持续维持的，并且对人类生存的地球环境产生了巨大的破坏和伤害，反过来又影响了地球为人类提供资源的支持力度和环境保障水平。目前，人类需要在当前所需的资源枯竭之前、地球环境恶化到不可逆转的衰退到来之前，找到或过渡到一种新的资源支撑体系或其他解决道路,以避免包括人类在内的地球生命体系的陨落。

(2)生物在适应环境中获取资源

适应环境是生物学和生态学中的核心现象。如果不适应,生物就无法从环境中获取资源,就不能维持基本的生存、生长和繁殖。所以说,可以充分适应环境的生物才能更好地获取资源。

自达尔文时代开始,生态学家就会经常在自然界中发现经自然选择后某些生物个体具有更优的资源获取能力和策略,并随着时间推移,这些个体将获取资源的生物特征不断地传递给下一代。整个适应和进化的过程使得某些物种能够在不同时空尺度上对资源进行有效地获取。这种进化过程有助于生物体更好地适应多变的环境,以获取最大化资源。生物适应环境的方式主要体现在形态、生理、行为和遗传等方面。例如,长颈鹿主要栖息在非洲的稀树草原地带,这里的植被相对分散,而一些美味的树叶和嫩芽则位于较高的树枝上。为了获得高处的食物,同时也避免与其他草食动物的恶性竞争,长颈鹿进化出了独特而引人注目的长颈结构。其颈椎非常长,通常有七个颈椎,这允许它们把头部抬升到相当高的位置。这种颈部演化为其带来了显著的竞争性优势,使得长颈鹿能够更容易地觅食高处的枝芽。与之相适应的,为了在颈部升高到较高位置时维持足够的血液供应,长颈鹿还进化出了一套复杂的血液压力调节系统(具有强大的心脏和高血压)。同时,长颈结构还在其繁殖和社交方面扮演着重要的角色。

对于植物而言,移动性差、具有固着性等原因使得其一般只能通过化学手段在竞争环境中获取资源。例如,为了适应并在高强度竞争环境中获取用于生存繁衍的资源,桉树通过分泌挥发性油分抑制周围植物的生长,挤压其他植物的生态空间,以增强竞争优势,提高资源占有利用率。

同样,生物可以通过改变行为来获取更多的资源,如调整活动时间、迁徙、改变寻找食物的方式等。大西洋银鸥是一种常见的海鸥,其繁殖地主要分布在北欧和北美洲的沿海地区。当繁殖季节结束后,北欧的大西洋银鸥种群会迁徙到西欧和地中海地区,而北美洲的种群则会向南迁徙到美国的东海岸和墨西哥湾一带,以越冬并寻找更多的食物。也有一些动物会选择改变生理节律来减少对能量的消耗或获取更多的资源。在冬季来临之前,蝙蝠会找到隐蔽的地方(洞穴或树洞),并立刻进入冬眠状态。此时它们的新陈代谢会减缓,体温降低,呼吸和心跳变得极为缓慢,从而大大减少了能量的消耗,有助于它们在冬季生存,避免因寒冷天气和食物短缺而引发的死亡。而等下雪后,白靴兔的皮毛会由黄褐色变成白色,以便于其利用环境来隐藏自己,它们会增加白天在茂密的灌木和树丛中觅食的次数,以获取能量熬过冬天。

（3）生物在获取资源时适应环境

生物发展出了各种策略以有效地获取和利用环境中有限的资源，从而适应环境实现自身的存续繁衍。其中，最为经典的策略有：最优觅食策略、资源配置策略和合作共享策略。

觅食行为是动物最常见和最基本的行为，它是动物生存和繁殖所必需的。动物在觅食开始前，都必须面对 3 个基本问题，去哪觅食？觅食什么类型的食物？什么时候转移觅食地点？食物的最适选择，即选择最有利的食物，也就是食物净值（即食物总值减去搜寻、消化食物所消耗的能量）与处理时间（从捕获猎物到吃下猎物所花费的时间）比值最大的食物。研究表明，捕食者总是倾向于选择有利性最大的食物。如 1976 年 Kislalioglu 和 Gibson 研究了海刺鱼（*spinachia spinachia*）同其食物新糠虾（*neomysis integer*）的关系，发现海刺鱼最喜食的食物大小正是有利性最大的个体。最适食谱，虽然捕食者总是尽可能选择有利性最大的食物，但是在它们的食谱中往往还包括一些有利性较小的食物，为什么呢？假定捕食者的觅食时间包括搜寻和进食两部分，如果捕食者只选择最有利的食物，虽然可使单位处理时间的食物摄取量很高，但搜寻这种食物所花费的时间也必然较长；而一个对食物种类毫无选择的捕食者，搜寻时间必然较短，但单位处理时间的食物摄取量也相应降低，因为在它的食谱中包括了很多有利性较小的食物，这中间存在着一种最适权衡。最优觅食策略主要包括：①当某种有利食物非常丰富的时候，捕食者将只选择这一种食物；②如果与有利食物相遇的机会较多，而足以使捕食者忽略较差的食物，那么无论较差食物的数量有多少，都不会影响捕食者对有利食物的转移选择；③如果有利食物数量增加时，捕食者会立即从吃多种类型的食物，转为吃单一的、有利的食物。

对于生物而言，在一定时间和空间范围内，觅食获得的资源总量是有限的，而生命活动过程中各个环节都需要资源（能量），这时生物就需要统筹考虑这些资源（能量）该如何分配的问题，这就是资源配置策略。对于特定的生物而言，资源配置主要包括综合平衡生物的资源获取（觅食）、生存和防御、生长、繁殖四个环节，不同的生物平衡这四个环节的方式是不同的，有的属于大出大进型，即大量投入获取大量资源，又大量支出为获得资源、完成繁殖提供支持，如狮子、老虎等大型食肉动物；有的采取量入为出型，如鱼类、两栖动物等，并且在生长、繁殖等诸多方面表现出不同的模式，这就是生物在获取资源过程中形成的适应对策。

为了有效合理地利用环境资源，增加自身在不同环境条件下的生存繁衍机会，某些植物在光合作用和根系分配两个关键生命过程中优化了资源配置策略。①光合作用的优化：叶绿体的排列和数量会根据光照强度和方向进行实时调整，在光照充足的情况下，植物会增加叶绿体的数量，最大程度地捕捉光能。这种自适应性的光合作用机制使得植物能够在不同环境中充分利用光能。②根系分配的调整：根系的生长和分支会根据土壤中水分和养分的分布进行调整，在土壤水分丰富的区域，植物可能减少根系的生长，以便更多地投入地上部分的生长；相反，在水分稀缺的地方，植物会增加根系的生长，以更有效地吸收土壤中的水分和养分。③资源分配的协同作用：植物的根系和地上部分之间存在协同作用。例如，一些植物在受到外部压力（如干旱或盐胁迫）时会通过减少地上部分的生长，以减少对水分和养分的需求，从而保护根系的健康。通过这种资源分配的优化机制，植物能够适应不同的环境，最大程度地提高生存和繁殖的机会。这种适应性资源分配策略在进化中形成，使得植物能够在各种生态系统中生存，并对生态系统的稳定性产生积极影响。

对于社会性动物而言，它们会组成群体、家族或其他社会结构来获取更多资源，并在此过程中形成合作狩猎、共同育儿和资源共享的资源获取和适应策略。蚂蚁是著名的社会性昆虫，它们以卓越的社会性和高度组织化的觅食行为而闻名。蚂蚁社群通常包含工蚁、雄蚁和蚁后等不同类型的个体，它们通过协作和分工来实现各种任务。①分工和社会性组织：蚂蚁社群中的个体分工明确，各司其职。工蚁主要负责食物的搜寻、收集和运输，而雄蚁和蚁后则负责繁殖。这种分工协作的社会性组织使得蚂蚁社群能够更高效地获取资源。②信息传递：蚂蚁社群通过信息素的释放实现高效的信息传递。工蚁在找到食物源后，会释放一种特定的化学物质，来引导其他蚂蚁前来获取食物。这种信息传递机制使得社群能够快速响应资源变化，并集中力量进行资源获取。③蚁道系统：蚂蚁社群会建立复杂的蚁道系统，连接巢穴和食物源。蚁道是蚂蚁用来运输食物和其他资源的路径，通常是一条明显的地面线路。通过蚁道系统，蚂蚁能够高效地将资源从食物源带回巢穴。④群体协作搜寻：当社群中的一只蚂蚁发现食物时，它不仅会释放信息素，还会通过触摸和振动等方式通知其他蚂蚁，这会引发群体协作搜寻行为，使得更多的蚂蚁加入到资源获取的任务中，这种协同搜寻增加了找到食物的概率。⑤食物的分工：一旦食物被带回巢穴，工蚁会将食物分配给其他蚂蚁。有的蚂蚁可能负责将食物储存在巢穴中，有的可能负责喂养幼虫，形成了对资源的高效利用。⑥与其他蚂蚁社群竞争：不同蚂蚁社群之间可能存在资源竞争，因此蚂蚁社群会采取措施来保卫自己的资源，这包括通过攻击和释放具有敌意的信息素来对抗其他社群，确保自己能够获取足够的资源。⑦适应性学习：蚂蚁具有适应性学习的能力。如果一种食物源变得不再可用，蚂蚁社群会迅速调整搜寻方向，寻找新的资源，这种适应性学习有助于社群更好地适应环境变化。⑧周期性和季节性行为：蚂蚁社群的行为也会受到季节性和周期性的影响，例如，在寒冷的冬季，蚂蚁可能会减缓活动并依赖积累的资源来维持生活。蚂蚁社会性获取资源的行为是一种高度复杂而精密的系统，充分体现了分工合作和高效组织的特性。通过社会性行为，蚂蚁社群能够更好地适应和利用环境中的各种资源，使得整个社群延续繁荣。

二、生存发展是同种生物群体性生命活动

同种生物个体在同一时期内一定空间中形成的群体集合称为种群（population）。生物为了维持种群及物种的生存发展，需要生物种群层面上的集体努力和共同行动，在此过程中，相同种群内部的竞争与分化、不同种群之间的相互关系及其协同进化推动整体种群适应环境、谋求最优化发展，以实现生物在漫长生态时间中的进化。竞争、合作、协同进化是种群生存发展的主旋律。

1. 生物的种群

种群占据一定空间和时间，是同一物种所有个体的集合体。个体的死亡代表生命的结束，但是种群并不会因为某个个体的死亡而消失。种群不是简单的个体累加，个体间相互作用影响种群的大小，种群能够自我调节、动态变化和发展。因此，种群是物种的具体存在单位、繁殖单位和进化单位，也是群落的基本组成单位。

（1）个体的生物与生物的种群

不同的个体生物组成了生物的种群，个体生活于种群之中。种群通常由不同性别和不同年龄的个体组成。种群的空间范围和大小往往由所在的地理范围与生境适宜程度决定。例如，西伯利亚狍种群分布与生境中植物类型、植被能提供的能量有关，可获取食物程度对种群分布格局影响最大，再者距村庄、农田距离和植被结构也能影响种群的分布。种群的数量取决于资源的可获得性，例如足够的食物、筑巢空间意味着较大的种群数量。种群密度和个体所占据的空间大小会根据种群数量的大小改变。

种群中不同年龄个体所占比例也是种群的基本特征。不同年龄的个体形成了种群的年龄结构，种群中不同年龄个体的占比不同，种群数量的增长速率也会不相同。除了年龄结构，性比也是影响种群数量的主要特征。冈比亚按蚊已核能够传播疟疾，为了消灭它们，研究人员将其基因修改，使它们的后代性别比雄性占

大多数，减少繁殖、出生率以达到消灭的目的。这是通过性别失衡的原则控制种群数量。也有研究人员通过改变雌性个体的生育能力来达到抑制或增加种群数量的目的。

不同年龄阶段具有不同的死亡率、繁殖能力，这就可以形成一个种群的存活曲线（survival curve）。不同的种群具有不同的存活曲线。根据曲线的形状将之归纳为三种类型（图2-1）：凸型（A形），对角线型（B型）和凹型（C型）。其中凸型表明在生殖前期死亡率较低，幼体个体死亡情况较少，大部分能够生长至成年以后，人类和一些大型哺乳动物的生存曲线符合这一形状，他们产崽个数不多但存活率高；对角线型生长曲线代表在各个年龄阶段或者各生殖时期种群死亡率比较均匀，大致相等。鸟类和啮齿类动物的生存曲线符合这一形状，每个年龄段的死亡率相近。凹型表明在生殖前期个体死亡占比较多，大部分幼体很难存活到成年，一般鱼类、寄生虫、两栖动物的存活曲线符合这一形状，这类物种产卵数量非常大。

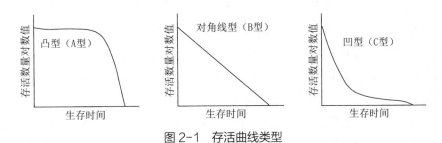

图2-1 存活曲线类型

个体的生存策略对整个种群的稳定性有着重要影响，个体大、繁殖速度慢的称为 K- 对策物种，种群稳定性较好；而个体小、繁殖速度快的称为 r- 对策物种，种群稳定性较差。一个物种内的个体之间存在权衡，许多物种在繁殖和生长之间的权衡决定了身体大小。K策略物种体型较大，但生殖速率慢，例如狼、老虎、树木等；r策略物种虽然能快速繁殖，但个体身形较小，例如鼠类、鱼类、草本植物。

种群是由不同的个体组成的，但不同个体对种群发展的作用与贡献是不同的。往往适应性强、繁殖和扩散能力突出的个体能够产生更多的后代，并且成为种群增长的主要贡献力量，它们往往决定和影响了种群的规模和未来。

（2）种群大小与增长

种群的数量往往也是变化的。在资源充裕的环境中，种群可以快速增长，呈现出指数增长，往往随着种群数量的增长受到环境和资源限制将不断上升，从而增长速度就会下降。这就是逻辑斯蒂增长（图2-2）。逻辑斯谛增长曲线常划分为五个时期：①开始期，种群的个体数很少，种群密度增长缓慢；②加速期，随着个体数的增加，种群密度增长逐渐加快；③转折期，种群个体数达到 $K/2$ 时（K 表示空间中该种群个体饱和时的种群大小），种群密度增长最快；④减速期，种群个体数超过 $K/2$ 以后，种群密度增长逐渐变慢；⑤饱和期，种群个体数接近或达到 K 时，种群不再继续增长或在 K 值上下波动。

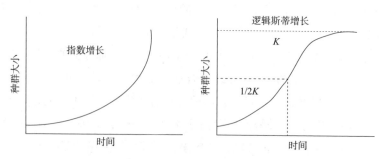

图 2-2　种群数量增长模式

指数增长（左），逻辑斯蒂增长（右）。指数增长呈"J"型，逻辑斯蒂增长呈"S"型。

动物的种群受到密度制约，拥挤的生活环境意味着较少的食物或者狭小的生存空间。个体间因为争夺空间或者资源而死亡，增加了种群死亡率；因为能分到的空间资源减少，成年个体生殖能力减弱或者幼年个体没有足够食物以供生存而导致出生率降低。

植物也存在着密度制约，同样源于对资源的竞争。在种群密度过大时，植物会因为资源缺乏出现生长迟缓，许多个体长不到成年，因此繁殖受阻。研究者在分析随着种群密度的变化下植物生物量时，发现了一个规律，当以植物平均生物量对数值和种群密度的对数值记录下来放在二维坐标中时，这些点分布很有规律，都坐落在一条直线上，直线斜率为 $-3/2$。1963 年 Yoda 通过一系列试验发现了这一关系，后来的研究人员也证实了这是在生态学中是一个普遍规律，称为 $-3/2$ 自疏法则。

2. 种内关系

种群内部个体间在短期时间尺度上常通过竞争、分工及社会行为来维持种群数量的稳定，在长期时间尺度上通过生态分化、种群结构变化及新物种形成来保证种群质量。因此，种内竞争与分化是生物在漫长进化过程中通过群体性适应环境、谋求最优化发展的基本路径之一。

（1）竞争、分工与社会行为

同种个体之间由于食物、栖所、配偶等矛盾而发生斗争的现象，称之为种内竞争（intraspecific competition）。动物存在许多配偶权的竞争，自然界中大多数雄性都比雌性具有更加"美丽"的外形，这些美丽的皮囊正是用来求得异性芳心的资本。大熊猫具有很强的领地意识，成年大熊猫通常独立生活，但是大熊猫发情期时会有短暂的"亲密时光"。雄性大熊猫在发情期时会对雌性大熊猫示爱，以请求交配的权利。当有两只或以上的雄性大熊猫对同一只雌性大熊猫开展攻势时，两只雄性大熊猫就会大打出手，胜利者将有机会获得雌性的青睐，从而延续自己的基因。鸟类美丽的羽毛也是竞争配偶权的手段，在对异性求爱的过程中，鸟类尽情展示自己美丽的羽毛以获得交配权利，有些鸟类通过独特的形态动作或者叫声来吸引异性。在自然界，雄壮或者美丽的个体通常能赢得配偶权，使自己优良的基因能够延续下去。

除了配偶权，资源的争夺也是重要的种间竞争。资源的获取（例如，光照、水分、养分、栖息地等）关乎个体的生存，动物、植物、微生物和人类都存在资源的竞争。在干旱的沙漠戈壁，水源成为生物最大的竞争资源。胡杨能在戈壁、沙漠这样干旱的区域生长，是调节荒漠地区绿洲、生态系统功能的重要物种。在这里水源成为限制胡杨生存的重要因素，能够影响胡杨种群的空间分布格局。在水分含量较少的地区，胡杨为了获得更多水分呈现聚集分布，水资源充足的地方会逐渐转变成随机分布。密集生长的胡杨群中个体竞争随距离变化，胡杨群中的个体间距离越近，种间竞争就越大。在水源充足的地方，个体间的竞争强度则会更低。

空间的竞争也是种间竞争的焦点。许多哺乳动物都具有领地意识，利用气味标记。一旦有其他个体侵犯标记领地，成年个体就将全面开启警戒状态，以保护自己或者幼崽。无齿螳臂相手蟹对空间的竞争就是一个典型的例子：在空间较为狭小的时候，个体对空间的竞争很强；相反，在空间充足的时候，个体对空间的争夺强度较弱。无齿螳臂相手蟹种内竞争强度受到环境的影响。不同温度下空间的竞争强度不同，温度越高竞争强度越高。因为高温环境下个体活动较为活跃，无齿螳臂相手蟹个体对空间需求较大。不同体型或者性别的个体所拥有的竞争能力也不同，雄个体由于个体较大，对空间资源需求也大，竞争能力会高于雌性。

分工与社会行为在动物中十分常见，狼群、蜜蜂、蚂蚁、候鸟、大象、猴群有明确的社会分工，社会行为和分工是维持种群的一种行为。在动物界，种群内每个个体对生命的关爱很常见。例如，海豚会帮助受伤的同类。除此之外动物种群拥有严格的等级制度，特别是对于群居的动物，这是维持种群数量、个体生存的策略之一。环尾狐猴以家族的形式生活，猴群所组成的母系社会以母猴子和幼崽的利益为主，目的是保证种群的繁衍和存活率。这种群体的等级制度非常严格，雌性在群体中地位最高，能够担任首领，雄性则不能越过等级与雌性或幼崽争夺食物、水源或者空间。

骆驼在觅食时会聚在一起，一般幼体或亚成体都会跟随一头成年雌性骆驼，以保护幼崽。在觅食团队的最前面是一头雄性骆驼，被称为头驼。头驼一般走在群体前面，时常抬头观察四周情况以确保团队的安全，它比其他骆驼更为警觉，一旦发现异常会向其他骆驼传递预警信号，头驼易发现敌害，从而保护驼群。

照顾幼崽是在动物种群里是常见的社会行为。为了确保幼崽的成活率，大象遵从母系社会，象群里的母象们会同心协力关照年幼的小象；年老的乌鸦会得到其他乌鸦的反哺。当然也有社会分工过于明确导致种群中幼体无法得到照顾的例子，有些动物只识别自己的孩子而种群中其他幼崽不会受到它的照顾。一只年幼的企鹅，如果它的父母出了意外不能带回食物，它在企鹅群里也只好活活饿死。同样地，一只小角马如果不幸和它的母亲走散了，它是不能从其他母角马那里吃到一口奶的，那么它活下来的希望就非常渺茫了。

（2）种群结构变化、分化与进化

在生物的种群中，世代之间或同代不同个体之间的差异（不包括年龄、性别以及不同时期生活史等方面的差异）构成了生物的变异。一切生物都具有变异的特性，它是生物进化的原材料。这些变异通过自然选择，即淘汰不适合环境的生物个体，保留适合环境的生物个体，存活下来的个体及其后代在种群中数量越来越大，其携带的遗传基因在种群中的频率也越来越高，从而整个种群就向着更适应环境的方向发展。这是就是生物的进化。

在这个过程中，生物通过遗传，即在繁殖中将亲代的特征保留给子代，向后代传递遗传信息，确保了生物物种的稳定性和连续性。种群中的变异为自然选择提供了丰富的原材料，使得生物能够适应不断变化的环境。假如一个种群中的部分个体因为某种因素迁出了它们与原来的种群，或者被隔离开了，那么这部分个体群交配繁衍后的基因型与原来的种群必定不一样，或者因为环境条件不同选择保留下来的变异不同，久而久之就产生了新的种群，这就是种群的分化。当种群的分化达到一定程度，以至于它与原来整个物种的基因特征、结构功能出现显著不同时，这可能就形成了新的物种。

生物种群迁入到新环境中，与种群所在的环境不同，各有不同的选择压力，这时建立者种群与母种群差异越来越大，这一现象称建立者效应（又称奠基者效应，founder effect）。建立者效应往往是种群分化及物种形成的重要方式。一个种群遗传变异越大，即遗传多样性越丰富，整体适应环境的能力就越强，并且诞生新物种的可能性也就越大。因此遗传多样性往往可能造就生物多样性。

3. 种间关系

生物在漫长生存及进化过程中通过群体性适应环境以谋求最优化发展。种间关系包括竞争、捕食、寄生、共生等，是构成生物群落的基础。所以种间关系不仅是种群生态学与群落生态学之间的界面，同时也是生物在漫长进化过程中通过群体性适应环境、谋求最优化发展的基本路径之一。

（1）竞争与捕食

多个种群生活在同一时空就必有种群间相互作用，这种不同种群间的相互作用形成的关系称为种间关系（interspecies interaction）。为了获取生存必须的养分、水分、光照等，物种间就存在对同一空间、时间中一定的资源的争夺。为了生存、繁殖的两种或两个以上种群共同利用同一资源而产生干扰或抑制的情况称为种间竞争（interspecies competition）。

鸟类对生存环境的要求高，生态环境较好区域往往吸引鸟类定居、繁殖。我国云南省大理古城存在一鸟类混合繁殖区域，这个地方因为生态环境良好，依靠洱海提供充足的食物，大量繁殖性鸟类都来到此处筑巢。这里聚集着不同种类的鹭，包括牛背鹭、夜鹭、白鹭和中白鹭，相同的生活方式和一定的筑巢空间导致不同种群间产生空间竞争。牛背鹭（*Bubulcus ibis*）是外来物种，具有很强的打斗能力，在全球范围内快速扩张。研究人员2012—2021年用望远镜观测栖息地鸟类的种群密度和筑巢情况，发现牛背鹭在栖息地的巢密度从0.090只/m^2变为0.252只/m^2，夜鹭的巢密度从0.116只/m^2减少到0.061只/m^2，白鹭的巢密度从0.075只/m^2减少至0.065只/m^2。总体看来，栖息地总体巢密度在变大，但只有牛背鹭的巢密度变大，夜鹭和白鹭的巢密度都变小。虽然较2016年部分栖息地夜鹭和白鹭的巢密度有所增加，但2021年的巢密度仅为0.097只/m^2和0.183只/m^2。这个筑巢密度远低于牛背鹭的巢密度。说明近几年牛背鹭对栖息地筑巢空间的竞争力大于夜鹭和白鹭。

鹭类在栖息地虽然存在竞争，但是多个种类能共同存在于一个栖息地。也有因为竞争而使其中一种或几种物种无法生存，这样两类物种不能利用同一种资源而共同生存的情况，在生态学中称为竞争排斥原理（competition exclusion principle）。当两个物种共有一种捕食者或天敌时，其中一个物种猎物数量增加导致共有捕食者种群数量增加而对另一个物种捕食率增加，最终导致种群数量降低，两种猎物以共同的捕食者为中介产生相互影响，这种相互影响的结果与资源利用型竞争的结果相类似称为似然竞争（apparent competition）。

所有的生物都有自己的角色，必是消费者、生产者和分解者之一或者同时担任多个角色。大部分生产者、消费者也是别的消费者的食物。捕食、植食关系是自然界最基本的关系，也是很常见的种间关系。捕食者获取猎物，猎物为了避免被捕食，也会有保护措施，例如保护色、毒素、涩味等。马陆又名千足虫，是一种长约几厘米到几十厘米的多足虫子，遇到危险的时候会分泌一种毒素。这种神经毒素可以麻痹捕猎者，以达到自保的作用。因为大部分动物都惧怕这种毒素，因而在自然环境中它们鲜有天敌。而有一种动物狐猴，进化出来了独特的解毒系统，不仅能解毒，它们还对这种毒素异常"痴迷"。它们很善于抓捕马陆，并快速咬掉马陆的头部，吸取马陆分泌的毒素，然后把毒素涂抹在身体上，具有防蚊虫的功效。

捕食者一般是针对以动物为食物的消费者，对于以植物为食的消费者来说，一般把它们称为植食者。植食者吃植物的整株或者一部分组织，食用整株植物的情况与捕食者更为接近，也有植食者只食用部分组织而不致植物死亡的情况，放牧牛羊对草地的啃食就是这种情况。

（2）寄生与共生

寄生与捕食关系有相似但又有所不同。相同的是寄生物种同样要消费另一种生物，但捕食是对这种生物（这时称为"猎物"）的整体消费，而寄生是消费另外生物（这时称为"寄主"）的部分组织，并且依附于寄主。寄生物种虽然消耗着寄主，可能导致寄主生病增加其死亡率或降低寄主繁殖率，但是寄主不会直接死亡。

实际中利用寄生关系，能够降低害虫灾害。我们国家在 20 世纪 50 年代爆发过一场严重的松毛虫灾害。松毛虫是一种对森林生态系统造成巨大危害的生物，爆发虫灾时，成片的松树被吃光进而死亡，给林业造成惨重损失。虫害调查小组在虫害之后对松林调查发现有大量松毛虫死亡，并覆盖有厚厚一层白色粉末。经过鉴定发现这些白色粉末是一种名为白僵菌的真菌的孢子。白僵菌是松毛虫寄生菌，寄生在松毛虫里提高寄主的死亡率。因此，人们决定利用松毛虫与寄生天敌的关系来控制松毛虫害。研究者对马尾松毛虫不同寄生物种开展了研究，发现了 8 种在马尾松毛虫卵中寄生的物种，19 种卵期和幼虫期寄生物种。经过几年的调查发现，随着马尾松毛虫种群密度增大，寄生物种种类快速增加，当寄主密度增大到一定程度后寄生者种类的增加速度逐渐趋于平缓。之所以出现这种情况，是由于寄生种群依靠寄主生存，寄主为寄生物种提供了生长、繁殖所需的资源与空间，越多的资源与空间支持了寄生物种的增长。但在某栖息地内，寄生的种类是有限的，所以它不会无限制地增长。

在自然界中，种群之间都是具有一定联系的。上一部分提到的种间竞争、捕食关系将造成一个种群中个体的死亡。在自然界中还存在种群共生现象，指两种生物生活在一起，如果分开其中一种，二者都无法存活。例如兰花与共生真菌，兰花通过与共生真菌形成的菌根来增加养分吸收效率，而真菌依靠兰花定殖并享用兰花提供的有机质。

4. 种群相互作用

无论是种群内部，还是种群之间，对空间和资源的竞争，最终决定了群体的生存，以及种群的分布和丰度，在短期时间尺度上影响种群的规模，但在长期时间尺度上，物种之间的相互关系是经过长期的系统进化逐步形成的，并形成了一系列的适应性特征，以此维持种群及物种的生存发展。

（1）生物相互关系的短期作用：种群规模的调节

种间和种内对空间和食物资源的竞争，以及捕食者和猎物关系，最终决定了群体的生存，以及种群的分布和丰度。在动物生态学中，捕食者选择性捕食被捕食群体中的较弱个体能提高群体的整体健康状况，例如狮子在捕食羚羊时会选择羚羊群中年老、受伤、跑得慢的羚羊，那么剔除这些较弱个体后的羚羊群相比之前将更强健。昆虫以松针为食物，研究者发现幼虫密度呈周期性变化。有趣的是，幼虫密度随着松针长度变化而变化，在松针长度达到最大值后不久到达峰值。

捕食或植食关系中猎物与捕食者或植物与消费者之间存在明显的关联，寄生关系中寄生物种与寄主间同样关联明显。破囊壶菌寄生在角毛藻中的例子可以看出角毛藻的丰度变化满足逻辑斯蒂增长方式，最开始角毛藻的个体数较少、种群增长缓慢，指数期种群迅速增长，达到饱和后种群数量趋于稳定。破囊壶菌种群在前期随着寄主数量的增加也呈上升趋势，在宿主种群大小稳定后破囊壶菌种群大小也随之上下波动。

在竞争关系下，两个物种为了夺取资源或者空间可能牺牲物种的某些性状，对生殖性状的牺牲可能导致较低种群出生率，从而降低种群大小。研究人员建立模型模拟自然界中的种间竞争对种群性状的影响，发现种子的平均大小随着可利用资源的增加而降低。这个模拟实验证明对种群性状的影响并不全是环境的作用，种间竞争也发挥了很重要的作用。大种子可以耐受较低资源可用性，但比小种子物种具有更低的繁殖力。由于这种容忍度和繁殖力的权衡，当地物种丰富度随着群落内资源可用性的变化而增加。

（2）生物相互关系的长期效应：物种间的协同进化

自然界中，同一时间同一地点同时有多个生物共同生活在一起，在长期的进化过程中相互影响、相互适应、共同演变。这种改变是为了物种自身更好地适应环境或者是对其他物种的某些特征做出响应,这一过程在生态学中被称为协同进化(coevolution)。这种进化不仅仅是单一物种的适应性变化,而是涉及多个物种之间复杂的相互作用和反馈机制。协同进化可以发生在不同物种之间,也可以发生在同一物种的不同基因型或表型之间。

例如,植物和动物可能改变自身形态来获取食物,反过来它们也需要避开捕食者。许多植物都有次级代谢物质的存在,这些物质对大多数动物都有驱避作用虫,能免于植物被动物食用。之前提到的马陆,体内能够合成神经毒素,大部分的捕食者无法耐受毒性,如此一来减少了被捕食的风险;同时,狐猴作为栖息地中唯一的马陆的天敌,进化出了解毒系统,以获取更多的食物。这就是协同进化中一个典型的例子。在环境条件稳定时一个物种的任何进化造成其他物种的进化压力,这种种间关系推动种群进化的现象被称为"红皇后效应"。

自然界中的植物和动物需要逃避捕食者、规避有害的种间关系,同时也要增加获取资源和空间的机会。植物的果实通常有香甜的味道,这些味道来自于自身合成的果糖和葡萄糖等糖类物质,能为植物提供能量,有助于它们生长和繁殖,但更重要的是甜味的果实更能吸引植食动物食用,同时帮助传播种子,有利于植物的生存和繁衍。但甜味不是植物唯一吸引动物来散播它们种子的武器。有些植物如松树果实并不甜,依靠果实中丰富的油脂和动物所需的营养物质同样能吸引动物来食用,如松鼠和鸟类,去食用并散播它们的种子。还有一些植物例如柑橘类的果实以鲜艳的颜色和强烈的香味来吸引传播者。

协同进化导致物种发生分化,促进生物多样性的形成。美国黑松主要生长在落基山脉,它的果实有一层鳞片装甲以防止植食动物的食用,同时它的天敌红松鼠和交嘴雀具有的特殊身体构造能够攻破美国黑松的防御。红松鼠具有锋利坚韧的牙齿,在牙齿不断啃刮下可获得美国黑松的果实;而交嘴雀拥有强有力的喙,能够直接穿取果核。为了应对两种天敌,黑松在不同区域出现了分化。在红松鼠为主的栖息地,松果外层的鳞片变薄、层数增多,这使得红松鼠在啃食果实时更加困难;在交嘴雀为主的栖息地,黑松果实的鳞片更加结实、厚度增加,交嘴雀想要穿透果子外壳就更加困难。

三、不同生物彼此需要、互为条件

在相同时间聚集在同一区域或环境内各种生物种群的集合,这就是生物群落;把生物群落作为一个统一体进行研究的就是群落生态学。

群落中的生物种群不是随意组合的，而是不同种类的生物在长期适应环境和彼此相互适应的过程中形成的动态结构。一个物种在群落中的地位是由其生态位决定的，当下一个群落的物种多样性水平是由环境资源的优越程度与物种生态位大小共同决定，随着时间的推移及环境的变化，生物群落随之变化，有季节性、年际性变化，也有结构出现根本性变化的生态演替。进展演替是自然界自我修复和恢复的重要途径。群落特征和环境状态无疑是复杂、多变的，把握群落生态现象与规律，有利于物种的保护、自然保护区的科学划分以及生态资源的开发利用，有利于生态环境的保护与建设。

1. 物种之间的联系

在这颗蓝色星球上，生命活动的多样性令人叹为观止。从微小的细菌到庞大的鲸鱼，从低矮的苔藓到参天的大树，无数生命在各自的生态位上绽放着独特的光彩。这些生命之间并非孤立存在，而是通过各种方式紧密相连。它们或是捕食者与被捕食者的关系，共同编织着复杂的食物链；或是竞争者与合作者的关系，在争夺资源的同时又相互依存；或是共生者与寄生者的关系，在相互扶持中共同进化。这些种间关系的多样性不仅丰富了生命活动的内涵，也为我们揭示了生命世界的奥秘。

（1）群落：物种之间的有机联系

相同时间聚集在同一区域或环境内各种生物种群的集合称为群落。群落虽由植物、动物和微生物等各种生物有机体构成，但仍是一个一定成分和外貌比较一致的组合体。一个群落中不同种群不是杂乱无章地散布，而是有序协调地生活在一起。生物群落的基本特征包括群落中物种的多样性、群落的生长形式（如森林、灌丛、草地、沼泽等）和结构（空间结构、时间组配和种类结构）、优势种（群落中以其体大、数多或活动性强而对群落的特性起决定作用的物种）、相对丰盛度（群落中不同物种的相对比例）、营养结构等。

不同物种及其种群能够在一起构成群落，主要取决两个必要的条件，一是必须共同适应它们所处的无机环境；二是它们内部的相互关系必须取得协调与平衡。随着群落的不断发展，物种之间的相互关系也在不断发展和完善。

例如，一个生物群落开始在新形成的裸地上从零开始发展，绿色植物的繁殖体在扩散因子的作用下扩散到裸地，一旦繁殖体适应了裸地的环境条件，它就开始了裸地的定殖过程，并成为成功定殖的第一种先驱植物。随着成功定居植物数量的增加和先锋植物的繁殖，裸地植物的密度逐渐增大，空间变小，同种植物和不同种植物之间开始出现相互关系。这种关系主要表现在对生存空间的争夺、对阳光的获取、对养分的利用以及排泄物或分泌物对彼此的影响等方面。在种间竞争中获胜的植物成为群落最早的成员,而在竞争中失败的植物则被淘汰出群落。随着植物群落的形成和发展,各种动物种群也在形成和发展,它们不仅需要适当的植物作为食物来源(直接或间接),还需要植物群落为它们提供栖息、活动、繁殖和躲避敌害的场所。微生物参与到群落中来也经历着近似的历程,不同生物群落中微生物的种类组成及数量关系不同便是证明。

任何物种总是与其他物种有着这样或那样的联系。食肉动物以植食性动物为食,植食性动物以可食用植物为生,还有许多寄生生物生活在自由生活的动植物阵营内外。物种之间的相互关系对整个生物群落的生存和发展极为重要,它不仅影响着每个物种的生存,而且将每个物种连接成一个复杂的生命网络,决定着群落和生态系统的稳定性。现今的生物群落完全依靠生物之间的协调和互动,才能年复一年地保持相当大的稳定性。虽然群落中的生物来来去去,时多时少,但在这种动态中,一定的群落结构得以维持。

植物作为生态系统的基础,通过光合作用产生有机物,为其他生物提供食物和能量来源。它们与土壤中的微生物形成密切的共生关系,如根瘤菌与豆科植物的关系,这种互利共生有助于植物获取营养,同时也为微生物提供生长环境。

动物在群落中扮演着消费者和分解者的角色。它们与植物之间形成了捕食与被捕食的关系,维持着生态系统的能量流动和物质循环。同时,动物也与微生物形成复杂的关系,如某些昆虫与肠道微生物的共生关系,有助于昆虫的消化和营养吸收。微生物在群落中的作用不可忽视。它们作为分解者,分解动植物遗体和有机废弃物,将有机物转化为无机物,为植物的生长提供养分。此外,微生物还参与许多物质的转化过程,如氮循环、碳循环等,对生态系统的稳定起着关键作用。这些种间关系交织在一起,形成了一个复杂的网络。

植物、动物和微生物之间的相互依存和相互影响,共同维持着群落的平衡和稳定。例如,当某种植物数量减少时,依赖这种植物为食的动物数量可能也会减少,而捕食这些动物的捕食者数量也可能受到影响。这种连锁反应在群落中广泛存在,使得群落的结构和功能具有高度的动态性和复杂性。理解植物、动物和微生物之间的相互作用,以及这些作用如何影响群落的整体结构和功能,对于保护生物多样性、维持生态平衡以及合理利用和管理自然资源具有重要意义。

(2)群落内物种在空间中的相互联系

群落的垂直结构也就是群落的层次性(stratification),大多数群落都具有明显的层次性。植物群落的层次主要是由植物的生长型和生活型所决定的。苔藓、草本植物、灌木和乔木自下而上分别配置在群落的不同高度上，形成群落的垂直结构。群落中植物的垂直结构又为不同类型的动物创造了栖息环境，在每一个层次上，都有一些动物特别适应于那里的生活。

在一个发育良好的森林中，从树冠到地面可看到有林冠层、下木层、灌木层、草本层和地表层。其中林冠层是木材的主要来源，对森林群落其他部分的结构影响也最大。若林冠层比较稀疏，就会有很多阳光照射到森林的下层，下木层和灌木层的植物就会发育得更好；若林冠层比较稠密，那么下面的各层植物所得到的阳光就很少，植物发育也就比较差。不同的乔木、灌木和草本植物在离地面不同的高度伸展开它们的枝叶并适应于不同的光照强度下生长。其他群落也和森林群落一样具有垂直结构，只是没有森林那么高大，层次也比较少。草原群落可分为草本层、地表层和根系层。草本层随着季节的不同而有很大变化；地表层对植物的发育和动物的生活（特别是昆虫和小哺乳动物）有很大影响；而草原根系层的重要性比任何其他群落的根系层更大。水生群落也有分层现象，主要是由光的穿透性、温度和氧气等环境因子的分布决定的。

热带雨林的层次性非常明显。一般来说乔木树可以分为3层。自上而下，第一层是蝴蝶树、青皮、坡垒、细子龙，树高可达40m以上；第二层是由山荔枝、蒲桃等乔木组成；第三层则是粗毛野桐、白颜等。乔木下面还有灌木层和草本层。除此之外，各个层次还有许多附生和藤本植物。在热带雨林中大多数植物都是常绿的，树干挺直，高大细长。在热带雨林中没有大型的草食动物，大多数草食动物都生活在树上，以灵长类动物为主。中型食肉兽有山猫、美洲虎等；且雨林中鸟类、昆虫的种类极为丰富，在单位面积热带雨林所包含的植物、昆虫、鸟类和其他生物种类比其他任何群落都丰富。

无论是陆地群落还是水生群落，从生物学结构的角度都可以把它区分为自养层和异养层。自养层的光线充足，生物具有利用无机物制造有机物的能力，并可固定太阳能，如森林的林冠层、草原的草本植物层和海洋湖泊的动荡层。异养层只能利用自养生物所贮存的养分，并借助于最广义的捕食作用和分解作用使能量和营养物质得以流动和循环。

在群落垂直结构的每一个层次上，都有各自特有的生物栖息，虽然活动性很强的动物可出现在几个层次上，但大多数动物都只限于在1~2个层次上活动。在每一个层次上活动的动物种类在一天之内和一个季节之内是有变化的。这些变化是对各层次上生态条件变化的反应，如温度、湿度、光强度、水体含氧量的日变化和季节变化等。但也可能是各种生物出于对竞争的需要，例如，生活在热带干燥森林上层的鸟类，几乎每天中午都要迁移到比较低的层次上活动，迁移的目的是为了获得食物（因为昆虫迁到了下层）、躲避日光的强烈辐射以保持湿度。

分层现象是群落中各种群之间以及种群与环境之间相互竞争和相互选择的结果。它不仅缓解了植物之间争夺阳光、空间、水分和矿质营养（地下分层）的矛盾，而且由于植物在空间上的分层排列，扩大了植物利用环境的范围，提高了同化功能的强度和效率。成层现象愈复杂，即群落结构愈复杂，植物对环境利用愈充分，提供的有机物质也就愈多。各层之间在利用和改造环境中，具有层的互补作用。群落成层性的复杂程度，也是对生态环境的一种良好的指示。一般在良好的生态条件下，成层构造复杂，而在极端的生态条件下，成层构造简单，如极地的苔原群落就十分简单。因此，依据群落成层性的复杂程度，可以对生境条件作出诊断。

生物群落中动物的分层现象也很普遍。动物之所以有分层现象，主要与食物有关，其次还与不同层次的微气候有关。欧亚大陆北方针叶林区，在地被层和草本层中，栖息着两栖类、爬行类、鸟类和杂食类动物；在森林的灌木层和幼树层中栖息着莺苇莺和花鼠等，在森林的中层栖息着山雀、啄木鸟、松鼠和貂等，在树冠层则栖息着柳莺、交嘴雀和戴菊等。但需要注意的是，许多动物可以同时利用几个层次，但总有一个首选层次。总体来说，群落的层次性越明显、分层越多，群落中的动物种类也就越多。

土壤理化性质决定了陆地生态系统中微生物的多样性和群落结构，通常随着水分和有机物含量的减少，土壤垂直剖面也会发生变化，也就造成了土壤中动物和微生物的分层分布。在水生群落中，生物的分布和活性在很大程度与环境因子的垂直分布相关，这些环境因子在垂直分布上所显现的层次越多，水生群落所包含的生物种类也越多。比如湖泊和海洋的浮游动物即表现出明显的垂直分层现象，影响浮游动物垂直分布的原因主要是阳光、温度、食物和含氧量等。

生物群落不仅有垂直结构，还有水平结构。植物群落的水平结构主要特征就是它的镶嵌性（mosaic）。环境的异质性越高，群落的水平结构就越复杂。群落的水平结构就如同在一个绿色的地毯上镶嵌了许多五颜六色的宝石一样。绿色的地毯就是某一植物群落类型，而五颜六色的宝石就是由不同生态因子引起而形成的不同小群落。镶嵌性是植物个体水平方向上分布不均匀造成的，从而形成了许多小群落。小群落的形成是由于生态因子的异质性，如小环境和微地形的变化，土壤含水量、温度和盐渍化程度的差异，群落内部环境因子的不一致，动物活动以及人类的影响，等等。

群落分布异质性还受植物物种的生物特征、种间相互关系和群落环境差异的制约。例如，一个物种在某个群落可能是单茎生长，但在另一个群落中可能成丛或成堆成斑块生长。林冠下光照的不均匀性对林下植物的分布有着密切的影响。在光照强的地方，生长着较多的阳性植物，如郁闭林冠中的林窗处；而在光照强度弱的地方，只生长着少量的耐阴植物，如郁闭的热带雨林下的草本植物。地形和土壤条件的不均匀性引起植物在同一群落中镶嵌分布的现象更为普遍，有时这两个因素相互影响，共同对层片的水平配置起作用。有时在地形条件不发生变化的情况下，仅仅由于土壤基质的差异，以及由此而引起的土壤紧实度、土壤湿度、土层的厚度、砾石的含量等因素的不同，同样会导致层片不均匀分布。

不同群落类型在一定区域里共同存在，这就是群落交错区，又称生态交错区或生态过渡带，它们是两个或多个群落之间的过渡区域。如森林和草原之间有一森林草原地带，软海底与硬海底的两个海洋群落之间也存在过渡带，两个不同森林类型之间或两个草本群落之间也都存在交错区。此外，像城乡交接带、干湿交替带、水陆交接带、农牧交错带、沙漠边缘带等也都属于生态过渡带。群落交错区是一个交叉地带或种群竞争激烈的地带，群落中物种的数目及种群密度比相邻群落大。群落交错区物种的数目及一些物种的密度增大的现象被称为边缘效应。在大兴安岭森林边缘，具有呈狭带状分布的林缘草甸，每平方米的植物种数达 30 种以上，明显高于其两侧的森林群落与外侧的草原群落。

（3）群落内物种在时间中的相互联系

如果说植物种类组成在空间的配置构成了群落的垂直结构和水平结构的话，那么不同植物种类的生命活动在时间上的差异，就导致了结构部分在时间上的相互更替，形成了群落的时间结构。

群落的组成和外貌可随时间改变而发生有规律的变化，这就是群落的时间结构。在某一时期，某些植物种类在群落生命活动中起主要作用；而在另一时期，则是另一些植物种类在群落生命活动中起主要作用。时辰节律也表现在代谢、细胞分裂、生长、心脏跳动、光合作用、细胞酶活动和其他一系列活动方面。湖泊中浮游生物的垂直分布是最显著的小时节律之一。淡水藻类在阳光照射下，在水面进行光合作用。中午阳光最强时，许多浮游动物就沉到水的深处。当黑夜来临时，这些浮游动物又洄游到水的上层来吃浮游植物或彼此互相为食。到了太阳上升时，它们又下沉到底层。垂直洄游的距离随种类而异，原生动物只上升几厘米，而大型动物可能上升数米。海洋浮游动物的垂直洄游也是如此。在海洋深处，大量的浮游动物和鱼群构成了一个分散层，使得船上放出的超声探深仪失去作用，误把分散层的回波当成了海底回波。

群落的季节变化受到环境因子的制约影响。特别是在温带地区，气候季节性变化极为明显，如早春开花的植物在早春开始发芽、开花和结果，到夏天它们的生命周期就结束了，地上部分死亡，以根茎的方式休眠，来年春季再生。随着早春植物的消失，夏季长营养期草本植物大量生长，并占据了早春植物的空间。生长季节的长短是植物在自然选择过程中适应周期性变化的生态环境的结果，是生态生物学特性的具体体现。所以在一个复杂的群落中，植物生长、发育的异时性会很明显地反映在群落结构的变化上。

在一个复杂的群落中，植物生长发育的异期性会明显地反映在群落结构的变化上。因此，周期性是指植物群落在不同季节、不同年份按一定顺序改变其外貌的过程，是植物群落特征的另一种表现形式。植物群落在不同季节的外貌是不同的，所以群落的季节性外貌称为季相。在温带地区，草原和森林群落的外貌在不同季节有很大差异。动物群落也同样随着季节性发生周期性变化，在冬季大多数鸟类和有蹄类动物向南迁移，黄鼠等进入冬眠，鼠兔则将干草储藏在洞口附近以度过寒冬。这些都是草原动物季节性活动的显著特征，也是对环境的良好适应的体现。群落中时间性层片的形成，应该看做是植物群落的结构部分。在生境的利用方面起着互相补充的作用，达到了对时间因素的充分利用。

2. 群落中生物组合

群落中的生物组合是一个复杂而精妙的系统。各种生物种群之间通过相互作用和依存关系形成了稳定的生态系统，为人类和其他生物提供了良好的生存环境。因此，我们需要更好地了解和研究群落中的生物组合，以保护和利用自然资源，实现可持续发展。

（1）不同的环境决定了群落及其生物组合方式

地球上分布着不同类型的群落。群落的组合及其分布受到水热组合的决定性影响。在水分充足、热量适宜的地区，水生群落和陆生群落都可能非常丰富和多样。而在水分稀缺或热量极端的地区，群落分布可能受到限制，生物种类和数量可能相对较少。一方面，水生群落主要分布在湖泊、河流、海洋等水域环境中。这些群落的特点是其生物成员主要依赖于水中的资源进行生活和繁殖。水生群落中的生物种类和数量受到水温、水质、水深等多种因素的影响。例如，温暖的水域可能支持更多种类的水生生物，而寒冷的水域则可能限制某些生物的生存。另一方面，陆生群落则广泛分布在陆地环境中，包括森林、草原、沙漠等不同类型的生态系统。陆生群落的分布和特征主要受到气候、土壤、地形等因素的影响。例如，热带雨林地区的陆生群落可能具有极高的生物多样性，而干旱沙漠地区的陆生群落则可能相对简单。同时，水热组合的变化也可能导致群落类型的转变。例如，在气候变暖的过程中，一些原本寒冷地区的水生和陆生群落可能逐渐转变为适应温暖环境的群落类型。这种转变可能会对生态系统的结构和功能产生深远的影响。

不同物种组合构成了群落的物种多样性。物种多样性是指生物种类变化的多样性，是指一个地区内物种的多样性变化，主要从分类、生物地理角度对一定区域内物种的状况进行研究。物种多样性随纬度的变化而变化，经过研究发现物种多样性为热带＞温带＞两极，这种趋势在陆地和海洋环境中均有发现。在陆地生态系统中，物种多样性随海拔的变化而变化，一般来说中海拔和低海拔物种多样性高于高海拔地区。这是因为随着海拔的升高，可利用的土地显著降低，此外环境因子如温度随海拔的升高而降低，不适宜大多数物种的生存，这种现象在植物群落、动物群落、微生物群落均有发现。相同的水生生物多样性随水体深度的增加而降低，例如在湖泊中温度低、含氧少的深水层，其水生生物种类明显低于浅水区。影响群落物种多样性的原因有很多，例如时间因素、空间因素、气候稳定因素、竞争因素、捕食因素、生产力因素及其他因素。

（2）生态位：生物在群落中的关系与地位

不同物种对资源、空间的需求量和需求种类都不同，有机体对空间和资源的全部需求在生态学中称为生态位（niche）。

物种之间的关系是由漫长进化过程中的生物地理作用以及群落演替这种较为短期的生态作用共同造成的结果。每个物种都有自己独特的生态位，这包括了其觅食的地点、食物的种类和大小，以及其每日和季节性的生物节律。这些因素共同决定了物种在群落中的地位和角色。

生态位不仅体现了物种在环境中的空间位置，还涵盖了物种在食物链中的角色、与其他物种的相互作用，以及物种对环境的适应性进化等多个方面。生态位是指生物单位在特定生态系统中与环境相互作用过程中的相对地位和作用。一般来说，没有竞争和捕食的胁迫，物种能在更广的条件和资源范围内得到繁荣。这种潜在的生态位空间就是基础生态位，即物种所能栖息的，理论上的最大空间。然而，物种暴露在竞争者和捕食者面前是很正常的事，很少有物种能全部占据基础生态位，一个物种实际占有的生态位空间是实际生态位（图2-3）。在生态系统中，每个物种都有其特定的生态位需求，包括生境需求、食物关系、物种间的相互作用以及适应性进化。这些需求共同维持了生态系统的平衡和稳定性，促进了物种的多样性和演化。

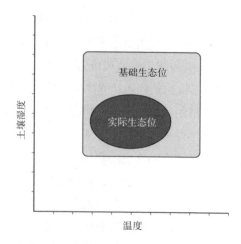

图 2-3　一个植物物种的基础生态位和实际生态位的区别示意图

（基础生态位是物种对特定环境因子的耐受性；实际生态位是物种实际被发现的因素范围。这里只说明了两个因素——土壤湿度和温度，但可能涉及更多的因素）

生态位可以根据资源利用方式和生活习性的不同进行划分。例如，基于资源利用的生态位关注的是某些物种对特定资源的利用能力，如植物对阳光的利用或肉食动物对猎物的捕食能力。基于空间利用的生态位则关注物种对特定生境或空间资源的利用能力，如鸟类对特定树种的选择。而基于与其他物种的互动的生态位则涉及物种间的复杂关系，如寄生虫对宿主的选择或共生关系中的互利共生。生态位的不同导致了不同生物在群落中的不等性。每个物种根据其特有的生存策略和资源利用方式，占据了不同的生态位。这种不等性使得每个物种都能在群落中找到适合自己的生存空间，避免直接竞争，从而维持群落的稳定性和多样性。生态位也反映了生物在群落中的地位。占据特定生态位的物种，在群落中的作用和地位也是特定的。

关键种（keystone species）是那些对群落结构、功能和动态具有显著影响的物种。它们通常对其他物种的分布和多度起着直接或间接的调控作用，决定着群落的稳定性、物种多样性和许多生态过程的持续或改变。它们通常具有特殊的生态位，能够高效地获取和利用资源，对群落中的其他物种产生不成比例的影响。关键种的消失或削弱可能导致整个群落的根本性变化，因此它们在生物保护学和生态学研究中备受关注。

优势种（dominant species）是指植物群落各层次中占优势的植物，即在数量、体积和群落学作用上最为重要的物种，这些物种能够高效地获取并利用生态系统中的资源，如阳光、水分、营养物质等。它们通常会在生态系统中占据更宽的生态位，以获取更多的资源和生存空间，在与其他物种的竞争中也常常占据优势地位。它们的存在对于维持群落的结构和稳定性具有重要意义。此外，优势种之间与其他物种的相互作用也是生态系统中的重要组成部分，这些相互作用可能包括竞争、共生、掠食等。

3. 群落的变化

生物群落的变化确实是一个既包含周期性波动又涉及根本性转变的复杂过程。这种变化既可以是季节性的，也可以是年度性的，甚至在更长的时间尺度上，群落结构可能会出现根本性的变化，即群落演替。生物群落的变化是一个复杂而有趣的过程，这些变化不仅反映了生物与环境之间的相互作用关系，也为我们提供了理解和保护生物多样性的重要线索。

（1）生物群落的短期变化：季节性和年际变化

生物群落的季节变化受环境条件周期性变化的影响，与生物的生命周期有关。特别是在温带地区，气候的季节变化极为明显，树木和杂草在春季发芽生长，夏季开花，秋季结果实，冬季休眠或死亡。这种年复一年的变化与气候的季节变化非常一致。动物也遵循同样的周期，青蛙、刺猬和蝙蝠冬季冬眠，春季苏醒。浮游生物的数量也有涨落周期。周期性是指植物群落的外观在不同季节和不同年份按一定顺序变化的过程。在不同的季节，植物群落的外观是不同的，因此群落的季节性变化称为季相。群落的季节动态是群落自身内部的变化，并不影响整个群落的性质，有人称之为群落的内部动态。在中纬度和高纬度地区，气候四季分明，群落的季节变化最为明显。

生物群落在不同年份之间往往会发生重大变化。这种变化反映了群落内部的变化，并不产生群落更替现象，一般称为波动。群落的波动大多是由群落所在地区气候条件的不规则变化引起的，其特点是群落系统组成的相对稳定性、群落数量特征变化的不确定性以及变化的可逆性。在波动过程中，群落的生产量、各成分的数量比例、优势物种的重要性值以及物质和能量的平衡都会发生相应的变化。

一般来说，木本植物比草本植物更稳定，常绿阔叶林比落叶阔叶林更稳定，环境恶劣的干旱沙漠群落最不稳定。在一个群落内部，许多定性特征（如物种组成、种间关系、分层现象等）较定量特征（如密度、盖度、生物量等）稳定一些；成熟的群落较之发育中的群落稳定。

（2）生物群落的长期变化：生态演替

演替（succession）指随着时间的推移，一种生态系统类型（或阶段）被另一种生态系统类型（或阶段）所取代的顺序过程，是为了更好地适应环境，维持自身的发展而进行的一种生态过程。生物群落与环境的相互作用导致生境的变化，按照演替的趋势可分为渐进演替和逆行演替。

群落演替是指随着时间的推移，一个群落被另一个群落代替的过程。这种演替可能是由于自然灾害、人类活动等多种因素导致的。在演替过程中，群落的物种组成、结构和功能都会发生显著的变化。例如，在一个遭受火灾的森林中，原本的植物群落被彻底破坏，随后可能出现一系列的先锋物种，它们能够在恶劣的环境中生存并繁衍。随着时间的推移，这些先锋物种为其他物种提供了生存条件，群落逐渐向着更为复杂和稳定的方向发展。一般其发生的过程是有序的，即生态演替是群落物种组成、空间格局随时间而有序地进行演替，并且是有规律地朝特定的方向进行。演替是群落对于环境改变所作出的响应，物理环境对演替起到决定性作用，同时群落的演替又会反作用于环境（图2-4）。生态系统是动态的。自地球上诞生生命以来的数十亿年间，各种类型的生态系统一直处于不断的发展、变化和演替之中。了解生态演替理论，不仅有助于对自然生态系统和人工生态系统进行有效的控制和管理，也是退化生态系统恢复和重建的重要理论依据。

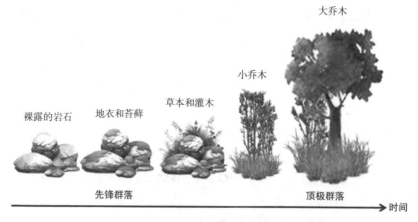

图2-4 北方森林的原始演替包括五个主要阶段

（裸露的岩石被地衣和苔藓占据，它们吸收水分，为草本植物、灌木和树木提供土壤。周期性火灾会阻碍树木生长，从而引发次生演替。杨树从根部重新萌发，松树在空地上发芽，新的森林开始形成了）

群落是一个不断变化的动态系统，生物一代接一代地生老病死，能量和养分在群落中流动和循环。不过，大多数群落的外观和物种组成都相当稳定，如果群落受到干扰或破坏，它可以慢慢地自我重建。首先是先驱者在受损区域定居，然后由其他物种取而代之，在群落恢复原来的面貌和物种组成之前，后一种物种总是占上风。例如，农田弃耕闲置后，最初一两年会出现大量一年生和二年生田间杂草，随后多年生植物开始入侵并逐渐定居，田间杂草的生长和繁殖开始受到抑制。随着时间的推移，多年生植物逐渐占据主导地位，并形成具有特定结构和功能的植物群落。相应地，适应这一植物群落的动物群和微生物群也逐渐形成。整个生物群落仍在发展之中。当生物群落发展到能够更好地适应当地环境条件，尤其是气候和土壤条件时，就会成为一个稳定的群落。在草原地区，这一群落将恢复为原生草原群落；如果在森林地区，它将进一步发展为森林群落。

如果一个地区具备阔叶树生长的条件（如温度、湿度、降水量和漫长的夏季），并不意味着一定会有阔叶林。这些条件只是意味着阔叶林将是该地区终极的、潜在的、最稳定的生态系统。从适宜的温度和降水等自然条件到阔叶林的形成，需要经过长时间的演替。开始时，一些低等植物，如地衣和苔藓，将首先在这里生长。这些植物的生存会导致环境条件的变化（如土壤酸碱度的变化、其残留物的分解、土壤中养分的增加）。环境的改变又会导致其他植物（如一些草本植物）定居下来。这些新植物最终在这里形成典型的阔叶林。

四、生物与环境形成统一的复合体

生物群落与其所在的环境是一个统一的复合体系，它们相互作用、相互影响、共同发展形成了一个结构和功能的复合体，即生态系统。生态系统是自然界的结构与功能单位，它们拥有基本的组成结构、营养结构、时间结构和空间结构，完整和良好的生态系统决定着生态系统的能量流动、物质循环、信息传递等基本功能；不同的水热条件和生物组成形成了不同的生态系统类型，并分布在全球不同的区域；一定区域不同生态系统的组合及其变化形成了特定的生态格局，这些格局的变化由内在的生态格局演变，也因人类活动引起相应的变化；维护良好的生态结构，才能使生态系统发挥应有的功能，良好的生态功能需要完整的生态结构来维持，生态保护的核心就是促进生态结构的完善和促进生态功能的发挥。

1. 生态系统是自然界的结构与功能单位

想象一下，在一个遥远的森林中，一只小鹿优雅地穿梭于树林间，它轻盈地跳跃，穿越着浓密的林间，时而停下来嗅嗅花香，时而伸长脖颈吃食树叶。这是一幅自然的画面，但其中的奥秘却不仅仅是这只小鹿的故事。这只小鹿所居住的森林不仅仅是一片简单的树木组成的环境，而是一个生态系统的微缩世界，包含着无数个物种和生态相互作用。

就像细胞是构成生物体的基本单位一样，生态系统是自然界的结构和功能单位。它们由各种生物组成，从微小的细菌到巨大的树木，它们相互作用、依赖和共生，构成了我们赖以生存的丰富多样的环境。

简而言之，生物群落与其无机环境之间不停地进行着能量与物质的交换，形成相互作用、相互联系的自然整体，即生态系统。我们身边存在着许多的生态系统，大至一片森林、一片草地甚至整个地球，小至一块农田、一个池塘，都是特定的生态系统，它们可以被看做是自然界的基本功能单位。

地球上多种多样的生态系统，共同构成了生物圈的基本组成部分。从微观的小生态系统到宏观的大生态系统，简单的生态系统组成了复杂的生态系统，这些不同的生态系统相互嵌套，整体有机融合从而形成了复杂的生物圈。这些生态系统以其各自独特的特征和功能共同构成了生物圈丰富多彩的面貌。生物圈本身也被视为一个巨大而复杂的生态系统，其中水体、大气、地表岩石等各个圈层与生态系统相互作用，共同维持着地球上生命的存在。生态学家不断探索这些生态系统之间的联系与影响，以更好地理解地球生态系统的运行规律。

2. 生态系统的结构

在自然界，生物以多层次方式存在，从微观的个体到宏观的生态系统。生态系统是生物群落和环境的平衡体系，是生态学的基本单位。它包括有机体与环境的复杂相互作用，研究物质和能量交换，以及各组成部分的有序互动。生态系统内部结构包含各种生物的角色和相互关系，以及它们之间的能量和物质流动。这种内部结构与生物多样性、生态位分化密切相关，是生态学的核心领域之一，为了解生态系统如何应对全球变化提供了基础，因此备受生态学家关注。

（1）生态系统的基本结构

我们可以将生态系统的成分分为四大组分：非生物部分、生产者、消费者和分解者。

非生物部分　非生物环境在生态系统中具有至关重要的地位，分为四个关键方面。首先，太阳能是生态系统中最主要的能源来源，为维持绝大多数生物活动所需的热量提供支持；此外，地热能和化学能等其他形式的能源也为生态系统提供了额外的热量。其次，气候因子在非生物环境中占有重要地位。温度、湿度和气压等气候因素直接影响着生态系统内的各种生态过程。这些因素与太阳辐射的周期性变化共同塑造了生态系统的特征。第三，岩石、土壤、沙砾、水和空气等物质提供了生物生存和繁衍所需的基础。最后，非生物环境还包括参与物质循环的无机元素和化合物，如水、二氧化碳、氧气、钙等，以及有机化合物如蛋白质、糖类、脂类等。可以说，非生物环境是构建生态系统的基础，提供了生命所需的能量和营养物质。了解并维持这些非生物成分的平衡对于维持生态系统的稳定性和生物多样性至关重要。

生产者 生产者在生态系统中不可或缺。它们能从简单的无机物合成有机物，是能量转化的关键。生产者包括藻类、绿色植物和特殊微生物。光合自养生物通过光合作用将水和二氧化碳转化为有机糖类，如水稻、小麦等农作物。特殊微生物如光合细菌和化能细菌则利用无机物的化学变化过程产生能量，如硝化细菌和氧化硫细菌。植物不仅进行光合作用，还在改造环境和促进物质循环方面发挥作用。它们通过调整温度、蒸发水分、增加土壤肥力等改变生态环境，同时充当了生态系统中矿物质养分的源泉，促进了元素的生物地球化学循环。因此，生产者在维持生态平衡和物质循环中至关重要，不仅固定能量，还通过改造环境和促进物质循环影响整个生态系统的功能和稳定性。

消费者 消费者属于异养生物，无法通过自身合成有机物质，而必须依赖于生产者制造的有机物质，根据其食物链中的位置被分为不同的营养级。消费者根据其食性和食物取食方式的不同，可以分为不同的类型，包括植食动物、肉食动物、杂食动物、食碎屑者以及寄生生物等。消费者在生态系统中扮演多重关键角色。首先，它们推动了物质和能量的传递。例如，在草原生态系统中，野兔将植物的有机物和能量传递给其他肉食动物。其次，它们参与物质的转化。举例来说，山羊能够将植物性蛋白质转化成动物性蛋白质。毋庸置疑，消费者的分布和数量对于调控生态系统中的生产者和其他生物种群至关重要。它们在物质循环和能量流动中发挥着关键作用，对于维持生态系统的平衡和稳定至关重要。

分解者 分解者负责将复杂的有机物质，包括动植物体的遗体，分解成简单的化合物，并释放出能量。这一过程与生产者的作用截然相反，因此有时也被称为还原者。如果没有分解者的存在，生态系统中的有机物质将堆积下去，导致物质循环中断，最终危及整个生态系统的稳定性。细菌、真菌、线虫、蚯蚓、蜗牛甚至食腐肉的秃鹫等生物都是最典型的分解者。细菌和真菌在分解者中扮演重要角色，它们迅速增殖，在分解初期起到主要作用，有助于清除大部分可溶性物质。

不同分解者具有不同的能力和特点。小型土壤动物，如原生动物、线虫、轮虫以及弹尾目昆虫，主要处理新掉落的枯叶和动植物残体。而大型土壤动物，如蚯蚓、蜗牛，则负责碎裂植物残叶和翻动土壤。各种分解者在不同分解阶段发挥作用，相互协同，完成有机物质的分解和循环。分解者不仅局限于有机物的分解，还包括微生物种群的调节，对生态系统的物质循环和能量流动产生深远影响。

（2）生态系统的复合结构

生态系统是一个复杂的结构体系，而结构是生态系统的基础属性，系统内各要素相互联系，相互作用，反映出生物和环境之间的复杂相互关系。我们可以通过空间结构、时间结构和营养结构来理解生态系统结构体系的复杂性。

空间结构　空间结构是生态系统内不同区域或层次之间的分布和组织方式，它反映了生物群落内不同生物群体的分层和分布规律。各生态系统在空间结构的布局上有一致性。例如，森林生态系统一般由草本层、灌木层和乔木层组成。生存于其间的不同动物种群又会因为对食物、微气候等条件的需求不同而散布于不同的植被层次之中。

空间结构不仅表现为物理上的空间分层，生产者、消费者和分解者之间的相互作用、相互联系彼此交织在一起形成的网状结构，也是空间结构的体现。例如，消费者和消费者之间的相互作用也可以在不同空间层次上发生（初级消费者、次级消费者和三级消费者等），形成复杂的食物网。

空间结构对于生态系统的稳定性和恢复能力具有重要影响。当生态系统受到破坏时，空间结构相关理论也可以用于指导生态系统的恢复。例如，通过重新引入关键物种或重建不同层次的结构，有利于生态系统的快速恢复。

时间结构　生态系统的时间结构主要表现在随时间不同而发生的结构和外貌变化，反映了其动态性。这种变化集中体现在生态系统的演化和发展中，也称为周期性变化。周期性的环境因子波动，如日、年或更长时间跨度的变化，以及非周期性的干扰因子，如火灾、洪水和干旱，都会引起生态系统的波动、发展、退化和恢复。时间结构的变化反映了生态系统内各种生物和环境要素对时间的适应和响应。季节性变化可导致动物迁徙和繁殖行为的发生，而昼夜温度变化可影响植物的光合作用和动物的活动模式。这些变化还会触发生物种群的改变和生态系统的恢复过程。

时间结构的理解有助于揭示生态系统的动态性和稳定性、物种和群落对环境变化的响应以及生态系统的未来变化趋势。

营养结构　生态系统的营养结构是一个关键的组成部分，它形成了各要素之间最本质的联系。它以营养为纽带，连接了生态系统中的生产者、消费者和分解者，通过食物链和食物网的方式来实现不同生物之间的营养联结和相互作用（图2-5）。

第二篇 基本生态现象与规律 | 053

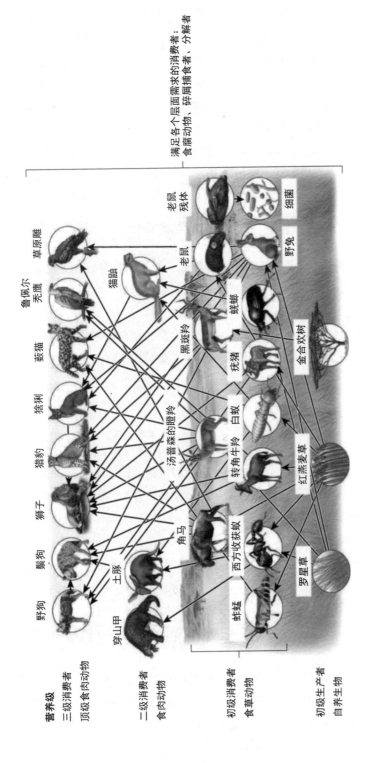

图 2-5 生物体每次进食时，都会成为食物链中的一环

（在生态系统中，当捕食者捕食多种猎物时，食物链就会相互关联，从而形成食物网。图中的箭头指示物质和能量通过食关系转移的方向）

食物链是生态系统中不同生物之间在营养关系中形成的一种链式结构。每个环节被称为一个营养级，而自然生态系统通常包括三种主要类型的食物链，即捕食食物链、碎屑食物链和寄生食物链。捕食（放牧）食物链：这种食物链以活的绿色植物为基础，从食草动物开始，逐级传递能量和物质。例如，小麦→蚜虫→瓢虫→小鸟→鹰隼。碎屑食物链：这种食物链以死的动植物残体为基础，从真菌、细菌和一些土壤动物开始，然后传递能量和物质。例如，动植物残体被蚯蚓吃，蚯蚓再被其他动物食用，最终由微生物和土壤动物分解。寄生食物链：这种食物链以活的动植物有机体为基础，从专门营寄生生活的动植物开始。例如，鸟类身体可以被跳蚤寄生，而跳蚤可能携带鼠疫细菌。通常，在生态系统中，捕食食物链和碎屑食物链会同时存在，并相互作用，但捕食食物链各营养级之间的能量流动通量场高于碎屑食物链。

在生态系统中，生物往往不仅仅属于一条食物链，而是同时参与多个食物链，这就形成了复杂的食物网。食物网反映了生态系统内各生物有机体之间多样的营养位置和相互关系。

总之，营养结构是生态系统中的关键概念，通过食物链和食物网连接了不同生物之间的营养关系和相互作用，同时生物放大作用也需要被谨慎对待，以维护生态系统的健康和稳定。

3. 生态系统的基本功能

能量流动、物质循环和信息传递是生态系统的三大基本功能。这三大基本功能相互联系、相互依赖，共同维持了生态系统的稳定性和可持续性。能量流动驱动生态系统的生物活动，物质循环提供了生物体所需的元素和化合物，而信息传递调节了生物体间的相互作用和适应性。

（1）生态系统的能量流动

能量是地球上生物赖以生存的一个基本要素，是生态系统的基础，生态系统运转离不开能量。没有能量，就没有生命，就没有生态系统。生态系统能量的来源，是绿色植物通过光合作用固定的太阳能，后被转化为化学能，在细胞代谢中又被转化为机械能和热能。外界能量在生态系统中从一个营养级单向转移到另一个营养级，称为能量流动。

生态系统能量流动的基本模式　初级生产中以化学能形式固定的能量作为消费者和分解者的食物被利用。净初级生产量向三个方向转移：一部分被食草动物采食；一部分作为凋落物暂时贮存于枯枝落叶中，成为穴居、土壤动物以及分解者的食物来源；其余部分是以生活物质的形式贮存于生物体内。在自然情况下，第三部分最终经一系列物理、化学和生物学过程被分解者所分解（图2-6）。

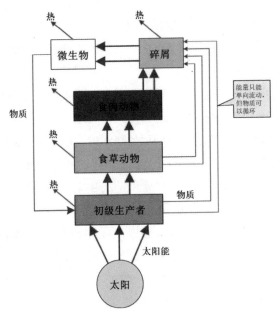

图2-6　生物圈中的能量流动和物质循环

[能量流动包括太阳辐射、化学能传递（在生态食物网中）和辐射热。物质通过营养级流向碎屑并最终回到初级生产者]

生态系统能量流动的基本规律　①单向流动：生态系统内的能量只能从第一营养级流向第二营养级，再依次流向下一个营养级，不能逆向流动，也不能循环流动；②逐级递减：能量在沿食物链流动的过程中逐级减少，能量在相邻两个营养级间的传递效率是10%～20%，可用能量金字塔表示。

（2）生态系统的物质循环

生命的维持不仅需要能量，还必须有各种物质。当生态系统某一组分中的构成物质经过环境和其他生物组分后，又回到该组分时，就形成了物质循环。

参与生命活动的各种元素的循环可在三个水平上进行：一为个体水平，即生物个体通过新陈代谢与其周围环境不断进行物质交换；二为生态系统水平，即在生产者、消费者、分解者和环境之间进行物质交换；三为生物圈中，即在生物圈的各个圈层中进行的物质大循环，称为生物地球化学循环。

人类在改造自然的过程中应充分考虑生态系统物质循环的特点，了解生态系统中输出和输入何种成分、物质数量的变化，是否会引起其他因素的变化，并产生连锁反应等，只有这样才能维持生态系统中物质循环的平衡。

水循环 水循环是生物地球化学循环中最主要的、最基本的物质循环。没有水，就没有生命。因此，可以说没有水循环就没有生物地球化学循环。

水的初始来源是海洋，通过蒸发以水汽形式进入大气，后遇冷凝结、迁移，以雨、雪形式回到地表。蒸发和降水是水循环的两种主要形式。大气、海洋和陆地形成一个全球性水循环系统。

生态系统中的水循环包括截取、渗透、蒸发、蒸腾和地表径流等。植物在水循环中起着重要作用，大气中的水汽以降水形式回到地表，其中一部分未到地表就被植物截取后重新蒸发进入大气。到达地面的降水渗入地下，一部分通过毛细管作用上升到地面蒸发进入大气，更多则被土壤所截获。另外，雨水在地面可形成地表径流。坡度越大，植被越稀疏，损失的水分和养分越多，土壤侵蚀也越严重。

人类生活和经济活动所需水分可分为以下几种：饮用水、生活用水、农业用水、工业用水等。其中工业用水可循环使用，而农业用水则直接返回大气，或渗入地下。国家发展程度的差异导致所需水量也有很大差异。一个区域对地下水的过分抽取会使地下水位下降和地表沉降；生活与生产污水排放、农药化肥污染等都会使水质发生变化。同时，全球气候变化引起的降水分布变化会影响到全球的水分平衡，引起部分地区出现频繁的水灾或旱灾。

碳循环 碳循环对于生物和生态系统的重要性仅次于水。碳是生物体中最基本的成分，是构成生命有机体的能量元素之一。虽然碳的形态多样，但是只有存在于大气中或溶解于水中的二氧化碳，才能提供生物有机体所需要的碳，其中以大气中的二氧化碳为生物有机体碳素的主要来源。除了有机碳，还有无机碳的存在，土壤无机碳主要以碳酸盐的形式存在于土壤中。

碳循环的主要形式是从大气的二氧化碳库开始，通过光合作用将碳固定从而生成糖类，构成全球的基础生产。碳可通过呼吸作用、细菌等的分解作用再回到大气，从而被植物再利用。一部分生物残体可形成碳酸盐，在海底沉积成新的岩石，在环境发生变化时，一部分碳又重新回到大气层，进入循环。此外，海洋、森林也是碳的储存库，其中海洋能够调节大气中的含碳量。

现如今，人类对生物圈的影响日益增加，在碳循环方面也有体现。砍伐导致森林同化吸收碳的能力下降，化石燃料开采导致碳释放量增加，使大气中的二氧化碳含量持续升高，从而促进了对长波辐射的吸收，导致温室效应的出现（图2-7）。温室效应导致的气候暖化可能会带来一系列严重后果，比如地面温度增高、海平面上升、粮食生产受损，甚至导致许多生物物种灭绝。因此，为应对当前的气候变暖，

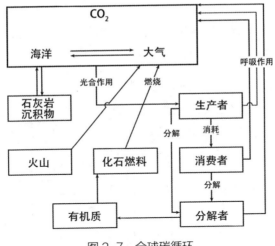

图 2-7 全球碳循环

固碳减排、拯救人类，已是全世界所面临的一个紧迫课题。

2020 年 9 月 22 日，在第七十五届联合国大会一般性辩论上，习近平主席第一次提出"中国将提高国家自主贡献力度，采取更加有力的政策和措施，二氧化碳排放力争于 2030 年前达到峰值，努力争取 2060 年前实现碳中和"。这是中国首次明确提出碳中和目标，也是中国经济低碳转型的长期政策信号，引起国际社会广泛关注。陆地生态系统具有巨大的碳汇能力，为实现"双碳"战略目标，增强陆地生态系统的固碳能力十分重要。因此，深入探索陆地生态系统的碳循环机制和碳固定规律，开发出更加高效、可持续的碳汇管理和生态修复技术，提升陆地生态系统的固碳能力，是实现"双碳"战略目标的关键举措之一。

氮循环 氮是一切生命结构的原料，同时在各种营养物质循环中也是最复杂的一类。氮的主要蓄库是大气，但是也在水和土壤中有客观的库存。一般生物不能直接利用，只有通过固氮作用，把氮元素转变成硝酸盐、亚硝酸盐和氨等形式，才能为植物所利用。固氮的途径有三种：一是通过闪电、宇宙射线等空中发生的物理、化学过程完成；二是生物固氮，它是最重要的途径，例如，豆科植物利用根瘤菌固氮、某些特殊的细菌和藻类也有固氮能力；三是工业固氮，即由人工利用与大气固氮原理相似的方法来完成（图 2-8）。

从全球来看，生物圈的氮循环一般保持平衡。但是，人类对生物固氮资源的开发和工业固氮能力的提高，在提高生物产量的同时，也带来了氮沉降增加的问题。例如，农业生产中大量施用氮素、工业和社会发展中化石的燃烧导致的氮排放等最终会导致部分地区地表氮素的过量累积，这些过量的氮素不仅会导致地下水、湖泊、近海污染或者富营养化，久而久之还会导致生态系统生物多样性下降，生态系统结构和功能受到严重破坏，这便是"富食悖论"。因此，人类活动已经对氮循环造成了巨大影响，危及了生态平衡，这需要引起人们的高度重视。

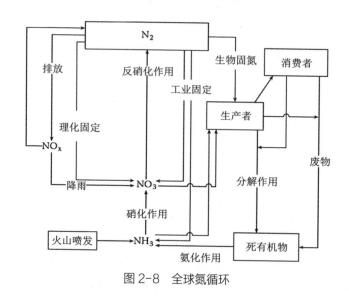

图 2-8　全球氮循环

磷循环　磷在生物中的含量虽少，但是生物必需的重要元素，是构成原生质、核酸、细胞膜和骨骼的重要成分，在生物体内的能量物质中普遍存在，主要以固体状态参与循环，所以它的贮存库主要为岩石圈和水圈。

磷的主要蓄库是地壳中的磷酸岩等沉积物。磷通过风化、侵蚀和开采矿石从岩石中移出而进入土壤，经植物吸收利用，并沿着食物链或食物网传递；在动植物残体分解过程中被转化成磷酸盐，部分回到土壤中被重新利用，部分被水带到海洋，在浅海中沉积下来，少量通过食物链再次回到陆地，大部分沉积到深海处，若未发生陆海变迁，则脱离循环，长期不再参与生物地球化学循环（图 2-9）。因此，磷循环属于不完全的循环。人为干扰导致的陆地生态系统大量磷流失进入海洋并沉积起来，想要再次回归陆地生态系统十分困难，这最终会导致磷循环的不平衡。

当前，人类正在大量开采磷酸盐岩矿用作肥料，其中大部分被淋溶而流失。现如今，磷的消费率日益增长。据估算，地壳内的磷贮量将在 90 年内耗尽。因此，人类对这种稀少的资源应给予高度的关注。

（3）生态系统的信息传递

信息传递是生态系统的另一个重要功能，它将生态系统中的各个组分联系成一个整体，并行使调节和控制功能。

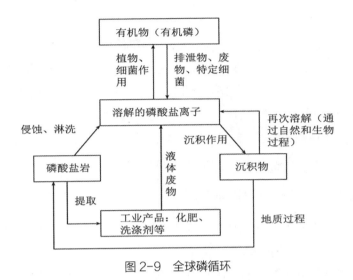

图2-9 全球磷循环

生态系统的信息可以分为以下四类。

物理信息 物理信息指以物理过程为传递形式的信息。在生态系统中能被生物所接受，并引起行为反应的信息，多为物理信息。信息传递的内容有恐吓、种间识别、吸引异性等。

光信息。对陆地生态系统来说，太阳光是光信息的主要初级源信息，它通过折射、贮存、再释放等过程，形成大量的初级源信息。如飞行的老鹰通过视觉发现地面的蛇，这是一个光信息传递过程。蛇是源信息，它反射了太阳光，所以是次级源信息，而太阳是初级源信息。

声信息。对于动物来说，似乎比对于植物而言更重要。蝙蝠的声纳定位系统主要靠声信息来确定食物或天敌的位置。

热信息。地球生态系统中的热，绝大部分由太阳提供。各种生物对环境温度的适应度不同，温度过高或过低都会造成危害。所以对热信息接收并能够做出反应，对生物生存至关重要。

化学信息 化学信息是指生物在特定条件或特定生长发育阶段，分泌出某种特定的少量化学物质，如酶、生长素、抗菌素、内激素、外激素等，进而传递某种信息。动物通常是通过嗅觉来感知。例如，狗通过排尿标记路线，并利用嗅觉来识别。

营养信息 信息通过营养交换的方式从一个个体或种群传递给另一个个体或种群，称为营养信息。营养信息的典型例子就是食物链。例如，猫头鹰以老鼠和蛙为食，老鼠多的地区猫头鹰也多；当老鼠少时，猫头鹰就飞到蛙多的地区去觅食。因此，通过猫头鹰对老鼠捕食的轻重，向老鼠传递了蛙多度的信息。

行为信息 动物通过各自的行为方式发出识别、威吓、求偶等信息，称为行为信息。例如，鲣鸟用其艳丽的双脚表演复杂的仪式化舞蹈动作以吸引异性。

通过模拟、干扰、强化、抑制自然生态系统的信息流可以有效地调节控制很多相关的生态学过程和生物学过程。人类还可以建立很多与生态系统相关的人工信息，如通过直接检测和遥感监测等手段了解生态系统的环境和生物数据，从而更好地了解系统，调节和控制系统，保障生态系统的健康和可持续发展。

4. 生态系统的结构与功能关系

生态系统的结构和功能就像是一座紧密相连的桥梁，它们相辅相成，相互依存，确保了生态系统的健康运转。

生态系统结构与功能是相互依存、密不可分的。任何一种生态系统的要素与结构是其功能的内在物质基础，而功能是要素与结构的外在表现和作用结果。一定结构表现一定的功能，一定的功能总是由一定系统结构产生的。生态系统中生物群落由生产者、消费者和分解者构成，三者之间通过取食和被取食过程，形成营养层级结构和网络关系，驱动生态系统的物质循环和能量流动。

生态系统结构与功能是相互制约，相互影响的。一方面，生态系统的结构决定生态系统的功能，其结构发生变化，制约着系统的功能转变和发展演化。草原生态系统向森林生态系统演替的过程，即反映了结构与功能相互制约和影响转化的辩证关系。由于生物成分、种类和结构不同构成了地球上丰富多彩的生态系统，说明结构的变化必然导致功能的变化。另一方面，功能具有相对的独立性，又可反作用于结构。在环境变化的影响下，此时结构虽未变化，但功能首先不断地发生变化，功能变化又反过来影响结构。

生态系统的稳定是相对的。生态系统的稳定性可以被描述为在面对干扰或变化时能够保持其结构和功能的能力。通常可以分为两种类型：抵抗力和恢复力。抵抗力是指生态系统对干扰的抵抗程度，即在面对干扰时能够保持其结构和功能的能力；恢复力是指生态系统从干扰中恢复正常状态的能力。然而，这种稳定性并不意味着生态系统是静止不变的或完全不受干扰的。相反，生态系统经常面临各种干扰，如气候变化、物种入侵、自然灾害和人类活动等。生态系统总处于变化的环境之中，与外界进行物种、能量、物质和信息的交换。在这种交换过程中，系统的结构不仅在量的方面可以逐渐发生变化，而且在一定条件下可以产生质的飞跃。

同一生态系统中的不同组成部分可能对干扰做出不同的响应，这取决于它们的特性和相互关系。不同的生态系统具有不同的自然演替速度和恢复能力，这也会影响它们的相对稳定性。此外，人类的干预可以改变生态系统的结构和功能，从而影响其稳定性。例如，森林砍伐、水资源过度开采、污染物排放等活动都可能破坏生态系统的稳定性。因此，生态系统的稳定性是一个动态的概念，并且在不同的情境和时间尺度下可能会有所变化。理解生态系统的相对稳定性对于环境保护和可持续发展至关重要，以确保我们的行为不会破坏生态平衡并维持地球上的生物多样性和生态服务。

综上所述，生态系统的结构与功能相互联系，互相制约。维护良好的生态结构，才能使生态系统发挥应有的功能，良好的生态功能需要完整的生态结构来维持。正如人类需要健康的身体才能发挥出生命的活力一样，生态系统也需要健康的结构和功能来维系地球生命的运转。因此，生态保护的核心就在于促进生态结构的完善，并保障生态功能的发挥。只有当我们重视并努力维护生态系统的结构完整性时，我们才能够确保它继续发挥重要的生态功能，为我们提供清洁的水源、新鲜的空气、丰富的资源等。

5. 生态系统类型、分布与变化

生态系统类型、分布和变化是生态学关注的核心议题。生态系统类型指的是地球表面上各种生物和非生物要素相互作用形成的特定组合，如森林、草原、沙漠等。它们受气候、地形、土壤等因素影响呈现多样性。生态系统的分布与气候、地形等密切相关，但也受人类活动等因素影响。随着气候变化和人类干预，生态系统类型和分布也在发生变化，对地球生态平衡和生物多样性产生深远影响。

（1）生态系统的类型与分布

根据生态系统的环境性质和形态特征，可以分为水生生态系统和陆地生态系统。陆地生态系统的环境极为复杂，从赤道炎热多雨到两极严寒，从沿海湿润地区到干燥荒漠，每一片土地都孕育着独特的生物群落。森林、草原、荒漠、冻原等陆地生态系统如同大自然的画家，以不同的笔触和色彩勾勒出无数美妙景象。水生生态系统则更为广袤神秘，涵盖了海洋和陆地上的江河湖泊，是另一片浩瀚天地。虽然水体的物理、化学条件相对均一，海洋或淡水生态系统的次级类型远不及陆地生态系统那样丰富多彩，但它们同样是地球生态系统中不可或缺的一部分。

森林生态系统　森林生态系统是陆地生态系统中面积最大、最重要的自然生态系统。森林生态系统主要包括热带雨林、亚热带常绿阔叶林、暖温带落叶阔叶林、北方针叶林等。

热带雨林主要分布在赤道两侧，我国仅在海南岛东南部、台湾南部、西藏东南部、广东、广西和云南南部有少量分布。其气候终年高温湿润，无季节变化，年均气温 25～30℃，年均降水量 2000～4000 毫米，分配均匀。植被包括高大乔木、灌木、草本等，物种极其丰富，全球热带雨林估计有 175000 种植物。例如，巴西 8 平方公里的热带雨林中有 400 种乔木，物种多样性高；海南热带雨林国家公园霸王岭片区被称为"绿色宝库""物种基因库"。

亚热带常绿阔叶林分布在北纬 22°～40° 的温暖湿润地区。生态系统处于明显的亚热带季风气候区，夏季炎热多雨，冬季少雨寒冷，春秋温和，年平均气温 16～18℃，降水量 1000～1500 毫米。我国的亚热带常绿阔叶林分布广泛，北起秦岭淮河，南达广西、广东和台湾，东至黄海和东海海岸，西至青藏高原东缘。由于地形、海陆位置和大气环流的影响，各地群落的组成和结构有所不同，北部以落叶乔木为主，南部具有热带雨林特征。

暖温带落叶阔叶林，又称夏绿阔叶林，指具有明显夏季盛叶、冬季落叶的阔叶林。在我国主要分布在华东和华北地区。该地区气候属于温带海洋性气候，夏季炎热多雨，冬季寒冷，年降水量 500～1000 毫米，多集中在夏季。夏绿阔叶林群落结构清晰，分为乔木层、灌木层和草本层。大多数乔木为风媒花植物，花色不美观，少数由虫媒传粉。林中藤本植物不发达，附生植物主要是苔藓和地衣。植物生长具有明显季节性，夏季生长茂盛，冬季落叶凋萎，群落季相变化明显。

北方针叶林，又称寒温带针叶林，包括各种针叶纯林、混交林和针阔叶混交林。主要分布在欧洲大陆北部和北美洲，在地球上形成壮观的针叶林带。其最明显的特征之一是树冠形状独特，常由云杉属和冷杉属构成，树冠呈圆锥形或尖塔形。气候特点为大陆性，夏季温凉，冬季严寒，七月平均气温 10～19℃，一月平均气温 −50～−20℃，年降水量约 300～600 毫米，多集中在夏季。乔木层简单，通常由单一或两个树种组成。

草原生态系统 草原生态系统是内陆半干旱到半湿润气候条件下特有的一种生态系统类型。这里的降水不足以支持森林群落的发育，但却足以维持耐旱的多年生草本植物，尤其是禾草类的繁茂生长。草原分为温带草原和热带草原。温带草原是由耐寒的旱生多年生草本植物为主（有时为旱生小半灌木）组成的植物群落。它是温带地区的一种地带性植被类型。温带草原地区的气候比较干燥，降水量在 200～750 毫米，属于大陆性气候，夏季热，冬季冷，占优势的植物是多年生的草本。在欧亚大陆的北部，温带草原常常分布在森林之间；在欧亚大陆的南部，温带草原常分布在荒漠之间。世界草原总面积约 2.4×10^7 平方公里，是陆地总面积的

1/6。在欧亚大陆，草原从欧洲多瑙河下游起向东呈连续带状延伸，经过罗马尼亚、苏联和蒙古，进入我国内蒙古自治区等地，形成了世界上最为广阔的草原带，即欧亚大陆温带草原。

我国的草原属于欧亚大陆温带草原，主体为东北——内蒙古中温型草原。在从东北到内蒙古这辽阔的草原地带，由于从东向西气候逐渐变得干燥，草原类型也相应地发生变化。在东部呼伦贝尔等地，年平均降水量350～420毫米，年平均温度-2.8～3.1℃，分布着以贝加尔针茅、羊草和线叶菊为主的草甸草原；从呼伦贝尔往西到锡林郭勒一带，年平均降水量218～400毫米，年平均温度-2.3～4.5℃，分布着以大针茅、克氏针茅、隐子草、冰草等密丛旱生禾草为主的典型草原；再往西至二连浩特、鄂尔多斯西部等地，气候愈来愈干燥，年平均降水量仅150～280毫米，年平均温度2.6～4.7℃，分布着以戈壁针茅、沙生针茅、三裂亚菊、多根葱等为主的荒漠草原。

荒漠生态系统 荒漠植被是指超旱生半乔木、半灌木、小半灌木和灌木占优势的稀疏植被，主要分布在亚热带和温带的干旱地区。荒漠生态系统的生境极为严酷，主要表现为气候极为干旱，水分稀少，年降水量少于250毫米，甚至只有数毫米，蒸发量却大于降水量数倍至数十倍。夏季炎热，最热月的平均气温可达40℃，且一天之内温差大，有时可达80℃。多大风和沙尘暴，物理风化强烈。土层薄，质地粗，缺乏有机质，富含盐分。这种恶劣的生境条件，十分不利于生物的正常生长和发育。只有经过长期的适应，具备适应旱生特性的生物，才能在这样的极端环境中生存。

荒漠的显著特征是植被十分稀疏，而且植物种类非常贫乏，有时100平方米中仅有1～2种。但是，植物的生态——生物型或生活型却是多种多样的，如超旱生小半灌木、半灌木、灌木和半乔木等。它们具有一系列适应高温、干旱的特征：如叶子小或无叶，或者叶面密生细毛，以减少蒸腾作用；根系发达，加强对水的吸收；白天关闭气孔，晚上开放气孔固定二氧化碳等特殊的生理机制；生活史短暂等。

冻原生态系统 亚洲北部和加拿大北部分布有大面积低矮灌状植被，称之为极地冻原或苔原，这里生长季节短，冬季严寒干燥，初级生产力低，土壤无法支持树木的生长。冻原生态系统的主要特征表现在气候严寒，降水较少，生物种类贫乏，植物生长期短，酸性土壤下存在多年冻土层，低地常形成大量积水洼地或沼泽等。由于其生态环境极其严酷，冻原生态系统的植物和动物都很少。植物多是寒带植被的种类，有100～200种，主要是由苔藓、地衣、多年生草本植物和矮小的杜鹃花科、杨柳科和桦木科灌木等组成，无乔木植物。群落结构简单，一般只分为灌木层、半灌木草本层和苔藓地衣层。后者较繁盛，在群落中占优势。这里的植物生长缓慢且矮小，一般不超过 20 厘米，多呈匍匐状或垫状。苔原是经过长期演化而形成的。由于生态系统结构简单、环境恶劣，反馈机制和调节能力差，一旦破坏极难恢复。

海洋生态系统 海洋生态系统是指覆盖地球表面绝大部分的海洋水域以及与海洋相连的海岸带，是地球上最大、最广阔的生态系统之一。海洋总面积约 3.6 亿平方公里，约占地球总面积的 70%，蓄水量约 10 亿立方公里。海洋生态系统是面积最大、层次最厚的生态系统。

海洋中含有丰富的营养物质，如磷酸盐、硝酸盐、硅酸盐和铵盐等，为浮游生物提供生活中不可缺少的无机元素。海水平均含盐度 32%～38%，盐类中以氯化物为主要成分。由于海水中生活条件特殊，海洋中生物种类的成分与陆地成分迥然不同。就植物而言，陆地植物以种子植物占绝对优势，而海洋植物中却以孢子植物占优势。海洋中的孢子植物主要是各种藻类。由于水生环境的均一性，海洋植物的生态类型比较单纯，群落结构也比较简单。多数海洋植物是浮游的或漂浮的。但有一些固着于水底，或是附生的。尽管海域辽阔广大，但与陆地不同，世界的海洋是一个连续的整体，富于流动性，使得各地海水的组成及理化特性相差不大。因此，海洋环境具有一定的均一性和稳定性。

淡水生态系统 淡水生物群落包括湖泊、池塘、河流等群落，通常是互相隔离的。淡水群落一般分为流水和静水两大群落类型。流水群落又可分为急流和缓流两类。急流群落中的含氧量高，水底没有淤泥，栖息在那里的生物多附着在岩石表面或隐藏于石下，以防止被水冲走。通常有根植物难以生长，但有些鱼类（如大马哈鱼）能逆流而上，以保证充分的溶氧供鱼苗发育。缓流群落的水底多淤泥，底层易缺氧，浮游动物很多聚集在水体中上层，底栖种类则多埋于底质之中。虽然有浮游植物和有根植物，但它们所制造的有机物大多被水流带走，或沉积在河流周围。

静水生态系统是指那些水的流动和更换很缓慢的水域，如湖泊、池塘和水库等。世界湖泊主要分布在北半球的温带和近北极地区，除了少数湖泊具有很大的面积（如苏必利尔湖、维尔多利亚湖）或深度（如贝加尔湖、坦噶尼喀湖）之外，大多数都是规模较小的湖泊。我国湖泊面积在 500 平方公里以上的并不多，绝大多数湖泊的面积均不足 50 平方公里。按照湖泊的成因不同，可以分为构造、火山湖、河成湖、风成湖、海湾湖等。不同成因的湖泊其轮廓是不同的，它们各自都具有不同的形态。

（2）生态系统的变化与景观格局动态

在生态学中，我们将一定空间范围内由不同类型生态系统组成的地理单元称为景观。村落、田野、小径、溪流、草地、灌丛、森林以及山川河谷等各种各样的环境，在我们从一个数千米的高度上俯瞰大地时，它们便彼此交错，在我们视野里展现出一种美丽的自然景观。

景观格局是指景观中不同斑块在空间上的配置方式，就像不同的模块连结成的一个体系，它是大自然塑造出的各种生态过程在不同尺度上的结果。景观格局不同的特征对生态过程发生的速率和强度有着支配性的导向。

变化是自然界永恒的规律，也是人类改造自然环境的必然结果。景观会随着时间发生结构和功能上的变化，这种变化受到自然因素和人为因素的共同影响。景观的变化一般有两个核心驱动因子。一类是自然驱动因子，通常在较大的时空尺度上对景观产生影响，可以引起大范围的变化。另一类是人为驱动因子，包括人口增长、技术发展、制度和政策等因素。

自然驱动因子 自然驱动因子主要是指在景观的形成过程中起作用的自然因素。这些因素包括地壳运动、流水和风力侵蚀、重力和冰川作用等，它们塑造出不同的地貌类型。同时，自然干扰如火灾、洪水和飓风等也可以引起整个景观发生广泛的改变。

①地貌的形成。地壳内部的物质和能量在循环、迁移、积累和释放过程中，导致了地壳构造运动，地壳运动导致了地表形态不断发生变化，例如山川的隆起和裂谷的劈断。风和流水是塑造地貌最重要的外动力，例如风蚀作用形成的雅丹地貌和长江冲刷出的三峡。

②气候的影响。气候是景观结构重要的决定因素。陆地上某一个地区发育出什么生态系统的决定因素是气候。在它的影响下，岩石发生变化，亚热带地区常年潮湿的天气使得水通过溶蚀作用在可溶性岩石环境里塑造出喀斯特地貌，而气候干旱、水系稀少、植被荒凉的干旱区由于干燥剥蚀和风力作用发育出了锋锐的山脊。由赤道至两极，不同气候条件塑造出了壮美瑰丽又不乏千奇百怪的景观。

③生命的定居。几乎所有的生物类群都影响着景观结构。在植物进化的过程中，演替不断改变着景观的外貌。一些植物的种子借助外力撒落在裸地上，在适宜条件下生长成为先锋植物。其定居后，改变了群落环境，有利于其他一些物种的入侵，最终被后来的植物所代替，直到形成与当地气候相一致的顶极群落。

相比于植物，动物对景观结构的影响不那么明显，但处处可见。生态系统"工程师"就是生态学家赋予动物的美名。例如，素以筑坝闻名的北美河狸，它的选择性取木使植物群落出现斑块。有跟踪研究表示，从20世纪20年代末到至90年代初，世代居于美国明尼苏达州的河狸"工程师"们用自己修筑的水坝将原本以森林生态系统为主的区域改变成以湿地、草甸为主的栖息地。

④自然干扰。自然干扰是一个相对的概念，有些干扰表面上是自然的，然而与人类对地表的剧烈活动有关。在巴西、加拿大、澳大利亚以及中国的大兴安岭和西南林区，那些杳无人迹的原始森林中发生的山林大火可能是一种纯自然的干扰，这种由火烧带来的最直接的结果是改变了景观斑块的分布格局，同时也常被看作大自然管理自然生态系统的一种方式。雨季肆虐的洪水、季风带来的狂暴龙卷风等自然灾害也常常会导致景观发生变化，我们耳熟能详的便是黄河自古以来的六次改道；蝗虫的暴发也是一种严重的自然干扰，它把农田变成一片片裸地，明显改变了景观斑块的结构。

人为驱动因子　在人口、技术、体制、政策的影响下，景观的变化主要表现为土地利用或土地覆被的变化。人口增长对农业景观和生态平衡有一系列影响，限制和减少了许多自然物种，导致景观多样性下降。

国家水平、政治经济体制和决策因素直接影响土地变化。地区水平是国家水平具体体现，引发当地土地利用调整、破碎和彻底改变。政策对景观变化有重要影响，例如，美国某政策鼓励城市发展，导致城市附近休闲地和森林被征税，破坏了城郊景观。人类决策是景观变化的催化剂，尤其在现代技术和通信条件下更明显。长江水道是动态自然系统，受人为改造和自然变迁影响，江心洲因来水泥沙淤积形成，地理条件动态变化，有"三十年河东，三十年河西"之说。叠溪地震、滑坡堵江形成堰塞湖，以及曾厝垵地区填海造陆，都是地理环境变迁的例证。

随着生产力的提高和生产活动的全球性展开，人类活动对自然生态系统造成的干扰愈发剧烈，随之而来的是社会生态系统与自然生态系统相互融合，逐渐形成了人地耦合的社会生态系统。为了人类社会的可持续发展和实现人与自然的和谐共生，我们必须正确理解和处理社会系统与自然生态系统之间的关系。城市化作为对自然影响最为强烈的人类活动之一，对社会系统和自然生态系统都产生了巨大影响。城市化意味着城建区的快速扩张，人类活动的表现即通过改变土地利用方式影响生态系统的物质能量流动、水循环、碳循环等生态过程，限制了生态系统服务的供给。此外，人口城市化和城市经济化的发展也增加了资源消耗和污染物排放，进而增加了生态系统服务的需求，而城市化进程中能源消耗量的暴涨也给碳储存服务需求量带来了极大的压力。中国自改革开放以来，快速的城市化进程引发了"要城市化还是要生态环境"的冲突和矛盾。为了实现二者的协调以及人类自然的共生可持续发展，必须更好地理解和处理城市化与生态系统服务供需之间的关系。因此，城市化对生态系统影响和二者关系的研究目前在全球亦是热点问题。

为了正确处理人类与自然的关系，我们必须认识到整个人类赖以生存的自然界和生物圈是一个高度复杂且具有自我调节功能的生态系统。保持生态系统的结构和功能稳定是人类生存和发展的基础。因此，人类的活动除了追求经济和社会效益外，还必须特别关注生态效益和生态后果，以确保在改造自然的同时能够基本保持生物圈的稳定和平衡。

五、地球生命共同体

地球上每一个生命成分与每一个环境因素都直接或间接通过物质循环耦合在一起，其中一个方面的变化都可能会影响其他生物、其他区域的环境出现变化，呈现出级联效应、蝴蝶效应。在这个星球上，包括人类在内的所有生命及其环境功能组成生存与共、命运相济的共同体，即地球生命共同体，这个共同体从生命诞生开始到现在，无时无刻都与每一个生命与影相随；地球生命共同体推动地球生物地球化学循环，为包括人类在内的所有生命提供生存发展所需的资源与环境。但人类作为影响地球活动的重要力量，影响全球碳循环、水循环等，导致全球大气圈、水圈、土壤圈等出现异常，威胁包括人类在内的所有生命的生存和发展。在区域或局部范围内，山水林田湖草等相应地也组成了一个生命共同体，全面保护这些要素和成分，实现整个区域生命共同体的良性运转，是生态环境保护的基本要义；全面保护地球生命有机体，实现整个星球的生态良性运转，是包括人类在内的所有生命生存和维持的基本前提。

1.所有生物通过生物地球化学循环耦合为一个整体

生物地球化学循环是地球上生命运行的基本规律之一，它将地球上所有生物连接在一起，形成一个复杂而密切的相互作用系统。从微观的细胞代谢到宏观的生态系统运行，生物地球化学循环贯穿其中，将能量、物质和信息无缝地传递和转化。在这个过程中，所有生物都在不断地与环境相互作用，通过吸收、转化和释放物质来维持自身的生存和繁衍。生物地球化学循环是地球上生物体系中元素和化合物的循环过程。包括大气、水、土壤和生物体之间的相互作用，形成了一个复杂而相互依存的系统。生物地球化学循环可以分为大循环（全球循环）和小循环（局部循环）两个过程。

大循环（全球循环）是指在全球范围内发生的元素循环过程。这些循环过程涉及大气、水、陆地和生物圈之间的相互作用，循环过程通常需要几年到几百万年的时间，对地球生态系统的稳定性和功能起着至关重要的作用。而小循环（局部循环）的时间尺度通常是几天到几年，指在局部区域或特定生态系统内发生的元素循环过程，如草原、森林、湿地等特定地点。整体来说，大循环和小循环共同构成了生物地球化学循环的整体框架，在不同尺度上相互支持，共同维持着地球生态系统的稳定。

例如在水循环的过程中，大循环是地球上水分在大气、陆地和海洋之间不断循环的过程，如蒸发、降水等过程，直接对地球气候、地表水资源分布和水生态系统造成影响。而水循环的小循环过程，通常发生在湖泊、河流、湿地、森林等特定地点。比如森林生态系统中植物通过根系对水分的吸收、水分的蒸腾和蒸发与降水等过程。而水循环的大循环过程，如大气中的水汽运输，会通过改变降水量等途径，直接影响到森林生态系统中水循环的小循环过程。另一方面，水循环中小循环过程的变化，也会反过来影响全球水循环的大循环过程。例如，森林中地表水蒸发和植被蒸腾作用释放的水汽进入大气后，会影响大气环流和全球降水模式。

在生物地球化学循环过程中，生物通过对水、碳、氮、磷、硫等物质的摄取、代谢和释放，在与非生物因素相互作用的条件下，形成了一个相对平衡的系统。生物活动影响了地球化学循环的速率和方向，而地球化学循环过程的变化也会影响生物系统的稳定性。这种相互依存的关系使得地球上的不同的生命形式形成了一个整体系统，因此生物地球化学循环过程被认为是地球生态系统的基础。

2. 生物圈的物质循环与人类活动

生物圈的物质循环是地球上生命系统的核心机制之一，包括了能量和物质在生物圈内不断流动、转化和循环的过程。这一过程不仅维持着地球上生命的运转，也影响着地球的生态平衡和环境稳定。然而，人类活动的不断发展和扩张，导致大量的资源开采、能量消耗和废物排放，改变了地球上物质循环的路径和速率。随之而来的是大气、水体和土壤的污染、资源枯竭、生态系统崩溃等问题，这些问题都直接威胁着生物圈的稳定性和可持续性。

（1）碳循环与全球气候变化

"南极冰芯"——见证气候变化的时间胶囊。南极冰芯中冷冻的空气，是记录古代大气成分的信息宝库，每一层冰都包含着过去大气中的微小气泡和气候信息。通过对冰芯中气泡中的气体成分和同位素含量的分析，科学家们能够推断出过去几十万年来大气中温室气体（如二氧化碳、甲烷等）的含量以及气候参数（如温度、降水量等）的变化情况。通过对南极冰芯的研究，证明了地球气候变化与大气中二氧化碳含量的密切关系。

碳是地球上所有生命形式的基础，不断地以各种化学形式在生物圈的不同部分之间循环。碳存在于地球上所有生物的身体中，并在海洋、空气和地壳中广泛分布。在大气中，碳与氧气结合形成二氧化碳，并通过光合作用在植物体内形成碳水化合物。碳水化合物是植物活动的能量来源，并通过食物链和食物网向食草动物和食肉动物体内传递。而在地壳和海洋中，碳以碳酸盐的形式沉积。

在碳循环的过程中，植物是大气和陆地碳交换的主要节点。植物通过光合作用将大气中的二氧化碳转化为体内的碳水化合物，进而将这部分碳固定在陆地生态系统中；而当植物死亡时，植物体内的碳会伴随着植物残体的分解以有机或无机的形式进入到土壤、大气和水体中。动物从植物中获取碳，无论是直接以植物为食还是以食草动物为食。比如松鼠以树木的种子为食，而树木种子中的碳水化合物是通过光合作用由大气中的二氧化碳转化而来。因此，所有动物都可以看作是碳的载体，同时也会在呼吸中释放出碳（如二氧化碳）。当动物死亡时，随着动物体内复杂化学物质的分解，碳会被释放到环境中。

从生态学的角度来看，生物体内的所有化学物质都是从地球上借来的，当生物死亡时这些物质会被归还地球。每一种动物，从细小的蚊蝇到庞大的大象，以食物的形式从外界获取物质，同时以废弃物的形式（动物尸体、排泄物等）将获得的物质返回地球。以死亡的动植物体和废弃物为能量来源的生物群体，被称为分解者。分解者包括一系列的细菌、真菌和土壤小型动物。分解者将自然界中的废弃物分解成更小的碎片，直到废弃物中的所有的化学物质被释放到空气、水或土壤中，使得这部分物质能够被其他生物利用。如果没有分解者释放出的二氧化碳，大气中二氧化碳的浓度将持续下降，最终地球上所有的植物都将灭绝。而如果没有植物释放的氧气和提供的食物，地球上的动物将死于饥饿，绝大部分生命活动将会终止。因此，分解者是自然界中碳循环中的重要组成部分。

在地球上所有的碳中，只有不到1%的碳处于生物圈内活跃的碳循环中；而大部分的碳被锁定在不能完全分解的动植物残骸中。在距今约2.8亿年前石炭纪的浅水沼泽中，植物死亡后会逐渐积聚形成厚厚的植物层，随着沉积物的不断堆积，堆积层下方压力逐渐增大。在地下深处的高温和高压条件下，植物残体逐渐转变为煤炭。另一方面，在几百万年的过程中，沉积的海洋生物残骸和植物残体在高温和高压的条件下，分解成石油和天然气。当化石燃料被燃烧时，存储在其中的碳就会被释放到大气中，然后通过植物的光合作用进入生物圈。据估计，地球上煤炭和石油中储存的碳可能是世界上所有生物体内的 50 倍。

大量化石燃料的燃烧导致大气中二氧化碳浓度迅速增加。来自冰芯的证据表明，自 18 世纪的工业革命以来，大气中的二氧化碳浓度至少增加了 25%。而大气中二氧化碳浓度的升高阻止了地球热量向太空的辐射，即温室效应，进而引起了全球变暖、极端天气频发、冰川融化和海平面上升等一系列问题。另一方面，大气中的二氧化碳溶解到海水中形成碳酸，导致海洋酸化，对海洋生态系统，尤其是珊瑚礁和贝类等有壳生物造成负面影响。总之，碳排放对全球气候的影响，对人类社会和自然生态系统带来了严峻的挑战和威胁。而如何有效地增加生态系统的固碳能力，以缓解当今碳排放对全球气候造成的负面影响，是生态学研究的热点领域之一。

（2）水循环与水资源的时空变化

位于南美洲的亚马孙雨林被誉为"地球之肺"，是地球上最大的热带雨林，对全球的气候变化和水资源循环产生着重要影响。在亚马孙雨林中，植被蒸腾作用向大气中释放的大量水汽，最终形成云层，为亚马孙雨林提供持续的降水，维持雨林生态系统的健康与稳定。然而，有趣的是，亚马孙雨林的水循环过程不仅影响到本地区的气候，同时释放的水汽通过大气环流过程，成为南美洲西部和北美洲南部地区的气候变化的主要驱动因素之一。

水是地球上最常见的化合物，地球上的所有生命或多或少都依赖于水而存在。水在生物的结构中起着至关重要的作用（人类体重的约 70% 是由水组成的），其中最重要的作用是生命体内的许多化学物质会在水中溶解。植物需要水才能通过根部吸收溶解的矿物质，动物体内各种养分吸收、运转和代谢都必须溶于水后才能进行。然而，由于水是一种溶剂，所以很容易受到污染。许多人工合成的化学物质，甚至包括剧毒物质，可以通过水的循环过程在环境中传播与扩散，对环境安全和人体健康造成严重的危害。

水循环是指地球上水分在大气、地表、地下和生物体之间不断循环的过程，而水循环的整个运行周期都是由太阳驱动的。太阳释放的热量造成水体表面（海洋、湖泊、河流等）水分的蒸发，并以水蒸气的形式进入大气。水蒸气冷却后凝结形成云，由风携带在天空中移动。当云层饱和时，云中的水分凝结成雨滴，进而引发降水。由降水形成的地表径流，汇入河流、湖泊等水体，同时渗透进入地下，成为地下水。在寒冷地区，冰雪融化过程同样是水循环的一部分，将冰雪中贮存的水分释放到地表和水体。

水通过蒸发、凝结和蒸腾作用在自然系统中循环，而水循环过程往往伴随着能量的吸收与释放。水由液体变成气体的蒸发过程需要吸收热量，会导致周围环境温度的降低。因此，水在高温条件下蒸发得更快，大气中大约90%的水来自于蒸发过程。当空气中的水以云、露、雨和雪的形式凝结时，会通过降水过程从空气中返回。凝结过程会使周围环境变暖，而凝结速度受到温差的影响。空气中剩余约10%的水分来自植物叶片的蒸腾作用，植物通过蒸腾作用产生的水量取决于温度、湿度、风速和土壤中可用水分含量等因素。

水会以不同的方式影响地球气候。水在高温地区大量蒸发吸收热量，并在寒冷地区凝结释放热量，因此有助于全球各地热量的重新分配。另一方面，水冻结后形成的白色冰雪会反射阳光，将太阳辐射的热量返回太空，进而维持极地地区温度的稳定。但随着地球变暖过程北极地区的冰雪逐渐融化，冰雪融化后暴露出的暗色土壤将吸收太阳热量，进而加快了极地温度上升与冰雪融化的过程。变暖的气候同样加速了水循环过程，导致更多水分的蒸发和更强的降雨，进而造成洪水和干旱等气候灾害在全球不同地区频发，对人类生产活动造成巨大影响。

即便水覆盖了地球约70%的表面积，仅有约3%的水可供人类饮用及其他需求。因此，了解水资源分布的时空变化特征，对人类社会的可持续发展和人与自然环境的和谐相处是十分必要的。

水资源分布的时空变化受到气候、地形等多种自然因素的影响。

气候：不同气候区的水资源分布存在显著差异。热带和亚热带地区通常降水丰沛，而沙漠和干旱地区则相对干燥。

地形：山脉、高原和低洼地区的地形差异会影响水资源的分布。山区通常降水较多，而一些低洼地区容易积水，进而形成湖泊和沼泽。

地下水：地下水是重要的水资源之一，但其分布受到地下水层性质、地质条件等因素的制约。地下水资源的提取和补给速率也会影响地下水的时空分布变化。

冰川和积雪资源：高山地区的冰川和积雪资源在一年中的融化和积累会影响水资源的时空分布，尤其是对一些河流的径流产生显著影响，甚至于融雪过程本身就是一些河流的源头所在。

另一方面，在社会、经济的发展过程中，人类活动对水资源分布和循环过程的影响非常广泛。首先，人类活动对水资源的需求不断增加，包括用于农业灌溉、工业生产、城市供水等。由于水资源的过度索取和不合理利用，一些地区的水资源面临枯竭和短缺的风险。其次，工业生产、城市排放、农业化肥和农药使用等活动会导致水体受到污染。污染物如重金属、氮磷等营养元素、有机污染物等将严重影响水环境质量，对水生生物和人类健康造成威胁。最后，人类为了灌溉、发电、防洪等目的修建的水库和水坝，将改变河流的流量和水质，影响水资源的分布和循环过程。

（3）氮磷循环与农业生产

稻田养鱼是一种来自我国古代的农业生产技术，将鱼类放养在水稻田中，可以显著增加水稻的产量。鱼类以稻田中的害虫和杂草为食，并且排泄物中富含氮、磷等营养物质，为水稻生长提供了良好的条件。同时，水稻的根系为鱼类提供栖息地，形成了一种互惠共生的稻田生态系统。这不仅提高了水稻的产量，同时也减少了由化肥和农药使用带来的环境污染风险。稻田养鱼的农业生产模式展示了氮、磷循环、农业生产和环境污染三者间的密切关系。

氮肥、磷肥等肥料的使用，对于提高农作物产量、改善土壤质量和农业生产的可持续性至关重要。在农业生产过程中，肥料是一种提供农作物生长所需各种养分的有效手段。向土壤添加适当类型和用量的肥料，可以促进农作物的生长和发育过程并提高作物产量。肥料有助于改善土壤的结构和质地。比如，使用有机肥料可以增加土壤有机质的含量，提高土壤的保水性和通气性。合理的肥料有助于实现农业的可持续发展，并降低对环境的负面影响。然而，我国以全球7%的耕地面积养活了世界近20%的人口，巨大的人口压力导致高强度的农业生产过程以及大量肥料的使用。氮、磷肥料的过量使用和流失导致周围水环境的污染，对生态系统造成严重的负面影响。

因此，为了农业的可持续发展和减轻农业生产过程对生态环境的负面影响，有必要对农业生产过程中氮、磷元素的传输和循环过程做一定的了解。氮肥和磷肥的使用，是农田系统中氮、磷元素的直接来源。氨是合成氮肥的关键原料，通常通过哈伯过程利用氮气和氢气在高温和高压条件下反应生成，再将氨与二氧化碳反应制备尿素（最常见的氮肥之一）。天然磷酸盐矿石是主要的磷肥来源之一，经过采矿和提炼后用于制成各种磷肥产品。值得注意的是，磷酸盐矿石是不可再生资源，它形成需要长期的地质演化过程，目前全世界范围内都面临着磷矿资源耗竭的风险。

氮、磷肥料施加在农田之后，农作物通过根系吸收土壤中的氮、磷元素，在植物体内转化为有机氮、磷化合物，如核酸等，以支持农作物的生长和发育过程。当农作物死亡或被收割时，作物体内的有机氮、磷化合物以凋落物或植物残体的形式进入土壤，被土壤中的微生物分解成无机氮、磷，之后被固定于土壤中、随水文过程流失或再次被农作物吸收。另一方面，在畜牧业生产过程中，氮、磷元素通过动物的摄食、排泄以及土壤中微生物转化等过程进行循环。畜禽通过饲料摄取氮和磷等养分，以维持自身生长；而畜禽体内未消化或过剩的氮和磷，主要通过尿液和粪便排出体外，这些排泄物中通常含有大量的氮化合物和磷酸盐。畜禽的排泄物经过一定的处理后，可作为肥料应用于农田中。

在自然系统中，氮、磷元素以大气、土壤、水体和生物体等为载体，形成了复杂的循环过程。大气中以氮气为主的气态氮，通过大气沉降等过程进入陆地生态系统。土壤中的固氮细菌（植物根瘤菌等），将一部分氮气通过氮固定作用转化为氨氮或硝酸盐供植物吸收。植物通过根系吸收土壤中的无机氮，并在体内转化为有机氮化合物。当植物死亡时，体内释放出的有机氮化合物，在土壤微生物的作用下，通过氨化、硝化和反硝化等一系列生物化学反应过程，由有机氮向气态氮逐步转化，最终释放到大气中。同时，土壤中的氮元素在降水的侵蚀作用下，进入水环境中，威胁水环境安全和水体水质（图2-10）。自然生态系统中的磷元素主要来自于岩石的风化过程，植物通过根系吸收土壤中的无机磷，并在体内转化为有机磷化合物。当植物死亡时，体内有机磷返还土壤并通过矿化作用分解为无机磷。土壤颗粒通过吸附作用固定土壤中的磷元素，同时磷酸根会与土壤中的金属阳离子（铁离子、铝离子和钙离子等）结合形成磷酸盐沉淀，土壤中一部分磷在降水过程中进入河流、湖泊、海洋等水体（图2-11）。总之，氮、磷循环过程对于维持生态系统的健康和平衡至关重要，同时对水体、土壤质量和植物生长产生深远影响。

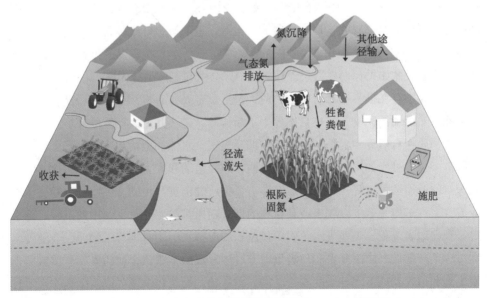

图2-10　农业生产中氮循环示意图（Cui et al.，2023）

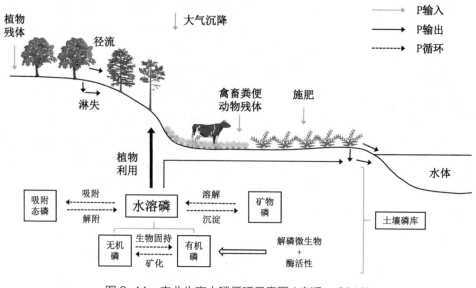

图 2-11　农业生产中磷循环示意图（李猛，2016）

（4）有毒有害物质的循环与环境污染

2023 年 8 月 24 日，日本政府将福岛第一核电站核污染水排入海洋，引发世界各国的密切关注。核污水排海事件不仅威胁当地生态环境安全和人体健康，同时会通过全球水循环等途径不断扩大危害范围。据估计，核污染水开始排海后，放射性物质将在 57 天内扩散至太平洋大半区域并在 10 年后蔓延至全球海域。核污染水中的放射性氚会被海藻吸收，形成稳定的有机氚，进而被鱼虾吃掉，最终走向人类的餐桌。此外，核污染水中钴 60 的半衰期大约是 5.27 年，在衰变的过程中会释放出伽马射线。人体如果长期暴露于伽马射线中，会引起血液系统疾病。

自然界中存在多种有毒有害的物质，包括重金属、有机污染物和微塑料等，在人为和自然活动的驱动下，在自然界中不断传播、循环并造成严重的环境污染。有毒有害物质在自然界中的循环过程往往涉及大气、水体、土壤和生物等多个环境组成部分。自然过程如火山喷发、生物代谢、地壳运动和人为活动如工业排放、废物处理、农业用药等过程，均会造成有毒有害物质的出现与传播。一些有毒物质（工业废气、汽车尾气等）以气态或颗粒物的形式随风扩散，通过空气中的沉降、降水等过程在地表沉积。工业废水、农田径流和城市排水中的有毒有害物质，会随着水文过程不断散播。矿山开采和垃圾填埋等过程导致的土壤重金属污染，严重威胁土壤生态和地表及地下水环境的安全。在人类活动、大气和水循环以及生物作用等过程的驱动下，有毒有害物质在全球或区域尺度内不断循环、扩散，对生态系统和人类健康造成严重的危害。

3. 地球是一个整体

地球是我们共同的家园，也是一个复杂而精密的有机体。地球的表面由大陆、海洋、大气和生物组成，它们之间相互依存、相互影响，构成了一个庞大而复杂的整体。在这个整体中，每一个部分都发挥着独特且不可替代的作用，共同维持着地球生态系统的稳定和平衡。人类对地球资源与环境无限制索取和破坏所造成的恶果，终将作用于人类自身。维护地球生态系统的整体性是人类社会可持续发展的基础。

（1）地球是一个生命共同体

自然生态系统中的山水林田湖草沙冰是一个生命共同体。2013年11月9日，习近平总书记指出："我们要认识到，山水林田湖是一个生命共同体，人的命脉在田，田的命脉在水，水的命脉在山，山的命脉在土，土的命脉在树。用途管制和生态修复必须遵循自然规律，如果种树的只管种树、治水的只管治水、护田的单纯护田，很容易顾此失彼，最终造成生态的系统性破坏。"国家"十四五"规划纲要提出，坚持山水林田湖草系统治理，着力提高生态系统自我修复能力和稳定性，守住自然生态安全边界，促进自然生态系统质量整体改善。党的二十大报告指出，坚持山水林田湖草沙一体化保护和系统治理。习近平总书记的西藏之行，生命共同体理念又增加了一个"冰"字，从"山水林田湖"到"山水林田湖草沙冰"，生命共同体理念进一步丰富。

从生态学的角度讲，"山水林田湖草沙是生命共同体"是生态系统整体性的智慧表达。"山水林田湖草沙"囊括了我国绝大多数的生态系统类型，简洁、科学、准确地描述了我国生态系统多样性的特征。"山水林田湖草沙"在外观和结构上存在明显差异，但又按照一定的规律在时间、空间上排布组合，并通过能量流动和物质循环相互联系、相互影响，形成了相对独立又彼此依存的复杂关系。由于控制因素和形成过程各不相同，"山水林田湖草沙"具有不同的结构，在生命共同体中处于不同的地位，也发挥着不同的功能。但作为生物圈的重要组成部分，它们的功能又相互联系、相互补充，彼此间不可替代，维系着地球生物圈系统的持续运行（图2-12）。

山 山地是重要的水源涵养区，降水在山地集聚，形成河流和溪流。山地生态系统对于维持河流的流量和水质具有关键作用。对山地生态系统的保持有助于防止洪水、干旱事件的发生和维持水资源的平衡。与此同时，山地是动植物的重要栖息地。由于地形复杂和气候差异，山地通常具有丰富的动、植物类型，对于维持地球生物多样性的稳定和繁荣做出重要贡献。另一方面，山地植被对于保持土壤的稳定性和削减水土流失发挥关键作用，植被的根系能够固定土壤，地表凋落物能够防止降水对表层土壤的侵蚀，进而减少水土流失。

图 2-12　山水林田湖草沙生命共同体

水　水体生态环境的重要性在社会、经济和自然方面都是不可忽视的。水体生态环境包括河流、湖泊、沼泽、海洋、湿地等水域，在维护生态平衡、支撑生命存在、提供清洁水源以及促进人类社会发展中发挥着关键作用。水资源是人类最基本的生存资源之一，河流和湖泊在生活用水、农业灌溉和工业用水等方面提供了重要水资源。同时，水体生态环境支持着各种生物的栖息和繁衍。另一方面，水体吸收和释放的热量有助于当地气温的平衡，以减缓气候变化的速度。

林　林地生态环境的重要性涵盖了多个方面，包括生物多样性维护、水土保持、气候调节、碳储存、提供木材和非木材产品等。森林是地球上最丰富的生态系统之一，支持着大量的植物、动物和微生物的生存和繁衍。森林中的生物多样性对于维持生态平衡、抵御外来入侵种和疾病的侵害具有重要作用。林地树木的根系有助于土壤固定，减缓水土流失，保护水体免受泥沙和污染物的冲击，对于维护水源的水质至关重要。森林是地球上最重要的碳库之一，通过光合作用吸收二氧化碳并转化为有机物，同时释放氧气，有效缓解温室气体的累积，对气候变化产生积极影响。

田　农田是粮食和其他农产品的主要生产场所。保持良好的农田生态环境对于提高农业产量、保障粮食安全和满足人类对食物需求至关重要。同时，农田植被覆盖和根系有助于固定土壤，减缓水土流失，防止河流和水体中的泥沙淤积。另一方面，农田的植被通过光合作用吸收二氧化碳，释放氧气，对调节大气中的气体成分和降低大气中温室气体的浓度发挥积极作用。

湖 湖泊是淡水资源的重要储存库，为周边地区提供饮用水、农业灌溉水和工业用水，是维持社会经济正常运转的重要水源。湖泊可以在降水量较高时容纳过量的雨水，缓解附近地区的洪水压力；湖泊水位的变化对防止洪水灾害的发生发挥重要作用。湖泊同时能够为周围地区提供多种生态服务，如提供食物、原材料等，同时对气候和生态平衡起到调节作用。但是，湖泊水环境质量面临着极大的压力，全流域范围内向水体排放的污染物，最终将在湖泊中汇集。因此，湖泊水环境的保护需要对流域内山、水、林、田、草等自然要素和人类社会活动进行协同管控。

草 草地在生态系统中扮演着重要的角色，对生态平衡和人类社会的可持续发展有着深远的影响。草地对人类社会提供了众多的资源，是畜牧业、草地旅游、草地生态系统服务等的基础。同时草地的根系可以增强土壤的固土保水能力，减缓地表水流的速度，防止水土流失，有助于维持河流与湖泊的水质。草地是碳储存的关键区域，通过植物生长吸收空气中的大量二氧化碳，并储存在植物体和土壤中，有助于缓解大气中二氧化碳浓度上升的影响。

沙 世界上有很多大面积的土地以沙地、沙漠的形式存在，这些地方季度干旱，温度变化剧烈，生命的存在似乎稀缺，看来荒凉，但依然有大量的生命生活在这里。当水热具备时，它依然可以转化为草地和绿洲。世界上很多沙漠借助大气运动可以长距离把沙土输送到其他地方，使目的地区域土壤更富营养、更具有生产力。沙漠是水热条件严酷环境下大自然的呈现形式，是大自然的有机组织部分，具有不可替代的生态作用，如固碳、水文调节、生物多样性、文化旅游等诸多方面。

"山水林田湖草沙"生命共同体是人类文明得以不断延续的物质基础和必要条件。我们必须在生态文明理念的指引下，正确处理人与地球生物圈的关系，实现对"山水林田湖草沙"的整体性保护、系统性治理利用。从生态学上看，"山水林田湖草沙"相互依存转化、相互联系补充，不可替代，共同构成了生物圈系统的完整性。因此，在面对涉及"山水林田湖草沙"的各种事务时，就应当充分意识到它们作为生命共同体的整体性，不能实施分割式管理。面对社会、经济可持续发展的客观需求，必须处理好局部与整体、发展与保护的关系，运用系统论的思想方法对自然资源和生态系统进行管理。同时，逐步推进生态系统的整体保护，对受损的生态系统和环境污染进行系统性修复和综合治理。

（2）地球是一个生命有机体

人类对于地球生态系统的认知是不断深入的。在20世纪20年代，苏卡乔夫把地球表面不同区域植、动、微、气、土相互作用形成一致的部分称为"生物地理群落",在20世纪30年代,英国植物学家坦斯利进一步发展了这一观点,提出了可以自我调节,进而达到平衡状态的生态系统的概念。1979年,英国科学家洛夫洛克在他的著作《盖亚:对地球生命的新视野》中提出了盖亚假说,认为地球在本质上是一个单一的、自我调节的系统,在这个系统中,生命和非生命元素相互结合以促进生命的发展。这一假说将地球视为一个完整的生命有机体,为审视人类与自然的关系和保护生态环境提供了一种新的视野。

盖亚假说把地球描绘成一个鲜活的生命实体,由生物圈(地球上的生物)、岩土圈(地球的表层)、水圈(地球表面的水体)、大气层(地球周围的气体)组成。这些圈层及其复杂的相互作用使地球保持着系统内的稳定状态。盖亚假说的核心在于,所有的生物体及其环境形成了一个复杂的超级生态系统,调节并维持着地球上生命所需的条件。在"盖亚"系统中,生物不仅适应环境,而且可以通过生理、行为等方式,影响环境的化学成分、温度、气候等因素;而生物圈中的环境因素也影响着生物的生存和演化。例如,植物通过蒸腾作用和光合作用释放水分和氧气,影响大气的组成成分和气候;而气候、温度、湿度等环境因素的变化会影响植物的分布范围和数量。因此,如何维持生物圈和地球环境的稳定,是地球系统健康运行的基础。

基于盖亚假说,地球系统受到负反馈调节机制的控制,抵消或减弱环境波动的干扰,进而维持地球系统的整体稳定,以及其中生物体生存的最佳条件。负反馈调节是生态系统中最常见的一种调节方式,在一个复杂的相互关联的自然循环网络中运行,能够使系统向稳定状态恢复。负反馈调节机制在个体、种群、群落和生态系统等不同层次上均有所体现。比如,植物通过根系吸收水分,以及通过气孔调节水分蒸腾,以维持体内水分的平衡。当种群密度增加时,资源竞争加剧等因素会导致种群数量减少,以维持种群密度的稳定。捕食者的数量增加将导致被捕食者数量减少,猎物的减少将增加捕食者的生存压力,进而减少捕食者数量。大气中的二氧化碳浓度增加促进植物的生长,以及植物生长带来的对二氧化碳更多的吸收,从而降低大气中二氧化碳的浓度。负反馈调节机制的存在,将生物与环境结合成一个命运共同体。但是,这种负反馈调节机制只能在一定的程度上抵抗干扰,当干扰强度超过某个临界点时,就会导致地球环境的失衡。

人类的生存依赖于地球上水分、温度、氧气等环境变量的平衡。然而,在工业化和城市化过程中产生的废气、废水和固体废物污染了大气、水体和土壤,导致空气污染、水污染和土壤退化等环境问题。环境污染带来的资源供给短缺,如水资源短缺、粮食减产等问题会直接影响人类的生存和发展；同时，环境污染会直接威胁到人类身体的健康，导致呼吸系统疾病、皮肤病、癌症等健康问题。再者，人类活动释放的大量温室气体，如二氧化碳、甲烷等，导致全球气候变暖和干旱、洪涝灾害等极端天气事件频发，影响人类正常生产生活过程。所以，生物圈和环境之间的负反馈调节机制同样存在于人类与环境间的相互影响中。因此，全面保护地球生命有机体，实现整个星球的生态良性运转，是包括人类在内的所有生命生存和维持的基本前提。

一个人的成功，不完全体现在物质世界中，更重要的在于精神世界、自我价值的实现；在于他的心有多大，能够装有多大的世界，如何认识他与这个世界的联系广度和作用方式。世界极其复杂，夜空中万亿颗恒星熊熊燃烧，蓝天下千万种不同的生灵生机勃勃，大地上70亿人生生死死、来来往往。这一篇我们就从生态学的角度来认识一下这个生命的、生态的世界。

　　广袤宇宙，在无数堪称奇迹的作用下，地球成为了生命的摇篮，孕育无数生命，人类作为地球最后的来客，逐渐走到舞台的中央。任何生命都离不开环境，而环境包括了非生物环境与生物环境，生态学就是研究生物体与其周围环境相互关系的学科。本篇在探讨狭义的生态学中的环境与生物的基础上，也将生态学的思想和内涵进行必要的外延，探讨生态学视野中的人类、经济、社会乃至人生。

第三篇 从生态学的角度认识世界

一、生态学中的地球和宇宙

美剧《生活大爆炸》主题曲的歌词中写到:"宇宙一度火热又稠密,大约 140 亿年前终于爆了炸。"同茫茫宇宙相比,地球是渺小的,但其作为人类文明的摇篮,实在是一种伟大的奇迹。

1. 宇宙之大与地球之小

宇宙诞生于约 138 亿年前的一场大爆炸,之后极速地膨胀,导致跳崖式降温,储存的能量开始凝结。组成物质的微观颗粒在能量的海洋中浮现出来带有一个正电荷的质子,带有一个负电荷的电子和不带电荷的中子共同组成原子的单元。所有质子数量相同的原子被统称为一种元素,仅拥有 1 个质子的第 1 号元素氢,由于结构简单,它在宇宙中无处不在,直到今天仍占整个宇宙元素数量的 92%。紧接着,在大爆炸产生的高温高压下,质子与中子相互结合,形成更重的原子核,重原子核进一步聚合,形成新的元素。这种因原子核聚合而发生的变化被称为核聚变。当质子因核聚变而结合在一起,第 2 号元素氦便形成了,这个过程释放出能量。在创造了最初的几种元素后,由于温度和压力的降低,聚变难以为继,因此早期的宇宙中氢和氦占比高达 99.9%。它们组成弥漫的原子云雾,宇宙黯淡、冰冷又无聊,但很快有趣的情况发生了,大爆炸产生了微小的不对称,使得宇宙中某些地方的原子云雾比其他地方更浓稠一些。在引力的作用下,物质开始向这些地方聚集,组成巨大的云团。云团内的物质越聚越多,核心温度升高至 1500 万 ℃,氢元素的聚变再次开启,光与热得到释放,一颗恒星诞生了。

大爆炸 2 亿年后,氢、氦气团在引力的作用下,不断壮大出现恒星。恒星给宇宙送来第一束光明;大爆炸 10 亿年后,星系出现;大爆炸 50 亿年后,太阳诞生;大爆炸 80 亿年后,无数星系诞生;大爆炸 90 亿年后,太阳系形成;大爆炸 140 亿年后,当今的宇宙形成。

宇宙有多大,这是一个未解之题。目前,人类可观测的宇宙直径估计约为 930 亿光年。这意味着,我们能看到的最远天体离我们大致是这个距离。然而,这只是我们目前能够观测到的宇宙的部分。

地球在宇宙中所占大小是一个很难准确回答的问题。首先来看看地球在宇宙中的位置。地球是太阳系中的一颗行星,是距离太阳第三近的行星(按照距离太阳由近及远的顺序,分别是水星、金星、地球、火星、木星、土星、天王星、海王星)。地球距离太阳的平均距离约为 1 个天文单位(A.U., Astronomical Unit),即约 1.496

亿千米。而太阳系位于银河系中，银河系是一个直径约为 10 万光年的庞大旋转盘状星系。银河系包含了恒星、行星、星云、星团等天体。太阳系大致位于银河系的一个旋臂上，这个旋臂被称为"猎户臂"或"本地臂"。太阳系距离银河系中心约 2.6 万光年。太阳系和其他恒星系统一起，以每秒约 220 千米的速度绕银河系中心旋转。银河系属于一个更大的天体结构——局部星系团（也称为本星系群）。这个星系团包含了数十个星系，包括银河系、仙女座星系等。银河系及局部星系团只是宇宙中一个极小的组成部分，宇宙中有数以万亿计的星系和天体，是一个庞大而复杂的网络结构。

在宇宙中，地球和太阳系只是微不足道的存在。但它是我们人类赖以生存的家园，也是我们探索宇宙的起点。

人类习惯以地球为中心，但事实上，地球在宇宙中不仅位置"偏僻"，而且小如一粒尘埃。地球的平均半径约为 6371 千米，体积约为 1.08 万亿立方千米，表面积约为 5.1 亿平方千米。与太阳比较，地球的体积约为太阳体积的一百三十万分之一。如果把太阳比作一个篮球，那么地球的大小就相当于篮球旁的一粒绿豆。

地球形成之初是一个炽热的岩浆球，物质翻滚流动，铁、镍等较重的元素下沉到地球中心形成地核，地核创造了笼罩整个星球的磁场，像一个无形的保护层，使地球免受太阳风的伤害；而氧、硅、镁、铝等较轻的元素则上浮到外层，构成了地幔和地壳。随着地球的降温，地壳的外层冷却后凝固成坚硬的岩石；地幔灼热的岩石则继续缓缓流动，拖着地壳分分合合形成连绵的山脉和深邃的峡谷；岩浆溶解的气体也释放出来，氮气、二氧化碳和水等组成了大气层；等温度降低，大气中的水迅速凝结，以暴雨的形式落回到地面。这场暴雨持续了数百万年之久，直到液态水覆盖了 70% 以上的地表，形成了海洋；在海洋的深处，在地底热量的烘烤下，碳、氢、氧、氮、磷等元素相互作用形成多种有机大分子，这些分子开始利用能量，自身复制，并将自己与外界环境隔开，组成一个细胞。众多细胞聚在一起"共谋生路"，它们分工合作，有的负责捕猎，有的负责消化，进而出现了原始的组织和器官。在外界环境的影响下，多细胞群体的样貌开始变得千差万别，它们有的占领海洋、有的登上陆地、有的飞上天空，有的虽静默无言却学会了利用太阳的能量，将大气中的二氧化碳转化为身体的一部分，同时释放出大量氧气，改变地球的大气层。长此以往，多种形式的生命逐渐出现，经过 40 亿年的演化，一个复杂的生物圈逐渐形成。

2. 生命之脆弱

生命的脆弱，首先在于形成生命需要特殊的外部条件。一是要有安全稳定的宇宙环境：避免强烈的宇宙辐射对生命的伤害，如伽马射线、X射线等；行星际空间安全，避免频繁的小行星或彗星撞击等灾难性事件的发生。二是稳定的光照条件：提供生命所需的稳定能量来源，如太阳光辐射；光照不仅影响地表温度，还通过光合作用等方式为生命提供能量。三是多种物质元素的存在：环境中必须有多种物质元素，且元素的种类和数量需达到一定水平。这些元素之间恰到好处的相互作用，也是形成生命的基础条件之一。四是某种偶然因素。尽管具备上述所有条件，生命的形成仍然需要某种偶然因素的触发，如某种催化剂的出现、某种特殊物质的形成等，这些因素可能加速化学反应或形成新的生命形态。

生命的脆弱，还在于维持生命需要极其特殊的内部要求。一是适宜的大气条件：稳定、适合的大气压是生命存在的基础；提供生命所需的呼吸气体，如氧气和二氧化碳，这对于碳基生物尤为重要。二是有存在液态水：水是生命之源，生物体内许多化学反应需要在液态水中进行；水也是维持生命活动的重要介质，为生物体提供必要的矿物质。三是适宜的温度条件：温度直接影响生物体内化学反应的速率和水的三态变化；适宜的温度范围有助于生命体的正常代谢和生存。四是组成生命必要的营养元素：生命的产生、生长和繁殖需要碳、氢、氧、氮等基本生命元素，还有钾、钠、钙、镁、铁等重要元素，这些元素构成生物体的基本化学组分，并参与到各种生命活动中。

生命的脆弱，还体现在生命过程必须持续稳定。以上创造生命的外部条件和维持生命所需的内部条件，都必须保持稳定，才能维持生命的连续性，也才能让生物存活和续命。也就是说，水分、气体、光照、温度以及通过充足的食物获得各种营养（元素），必须充分保证、及时满足。

生命的形成是一个复杂而神奇的过程，其中蕴含着无数的偶然性和奇迹。生命形成、维持如此不易，决定了生命如此脆弱，乃至于在当今已知的宇宙空间中，仅在地球上发现生命。

宇宙之大，只有地球可以诞生和维持生命。而地球上的生命，也仅仅只能在其中很有限的空间内生存和发展。地球表面有大气、水、土壤和岩石，分别形成大气圈、水圈和土壤圈，仅仅只能在地球大气圈、水圈和地表土壤圈相结合的表层——生物圈，形成了合适的大气、温度、水分和养分等适合于生物生存的自然环境，从而诞生了宝贵的生命。生命并非一开始就丰富多样，而是从原始的非生命、近似生命、单细胞生命发展和进化，每个生命都通过自己的努力进化，以适用更好的生存环境，并薪火相传，才使地球成为生命的摇篮和丰富生命的居所。生命是宇宙中的神迹，地球创造和孕育了生命，而生命延续和丰富了自身，并改变了地球环境，推动生命体系不断向着更加复杂、多样的方向发展。

据估计，地球上现有生存的植物约40万种，动物约110多万种，微生物100万至600万种（其中已记载的约有20万种）。在历史上曾生存过的生物约有5亿～10亿种，在地球漫长的演化过程中，绝大部分都已经灭绝了。

在生物圈，所有物种都相互作用从而联系在一起。任何生物都依赖其他生物生存和发展，都需要所在的生态系统提供保障。健康的生态系统是其中每个生物、每个物种共同打造、维持的生存空间。每个物种在生态系统中都扮演着特定的角色，如生产者、消费者或分解者，一个物种的灭绝可能波及多个物种，导致生态系统中的结构受损或部分功能弱化，进而影响整个生态系统的稳定和平衡。

1930年，美国黄石公园的狼群被猎杀到几乎灭绝，这让失去天敌的麋鹿群体迅速壮大，植物、鸟类、海狸等看似和狼群无关的物种也受到了影响。当狼群在1995年被重新引入公园时，它们再次捕食麋鹿，植物和鸟类、海狸、鱼以及其他动物又重新回到了河岸。

各类生物在某一地区或整个地球上的数量，即为生物多样性。一般来说，一个地区或生态系统中存在的物种越多，其生物多样性就越高。生物多样性为人类提供生态系统服务或利益，如果没有无数独特的生态系统，人类的生存环境和生活质量可能会受到威胁。多项科学研究发现，如今，生物多样性正在急剧下降，栖息地正在被破坏和退化，自然资源正在以一种不可持续的方式被利用。世界上的生物多样性、完整性（一种衡量任何给定地区保留多少原始自然的指标），远远低于我们所依赖的生态过程所需的"安全限度"。

2019年，据《全球评估报告》中记载，目前有100万种动植物物种面临灭绝的威胁。随后，世界自然基金会公布的《2022年地球生命力报告》也记录，自1970年以来，全球哺乳动物、鱼类、鸟类、爬行动物和两栖动物的数量平均下降了69%。

3. 人是地球最后的来客

地球生命起源于约40亿年前，最初的生命形式是单细胞生物，而多细胞生物出现在约5.7亿年前。恐龙等史前生物在地球上繁盛了约1.6亿年之久，但最终在约6500万年前灭绝。约600万年前，人类的远古祖先——类人猿开始出现。约50万年前，智人（homo sapiens）出现。智人的大脑进一步加速变大，标志着人类智力和大脑功能的快速发展。

人类与无数生命一样，由碳、氢、氧、氮、磷等元素组成，但人类的特殊之处在于他们学会了利用工具,并在此基础上一次又一次改变着世界的面貌。当人类还处在茹毛饮血的阶段时,就已经发现硅与其他元素结合形成的岩石质地脆而坚硬,可将其打造成捕猎的工具。人类由此进入了石器时代;人类对火的掌握,使火逐渐演变出新的用途,铜的性质稳定,熔点较低,因此成了最早被冶炼的金属,后人在铜里加入锡,使其成为强度更高的青铜,青铜被用于祭祀、战争,这就是人类的青铜时代;很快青铜又被另一种强度和韧性更高的金属取代,这就是铁,从武器、礼器、交通工具到农具和日常用品,无不有铁的身影,人类进入了铁器时代;随着冶铁技术的提升,人们发现控制生铁中的碳,会让成品更加坚韧,这就是钢。来自远古植物的碳,经过数十万年至数百万年的埋藏转变为煤沉睡在地下,从18—19世纪开始被欧亚大陆西端的人类大规模挖掘,并作为一种重要的燃料,点亮了工业革命的曙光;煤燃烧的熊熊烈火将水烧成蒸汽推动着钢铁制造的机器巨兽,彻底改变了人们的生产方式,人类进入了工业时代;但地层中的碳元素还有另一种存在形式——石油,如今它几乎流淌在每一台发动机中,成为工业的黑色血液;而石油的作用还不止于此,它含有丰富而多样的有机分子长链,这些分子被分解、再合成,成为了塑料,这种可塑性和多样性极高的材料被人类使用到极致;除此之外,富集在大气中的氮元素被大批量地用于制作化肥,彻底改变了人类延续千年的农业传统;地壳中含量第二位的元素硅,凭借独特的导电性能成为了芯片的基础,以此为基础发展起来的计算机,将人类带入了信息时代。

人类,可能是地球上最后进来的高等生物。由于机缘和必然,人类目前已经成为地球上最具有影响力和创造新的生物,成为影响和改变地球的重要力量。往往能力越强,力量越大;地位越高,就应该具有更大的责任心。做一个出色的地球管家是地球生命发展的今天赋予人类的使命。

人类喜欢以造物者自居,但应该清楚,我们只是地球生态环境的一个管家(stewardship),而不是造物主!人类是自然的一部分,需要将自己纳入更大的生命体系、地球发展的整体中,才能客观认识自己存在的意义和价值。

二、生态学中的环境

生物与环境的关系是生态学的核心议题之一,它们之间相互依存、相互影响,共同构成了复杂的生态系统。在探讨生物与环境的关系时,我们首先需要明确"环境"的内涵。

1. 环境概念的内涵

环境是一个相对的概念，它针对某一特定主体或中心而言。在生态学中，环境通常指的是某一特定生物体或生物群体以外的空间，以及直接或间接影响该生物体或生物群体生存和发展的各种因素的总和。这些因素包括物理因素（如气候、光照、温度、土壤、水分等）、化学因素（如气体成分、pH值、营养物质等）以及生物因素（如其他生物种群、群落及其相互作用等）。

生态学所指的环境，与其他学科，尤其是环境科学存在很大的不同。前者包括人类在内的各种生物所面临的环境；而后者如果没有特别所指，主要指的是以人类为主体的环境，包含人类周围的所有生物的、非生物的因素。

由于两个学科主体对象不同，各自倡导的保护环境的范围和方式也就不同。

生态学针对的主体是生物及其群体，也包括人，着力点是对这个主体对象必要的、有利的环境要素都需要进行保护，而人如果是一个不利的影响因素，人类应该退出或减少对这种生物的影响。主体对象不同，环境及其范围也将不同；不同的生物需要不同的环境，不同生物的环境之间有交叉、有重叠，存在冲突，这时生物及其群体之间就要通过生命本来的方式——或竞争、或共生解决这种冲突，更多的结果是协同共生。

在环境科学或经济社会科学领域，主体都以人为中心，所以其保护的目的和方向在以人的利益来衡量，有时是以损害和伤害其他生物为前提手段，因此往往保护人的环境损害了其他生物的生存环境，短期看对人有利，长时间也将伤害到人类自身。

2. 环境成分与要素

环境要素是构成环境的基本组成成分。环境要素的种类很多，不同的分类方法，其种类也各不相同。

从大的范围来看，环境要素可分为太阳辐射、大气、水、岩石、土壤和生物等六大要素。太阳辐射是地球的能量来源，是影响地球环境的重要因素，其他五大要素构成了地球环境的圈层结构，即人们常说大气圈、水圈、岩石圈、土壤圈和生物圈。

从小的范围来看，六大环境要素又可分为一系列次级环境要素。例如，太阳辐射可分为紫外线、可见光和红外线等不同波长的光波，可见光又可分为红、橙、黄、绿、青、蓝、紫等七种不同颜色的光。大气圈由氮、氧、氩、二氧化碳、臭氧、水汽、尘埃等气态物质组成；根据温度的不同，在垂直方向上自下而上又进一步划分为对流层、平流层、中间层、暖层、散逸层等；太阳辐射驱动大气层运动，产生风、云、雨、雪、温度变化等天气现象。水圈由地表水、地下水、海洋等水体构成，地表水又包括河流、湖泊、水库、冰川等。各种水体的分布、数量及其运动状态构成次级环境要素。岩石圈是由各种岩石和矿物组成。各种岩石在地表分布，构成山地、丘陵、平原等各种地貌形态。土壤圈可分为棕壤、褐土、红壤、灰壤、黑钙土、冰沼土等多种土壤类型，每种类型又由不同的母质、矿物、有机质、胶体、微生物等组成。生物圈包括植物、动物、微生物和人类。每类生物又由不同的种群构成，各种生物种群又组成生物群落。生物与其周围的其他环境要素构成各种生态系统。

各种环境要素都不是孤立的，它们之间通过物质循环和能量流动而相互联系、相互作用、相互制约，构成一个统一的环境整体，但环境整体效应不等于各个环境要素之和，而是比这种"和"丰富得多，复杂得多，有了质的变化。

3. 大环境与小环境

环境大小的划分体现了生态学研究的尺度效应。大环境指宇宙环境、地球环境、地区环境，如全球的大气环流和洋流、区域气候类型等；小环境指直接影响生物体生命活动的周边环境，可以是地块环境、池塘环境、一粒土中的微生态环境等，与生态学选取的具体研究对象有关。

大环境和小环境之间也有联系和相互作用。大环境对小环境具有决定性的影响，它提供了小环境存在和发展的基础和条件。同时，小环境也在一定程度上反作用于大环境，通过其内部的运作和变化，对大环境产生一定的影响。

环境研究的范围是广泛和有目的的，它旨在帮助人类更有意识地生活。以池塘里一条鱼的环境为例，鱼的外部环境包括：①非生命环境，由光、温度、营养物、氧气、其他气体和有机物溶解的水等非生物成分组成；②生物环境，由浮游生物、水生植物、水生动物和分解者组成。鱼的体内环境包括：封闭的外体表、相对稳定的内部环境，然而它不是绝对不变的，受伤、疾病或过度的压力都会扰乱内部环境。例如，如果一条海鱼被转移到淡水环境中，它将无法生存。

人类经常在小环境尺度上为自己创造良好的生活环境，但在大尺度上却破坏和影响了自己的大环境，气候变化、酸雨、臭氧层损耗、过度放牧、过度捕捞、基因工程、物种灭绝等。人类日常的行动如消费品的使用、交通方式、所吃的食物、所消耗的能源和水、产生的废物等发生改变，都将在全球层面上产生影响。

在国家发展层面上，人们必须考虑这些问题。

4. 主导因素

在生态系统中，环境因素是动态变化的，影响是综合的。但它们的作用程度是有差异的，其中起主导作用的环境因素即为主导因素。抓住主导因素来分析和处理生态学中的问题，是生态学研究的重要原则。

判断主导因素有两个途径：一是从环境因素本身的特征来看，当所有环境因素在数量和质量上相等或相近时，其中某一个因素的变化能够引起研究对象全部生态关系发生变化，这个因素就是主导因素。用水体热污染对鱼类和其他水生生物造成死亡这个案例来分析：由于发电厂和其他工厂通常用于冷却的温水排放导致水温升高，鱼类等水生生物的新陈代谢因此加快，从而对氧气的需求成倍地增加，但溶解在水中的氧气不足，较高的水温还导致溶解氧浓度降低，最终鱼类窒息而死亡。该事件中的水体热污染就是主导因素。

二是从生物效应的角度来看，如果某一环境因素存在与否和数量变化使研究主体的生长发育、系统平衡等发生明显变化，那么这类环境因素就是主导因素。如在天然林实施露天矿山开采，在当地的气候条件都没变化的条件下，森林的破坏和当地生态系统破坏的环境主导因素就是人类的采矿行为，这时停止采矿、恢复土壤、重构生态系统为主要治理对策。

在受污染的环境中，对生态系统中生物影响最大的环境因素是污染物，即污染物起主导作用；过度开发水资源和土地资源，过度放牧和捕鱼，过度采伐森林等导致的生态环境破坏，起主导作用的是人类活动。环境主导因素不同，采取的治理方式也不同，前者要减少和控制污染物进入目标生态系统，而后者要从减少人类活动干扰方面来采取措施。

三、生态学中的生物

生物是指所有生命体，包括植物、动物和微生物等。通过研究生物的生态学特征，我们可以更好地保护物种多样性、维护生态平衡，以及推动可持续的生态系统管理。

1. 生命的本质

生命是区别于非生命而言的，生命具有复杂的结构和功能，其基本特征可以概括为五个方面：一定的组成和结构、新陈代谢、生长发育、繁殖扩散、适应进化。

生命具有由一定元素组成的结构。从微小的海藻到高大的红木，每一个生物都是由不同比例的化学元素组成的。生态化学计量学考虑这些元素的平衡，以及它们在化学反应过程中的比例如何变化。研究这些比率有助于了解生物世界的运作方式，揭示生物体如何从其环境资源中获得生命所需的营养物质和其他化学物质。个体生物在其生命周期中也表现出化学计量的差异，年轻生物的成分可能与年老生物不同。在生态学研究中，主要考察的三种元素是碳（C）、氮（N）和磷（P），因为它们都起着至关重要的作用。碳是所有生命的基本组成部分，也是许多生物化学过程的重要组成部分；氮是所有蛋白质的主要成分，而磷对细胞发育和储存能量至关重要。生物体的碳氮磷比并不一定是一致的。植物有一个可变的比例：它们可以根据环境调整其元素的平衡。例如，在一个特别晴朗的日子里，它们的化学成分中碳的比例会上升，因为光合作用更强——它们从空气中吸收二氧化碳，并利用太阳能将其转化为所需的营养物质。在食物链的上层，动物的碳氮磷比例基本上是固定的，因此它们必须利用各种机制来调整进入体内的化学物质的任何不平衡。例如，如果昆虫或食草动物从植物中摄取了过多的碳，它可能会调整消化酶并将其排出体外，或将其转化为脂肪储存，或者提高代谢率以燃烧掉多余的碳。然而，过度使用这种机制来纠正高度不平衡可能会影响其健康、生长和繁殖。捕猎动物需要做的调节工作更少，因为猎物的碳氮磷比与自己的非常接近。然而，其猎物种群的大小仍然取决于其环境中的植物，因为高碳比的植物只能支持一个小的消费者食物链。

新陈代谢是生命最基本的特征，指一个器官内部发生的物理和化学过程的总和，细胞物质通过这些过程组成和分解。代谢过程是生物体与其环境相联系的基本环节，是生态系统功能的基本要素。每一个生物体都是一个与环境交换物质和能量的开放系统。有机体以各种方式从环境中获取构成其身体所需的所有化学物质，并产生自己不需要的废弃物排放到环境中。

生长发育是生命体个体层次上的发展与壮大。生长发育是对于多细胞生物而言的，主要是细胞的分裂和组织的分化。生命体的发展壮大是在遗传物质的指导下，组成个体的有机物的积累和分化的过程。

繁殖扩散是生命维持和发展种群数量的基本能力。当生物体的能量超过所需时，它们可以进行繁殖。小到病毒、细菌，大到大象、蓝鲸，所有的生命体为了种族的延续，都需要利用环境中的资源来满足自己的繁殖需求，保证种群不会灭绝。生物的生存繁衍策略主要有r对策和K对策，这两种策略是基于对有限资源的合理配置的基础上发展起来的对立策略。r 对策的生物主要把资源利用在后代的数量上，对后代照顾的资源配置基本上为零，它们会产生大量的后代，但是后代的成活率较低，例如蚊子、杂草等。K 对策的生物主要把有限的资源配置在提高后代的质量和照顾后代上，它们一次产生数量很低的后代，并精心照顾教习生存技能，如大象、老虎等大型哺乳动物采用 K 对策。扩散则是生物的领地扩张行为，植物大多通过种子进行繁殖，还有一些通过根茎的蔓延进行扩散。动物则通过迁徙、领地划分来进行扩散。

生命具有适应进化的能力。为了适应不断变化的环境，生物体会在群体产生的大量变异中选择适宜当前环境的有益变异，并扩大该基因在群体中的比例，来完成进化，不适宜环境的基因型将逐渐被淘汰，生物体通过这样的方式不断地发展、进化。科学家们普遍认为，生命起源于海洋，最早的生命形式是简单的细菌。数百万年来，这些细菌产生了令人难以置信的生物多样性，其中许多仍然生活在水中。其他的物种，逐渐进化成陆地形式，并长期生活在陆地上，有的又重回海洋生活，如鲸鱼。

2. 生命的意义

生命的产生，在整个宇宙间都是一个奇迹，离太阳恰好的距离、恰好的月地关系，形成了恰好的光照、温度、水分、营养条件，使地球成为宇宙中渺小而又神奇的生命星球。地球运载着生命系统，在漫长的地质年代和无穷的宇宙空间中显得微不足道，但是它对于人类的起源、进化，直至灭亡却显得那么重要。梭罗在瓦尔登湖进行哲学探索，他在湖泊中看到了人类与自然和谐相处的典范。人与自然是一个统一体，自然是人类的财富，人类应该亲近自然，感悟自然。

每种生物、每个物种都在一定的生态系统中，每种生物都有自己的功能。生产者、消费者和分解者是生物在生态系统中发挥的三种主要功能。生产者可以进行光合作用或从阳光中吸收能量并将其转化为其他动物可以利用的碳分子，如碳水化合物。初级生产者利用阳光生产自己的食物，被称为自养生物。它们从阳光中产生的能量是生态系统中除热量以外的所有能量的来源。海洋中的所有植物，以及藻类和进行光合作用的浮游生物，都是初级生产者。

消费者是生态系统中的所有成员，它们不能从太阳中产生能量，但必须通过消耗产生能量的物质来获得能量。初级消费者是吃掉生产者的有机体，即食草动物或植食性动物。任何食草动物都是主要的消费者。以藻类为食的鱼类也是藻类的主要消费者。

每个营养级中只有大约 10% 的能量被传递到下一个营养级。这就是为什么食草动物如鹿或羚羊比狮子或猎鹰等食肉动物多的原因。这些食肉动物需要更大的范围来捕获猎物。

分解者腐食枯叶、植物和动物的尸体，以及生物体的排泄物等有机物。细菌和真菌等分解者分解死去的生物体。原木上的蘑菇或腐烂水果上的霉菌都是分解者在工作的例子。分解者执行的重要任务是将复杂的生物体分解成碳、氮、磷和其他基本的非生物成分，以便它们可以在未来的新生长中循环利用。

每一个营养级上的生命体都有自己的使命，使生态系统能够健康有序地运行。

3. 生命的价值

生命在地球上已经存在了亿万年之久，它们在漫长的岁月中不断演化、发展、灭绝……每一次导致生物大灭绝的重大事件（小行星撞地球、冰河世纪、火山喷发等），都会导致原有的生命体系崩溃，随着时间的推移，又形成新的生命平衡体系。

1979 年，英国科学家詹姆斯·洛夫洛克（James Lovelock）在《盖亚：地球生命的新视角》一书中向广大读者介绍了他的盖亚假说（Gaia hypothesis）。从本质上讲，洛夫洛克认为地球是一个单一的、自我调节的系统，在这个系统中，生命和非生命的元素结合在一起，促进了生命的发展。

根据洛夫洛克的说法，盖亚是由"反馈回路"的作用控制的，这是一种制衡，可以补偿系统中的干扰，使其恢复平衡。为了运转良好，地球上的生命依赖于环境中水、温度、氧气、酸度和盐度等变量的特定平衡。当这些是恒定的，地球则保持一个稳定的状态，但如果平衡被打乱，地球鼓励有机体恢复平衡，而敌视那些加强干扰。地球系统的有机组成部分不仅对环境的变化作出反应，而且还控制和调节环境的变化。

这些反馈机制在相互关联的自然循环的复杂全球网络中运作，以维持其中生物的最佳条件。它们可以抵制变革，但只是在一定程度上，一个足够大的扰动可以把系统推到一个"临界点"，在那里随着其组成部分的平衡被改变，它很可能进入一个非常不同的平衡状态。洛夫洛克认为，这样一个转折点发生在大约 25 亿年前，在太古宙末期，氧气首次出现在地球上。当时，地球是一个炎热、酸性的环境，产生甲烷的细菌是唯一繁荣的生命。能够进行光合作用的细菌随后进化，这就创造了一个有利于更复杂生命形式的环境。最终，今天地球上存在的平衡条件得以建立。

生命体组成的庞大系统，通过自身的代谢和行为，影响着地球的环境，逐渐适应、稳定，成为平衡的生态系统，生命在生物圈中繁衍生息。

不难看出，生命依靠其他生命而存在，在维系自己生命的同时，也在支持着其他的生命。生命在改善环境使自己有更好环境的同时，整体的环境变得更好，为更多更高级的生命诞生提供了可能。生命的意义不仅在于生命自身，更在于支持、服务、创造、升级生命。

4. 生命活动必然有竞争

生命体小到个体，大到种群、群落、生态系统，只要有生命活动的地方，就存在竞争。不同生物所需资源不同，不同生物竞争的内容也将不同。这些资源对植物而言，主要是光照、水分和营养物质，对动物而言，有限的资源主要是食物、栖息地、水源等。

生物竞争可以分为两种主要类型：种内竞争和种间竞争。前者指同一物种内不同个体之间的竞争。这种竞争通常发生在资源有限的情况下，如食物短缺、栖息地拥挤等。种内竞争的结果往往导致个体间的差异增大，适应能力强的个体更容易存活和繁衍后代。后者指不同物种之间的竞争。这种竞争可以表现为资源竞争和空间竞争。资源竞争是指不同物种为了争夺相同的资源而展开的斗争；空间竞争则是指不同物种为了争夺特定的生境而进行的竞争。种间竞争的结果往往导致物种间的生态位分化，即不同物种占据不同的生态位以避免直接竞争。

生物竞争可以通过多种机制发生，如直接竞争和间接竞争。直接竞争通常表现为个体之间的争斗和对抗；而间接竞争则通过影响环境来获得竞争优势，如植物之间通过扩展根系来抑制邻近植株的生长。此外，竞争还可以表现为对共同捕食者的竞争和对繁殖资源的竞争等。

竞争与同类或相近生物在一定空间中的数量或密度直接相关。低密度或资源充分时，不会发生竞争，死亡率为0；密度上升后，资源供应率不再满足所有个体的最大需求时，竞争开始发生。一定空间中生物的密度达到一定程度都可能引起竞争，动物因为可以移动从而可能选择新的空间，而植物竞争将更加激烈。主要在于，一方面，植物体不能移动，个体过密导致的资源争夺只能以部分个体的死亡来实现；另一方面，植物是构件生物，竞争可以在个体和构件两个层次上发生，包括基株的竞争和构件的竞争。植株之间表现为最终生物量恒值的分摊竞争和高密度下部分植株死亡的争夺竞争；每个植株上构件之间的竞争则主要是争夺竞争。

5. 竞争带来活力与发展

生态系统是一个生机盎然的协同、竞争、发展的有机整体。光能、水、矿物质被自养型生物固定成有机物,而异养型的生物又通过对这些资源的争夺来维持个体、种群、群落乃至整个生态系统的运行,这个过程中存在着激烈的竞争关系,而正是竞争才造就了生态系统的活力与发展。

竞争推动物种进化。 竞争压力促使个体具备更好的适应能力和竞争力,通过基因的突变和适应性选择,进化出更强大的特征和能力。捕食和被捕食是生态系统中最激烈的竞争关系,为了抵御捕食对种群带来的负面影响,生物通过进化出各种行为和结构来形成稳定的抵御机制。

捕食者的狩猎策略可以分为主动狩猎和伏击狩猎。主动捕猎的捕食者大部分时间都在四处移动,寻找潜在的猎物,例如美洲知更鸟在草坪上移动寻找蚯蚓。相比之下,伏击狩猎的捕食者通过埋伏等待猎物经过,如变色龙在等待昆虫经过时一动不动地坐着,当昆虫靠近时,变色龙伸出它的长舌头,黏黏的、能抓握的尖端可抓住毫无防备的猎物。

为了应对捕食者,很多生物进化出防御策略。主要包括以下几个方面。

行为防御 包括报警、空间回避和减少活动。许多鸟类和哺乳动物都使用警报呼叫来警告同类有捕食者正在靠近,利用空间回避的猎物会远离捕食者。

保护色 很多动物外形看起来像树枝、树叶、花,甚至像鸟粪,被捕食者误认为是不可食用的东西,如竹节虫、蝈蝈和角蜥蜴。一些物种有固定的保护色,而有些物种,如章鱼,能够迅速改变颜色,使自己与背景融为一体难以分辨。

结构防御 最典型的例子之一是豪猪。豪猪身上覆盖着3万多根刺,可以刺伤攻击者。有些物种的结构防御是可塑的,即只有当猎物在面对被捕食危险时才会被诱导。

化学防御 臭鼬以使用这种策略而闻名,它们可从后腺体喷洒恶臭的化学物质。许多昆虫也使用化学防御。例如,当帝王蝶毛虫以马利筋为食时,它们会在体内储存一些马利筋毒素,这使得掠食性鸟类对这种蝴蝶非常反感。

警戒色 在许多物种中,令人反感的气味与非常显眼的颜色和图案相关联,被称为警告色。比如黑脉金斑蝶身上有黑色和橙色条纹,同时这种昆虫尝起来很苦,会让捕食者望而却步。黑色、红色和黄色的醒目组合装饰的各种各样的动物,如投弹虫、黄马蜂和珊瑚蛇,都是警戒色。

捕食者的对抗适应 如果捕食者可以选择猎物来进化广泛的防御,那么猎物的防御应该有利于选择捕食者的反适应。通过这种方式,捕食者和猎物经历了一场猎物防御和捕食者攻击之间的进化军备竞赛。当两个或两个以上的物种相互影响彼此的进化时,我们称之为协同进化。

竞争可以维持生态系统稳定，物种之间的竞争使得每个物种都要寻找到自己区别于其他生物的不同生存方式和能力，即生态位，或找到自己合适的生活空间，避免了某一物种数量过多引发的生态失衡。同时，每种生物在竞争中都需要降低自己的生态位宽度，这样在特定的资源条件下可以让更多的生物生存，因此竞争也可能增加生物多样性。

当然，需要特别注意的是，过度竞争可能引起资源过度消耗而枯竭，最终导致物种灭绝或生态系统的崩溃。此外，一些入侵物种会通过竞争和占有资源对生态系统造成破坏。

总之，生物竞争是自然界中不可或缺的一部分，它推动物种的进化和生态系统的稳定。了解生物竞争的机制和过程对于保护生物多样性和维持生态系统的平衡至关重要。

四、生态学中的人类

人类是地球上最具影响力的物种之一，人类活动对环境常具有双刃剑的作用。通过了解人类行为对生态系统的影响，有助于制定可持续发展策略，推动环境保护和生态平衡的实现。

1. 人在生态学中的地位

从广义上说，人既是一个物种，又在生态系统中主要扮演着消费者的角色。人类的食物十分多样和复杂，从植物到动物，还包括不少微生物。几乎所有动物都可能进入人类的食谱。在生态系统中，人是食草动物、一级消费者，也是食肉动物、二级乃至更高级别的消费者。人作为地球现存的最高级物种，具有极高的智慧和影响力，在生态系统中的作用远远超过了其他消费者，无疑是现存的顶尖掠食者。

人类的食物随着不同的阶段出现显著变化，而且与自然的关系、对生态系统的影响也发生了革命性变化。人类社会先后经历了原始采集–渔猎、农业、工业化经济的发展模式，人从自然环境中获取资源维持个体本身生长发育以及整个种群的繁衍生息，及至今天因自身的进化和科技的发展，人的活动极大地影响了自然环境，改变水的自然分布，碳收支等自然生态过程，全球变暖、气温升高导致全球恶劣气候事件增加，如厄尔尼诺、极端降雨或极端干旱，地球已经正式进入"人类世"（图3-1）。

人作为生态系统中重要的一环，从自然生态中获取所需资源，又经自身的生产活动对生态系统的物质循环、能量传递以及信息交流等方面发挥着重大作用。

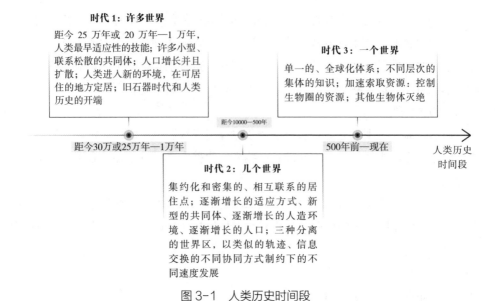

图 3-1 人类历史时间段

2. 人类对生态系统的影响方式

第一，人类活动导致土地利用方式发生改变，引起自然植被面积减少，生物多样性丧失。在过去的 7000 年里，随着农业的发展，地球上的植被变化开始明显加速，并且全新世以来气候变化的速率远远低于冰消期，这进一步表明人类活动相比于冰消期气候变化，对陆地生态系统的影响在速率和范围上均更为显著，过去几千年全球植被变化的加速主要是由人类活动造成的，近百年来的生物多样性的加速变化开始于数千年前，即使在工业革命以前，人类活动也能够推动全球大规模植被变化。此外，在当前高排放情景下，21 世纪的全球生态系统变化（全球变暖，物种大灭绝）可能会更大，全球森林的数量正在加速减少，地球植被覆盖面积正在急速缩减（图 3-2）。

在人类对土地转化的过程中，原有土地的生态系统改变用于农业、城市化和其他目的是人类对地球系统最实质性的改变。土地变化影响生态系统的结构和功能，并与引起全球环境变化的其他组成部分相互作用。目前，大量森林绿地被砍伐，开拓为牧场、农田、城市，原有森林植被面积大幅缩减，由于人类活动导致的生物栖息地的丧失和退化是生物多样性面临的最大的威胁。

第二，工农业等人类社会生产活动改变了主要的生物地球化学循环（物质循环），包括碳循环、水循环、磷循环等，这导致了全球气候的变化和生物多样性的丧失，并且加快了全球升温速度、降水分配不均、极端干旱、极端降水事件频发，温室效应、酸雨、水土流失、水体富营养化等现象突出。

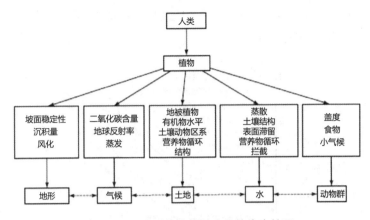

图 3-2 人类引起的植被变化的生态结果

地球上的生命以碳为基础，大气中的二氧化碳是光合作用的主要资源。碳排放，是人类生产经营活动过程中向外界排放温室气体（二氧化碳、甲烷、氧化亚氮、氢氟碳化物、全氟碳化物和六氟化硫等含碳化合物）的过程。人类通过采矿和燃烧化石燃料（遥远过去的生命残留物），以及将森林和草原转化为农业和其他低生物量生态系统，向大气中输入大量了二氧化碳。2022 年全球排放量创下超过 368 亿吨的新高。过量二氧化碳对植物和生态系统产生直接影响。某些物种可能难以适应气候的快速变化，导致其数量减少或灭绝。同时，气温升高促使地表水加速蒸发，栖息地的改变、生态位的缺失等致使地表生物获取水源困难，也会对生物多样性产生负面影响。

水循环是一个复杂的非线性系统，同时受到气候变化和人类活动的影响，水循环结构由自然系统和社会系统的各水文分量组成。当今地球水循环系统在气候变化和人类活动（土地利用/覆盖变化、人类用水等）共同影响下正在迅速变化。为满足农业生产需要，陆地 70% 的淡水被抽取灌溉，修建水坝水库，对河流进行改道导致湖泊湿地等生态系统发生改变，其涵养水源，缓解旱涝生态功能下降。且由于人类对河流水源的无限制使用，导致进入海洋的水源减少。

第三，环境污染的全球性发展，引起地球生态环境质量下降和生命的大量陨灭。工业革命以来，随着人类对化石燃料的无限制开采，储存于地质中的硫等元素被释放至大气中，形成酸雨，侵蚀土壤，污染水资源。相比工业污染，对自然生态系统影响更大、更广泛的是农药化肥的全球性使用。在农田生态系统中，为防止病虫害、追求高产，大量施用的有机或无机农药会残留在农田土壤中，化肥残留造成土壤板结，储水能力下降。土壤残留农药与化肥通过雨水冲刷，混合地表径流进入江河湖海，使得水体中的磷、氮等营养物质过剩，形成水体富营养化。大量研究证实，人类对环境影响显著（图3-3）。

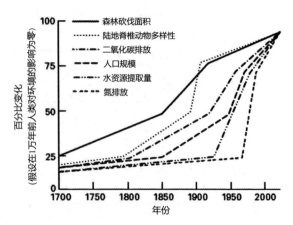

图3-3 人类对环境的影响所产生的百分比变化
（假设在1万年前人类对环境的影响为零）

1962年，美国作家蕾切尔·卡逊（Rachel Carson）发表了《寂静的春天》一书，详细描述了农药（特别是DDT）的使用对生态系统的负面影响，以及对人类健康的潜在危害。她强调了农药使用对环境的长期影响，包括生物多样性减少、鸟类死亡和生态平衡破坏等问题，引起了人们的广泛关注和讨论。这本书的出版被认为是环境保护运动的开端之一，它对环境意识的提高和环境政策的制定产生了深远的影响，也促使了一系列环境法规的颁布，包括美国的《清洁空气法》和《清洁水法》等。此后，全球各地开始广泛关注。1992年联合国通过《生物多样性公约》（Convention on Biological Diversity，CBD）协议，同年签署，目的在于保护和可持续利用地球上的生物多样性和生态系统；为应对气候变化，控制全球温室气体排放，遏制全球变暖，联合国于2015年在法国巴黎再次发起巴黎协定谈判。目前国际组织、政府、非政府组织共同合作，共享经验和资源，制定了初步的全球性保护计划和协议。

人在生态学中的地位复杂而多面，对生态系统的影响是深入广泛的，挑战在于如何平衡满足人类需求与保护和维持地球的生态系统之间的关系，以确保它们能够提供支持我们生存和发展的各种服务。面对生存与发展的诸多重大生态环境问题，如何解决人类给地球和自身带来的重重危机和困境，是现今各界学者科研人员普遍关注的问题。当前背景下，生态学研究正在从传统生物生态学（观察动植物为主）向人类可持续发展生态学拓展和升华，思考人类现在和未来的发展机会，探寻如何更好地处理人与环境的关系。

五、生态学中的经济

任何生物在谋求生存和发展的过程中,都要从环境中获取资源,合理地配置资源,以最小的投入获得最大发展。如果说生态学是自然界的经济学,经济学就是人类社会的生态学。

1. 经济的生态学本质

经济是人类社会的核心命题之一,其本质是一个多层次、多维度的概念,可以从不同的角度进行阐述。从生态学来看,经济的本质是为了满足人类的生存和发展需求。人类通过经济活动创造和积累财富,以应对自然环境和社会环境的挑战,提高生活质量,推动社会进步。因此,经济行为可以看作是人类为了生存和发展而进行的一种追求极致效率、配置资源的活动。从这个角度来看,大自然每种生物都有自己的"经济"——最优的生存之道,都有自己的"经济学"——最好的发展方式,它们在漫长的生存斗争中发展起来一套以"最经济、最节约"的手段谋求最好适应发展的行为方式及策略,使每种生物都可能成为某个领域和层次中人类社会最好的"经济老师"和"经济学家"。

遗憾的是,我们在经济学领域"师法自然"几乎还没有起步,与此略有关联的知识领域是"经济生态学"或"生态经济学",我们只好从这些相关知识中说明一下生态学中的经济,重点是阐述自然界的经济价值、经济与环境的关联性,以及如何平衡经济发展和生态环境的关系,以期确保地球上所有生命的生存机会,以及当代和未来世代的人类福祉。

2. 生态经济概念与内涵

一般而言,生态经济是指在生态系统承载能力内,以绿色生产方式和消费方式为路径,以经济可持续性、生态可持续性以及社会可持续性相统一为原则,实现社会经济高质量发展的一种经济形态。尽管早在1966年美国经济学家鲍尔丁(Kenneth E. Boulding)就提出了创建生态经济学的倡议,但最早创立生态经济学的却是中国。20世纪80年代初,中国著名经济学家、中国生态经济学的创始人、中国生态经济学学会第一任理事长许涤新先生就倡导创建社会主义生态经济学。1984年2月,在他的领导带动及亲自协调下,自然科学界与社会科学界的学者紧密合作,在北京成立了中国生态经济学学会。这比国际生态经济学会的成立(1989年)早了5年,成为全球第一个专门从事生态经济研究的学术团体。不仅如此,全球最早的

《生态经济学》刊物创建于昆明。

生态经济作为一个新兴学科，其概念也有所差异。有人认为生态经济学是研究社会物质生产和再生产运动过程中经济系统与生态系统之间物质循环、能量流动、信息传递、价值转移和增值以及四者内在联系的一般规律及其应用科学，不是一般地研究生态系统和经济系统的相互关系，而是研究作为整体的生态系统和经济系统统一有机体运动发展的规律性。有人认为，生态经济学是一门研究和解决生态经济问题、探究生态经济系统运行规律的经济学科，旨在实现经济生态化、生态经济化和生态系统与经济系统之间的协调发展并使生态经济效益最大化。

即便不同人对其理解以及观点多么不同，比较一致的是，生态经济是区别传统经济的，并且与自然生态环境、生态系统高度关联。

生态与经济的相互依赖　生态经济学认识到经济系统和生态系统是相互依赖的，彼此影响。传统经济学通常将经济活动视为独立于自然环境的，而生态经济学强调了二者之间的耦合关系。

经济与生态系统的耦合　强调经济系统和生态系统是相互耦合，彼此影响的。不同于传统经济学的"解耦"观点，生态经济学认为经济活动与自然环境之间存在紧密的依赖关系。

生态经济学要解决人与自然的冲突：该学科应该更全面、更综合考虑环境、社会和经济因素，要旨是力图解决生态有限性与经济需求无限性之间的矛盾，寻求生态系统和经济系统相互协调发展的途径。

生态经济学的研究对象为生态经济系统：生态经济系统是由生态系统和经济系统通过人类力量构建和驱动的物质循环、能量转化、价值增值和信息传递的结构单元和复合巨系统。

3. 自然生态系统的经济价值

英国著名经济学家马歇尔第一次提出自然环境如风景的价值不容忽视。但在实际生活中，环境服务的"直接经济价值"（货币价值）远远低于它们具有的真实价值，人类往往忽视环境所提供的环境服务功能价值。生态系统提供了多种经济价值，其中包括直接价值、潜在价值和存在价值。

（1）直接价值

指的是直接可衡量和明确的经济价值，即可以直接从生态系统中获得并转化为货币或其他货值的价值。这些价值通常包括以下几个方面。

食物和资源生产价值　生态系统为人类提供食物、原材料和其他自然资源，如木材、药物、食品、纤维等，提供直接的经济价值。

生态旅游和休闲价值 自然景观、野生动植物和其他生态系统元素对旅游业和休闲活动有着巨大的吸引力。这为许多地区提供了重要的经济来源。

水资源和洪水调节 生态系统可以调节水资源的供应和质量，并提供洪水控制服务，对供水、防洪和灌溉等有直接影响。

（2）潜在价值

指的是尚未完全被利用或评估的价值，对人类未来可能产生的经济价值。这些价值可能包括以下内容。

未开发资源的价值 生态系统中可能存在未被开发或未被发现的资源，这些资源在未来可能对经济产生重要影响。

生态系统的恢复和保护成本 恢复和保护受损生态系统的成本可能超过当前经济所能估计的价值，但从长期来看，这种投资可以避免更大的经济损失。生态系统维护水文循环，为灌溉、工业用水和饮用水提供资源。水资源的稳定供应对农业、工业和城市的可持续发展至关重要。森林、湿地等生态系统通过吸收二氧化碳、释放氧气，以及调节温度和降水，对全球和地方气候产生影响，可以过滤和净化水质，帮助防止水污染。这些潜在价值对农业和其他产业的生产效率和可持续性具有关键作用，对保护水资源和维护人类健康至关重要。

此外，河流、湿地和森林等生态系统能够减缓洪水、飓风等自然灾害的影响，一方面可以为居民和经济活动提供保护，另一方面森林和其他生态系统通过吸收和储存大量的碳有助于减缓气候变化、生物多样性丧失。这为国际碳市场和碳交易提供了潜在的经济机会。

（3）存在价值

这是指生态系统及其构成因素，它们的存在就意味着具有各种各样现在还不能估量、有可能被未来需要的价值。这些价值很多，如遗传多样性和基因资源的研究，有助于揭示物种如何适应环境变化，可能为未来解决问题提供方案，为医药和农业提供重要的资源信息；大自然及其生态系统是人类文化的重要源泉，许多民族和地区的文化传统都与当地的生态系统紧密相连；大自然为科学研究提供了丰富的对象和素材，推动了生态学、生物学、地理学等多个学科的发展；它还为人提供丰富的休闲娱乐场所和旅游资源，不仅有助于缓解工作压力和生活压力，提高人们的生活质量和幸福感。

这些价值的重要性超出了传统经济学范畴。对生态系统的经济价值进行全面的评估和考虑非常重要。对生态系统提供的各种价值的认识和评估有助于更全面地理解生态系统对人类社会和经济的重要性，并为可持续发展提供价值驱动基础。

4. 自然生态系统提供的"无法估量"的服务

自然生态系统拥有许多可估计的经济价值，但同时生态系统还提供了许多重要的、"无法估量"的生态服务功能，这些功能为人与自然的长期和谐共存提供了关键的支持。主要可以分为四个类别：支持服务、调节服务、供给服务和文化服务（图3-4）。

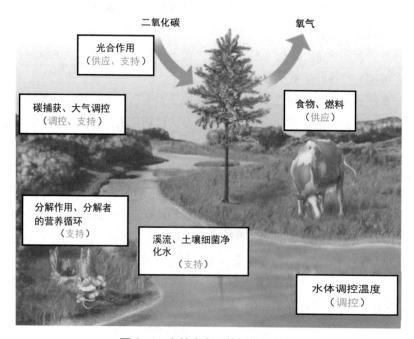

图 3-4　自然生态系统提供的服务

（1）支持服务

①生态系统支持丰富的生物多样性，保持物种的遗传多样性和生态系统的稳定性；②生态系统通过生物活动、有机物质分解和其他过程促进土壤的形成和保持。

（2）调节服务

①气候调节，即森林、海洋等生态系统通过吸收二氧化碳、释放氧气等调节气候；②水资源调节，即湿地和森林等生态系统可以调节水的分布、过滤水质和减缓洪水；③自然灾害调节，即生态系统可减轻自然灾害的影响，如海岸带的湿地对飓风的减缓作用。

（3）供给服务

①食物和原材料供给，即农田、森林、海洋等提供人类所需的食物、木材、纤

维等原材料；②水资源供给，即生态系统维护水文循环，为饮用水、灌溉等提供水资源。

（4）文化服务

①美学和文化价值，自然景观、野生动植物等赋予人们审美享受和文化意义；②精神和休闲价值，自然环境对人们的心理健康和休闲活动有积极影响。

5. 生态经济平衡

既要满足当前人类不断增长的需求，又要维护生态环境良好状态以满足人类的可持续发展的要求，如何耦合眼前与长远、经济与生态的双重目标，是人类面临的难题，而两者之间的平衡关系，也称为生态经济平衡，即生态系统及其物质、能量供给与经济系统对这些物质、能量需求之间的协调状态。

生态经济平衡，是在保持生态平衡的基础上的经济平衡，其特点决定了它既是满足自然生态系统进化发展目标的经济平衡，又是满足人类生产经济社会发展的生态平衡，是生态平衡与经济平衡的辩证统一。要维持生态经济平衡，就是要在经济发展的过程中，确保对环境和生态系统的合理利用，以及减少对自然资源和生态环境的负面影响，在经济增长和资源利用之间找到一种可持续的平衡（图3-5）。以下是一些方法和原则：采用可持续发展的战略，确保当前的经济活动不会损害未来世代的生活质量；提高资源利用的效率，减少浪费和过度开发；设立环境税收和激励措施，鼓励企业和个人采取环保行为，惩罚对环境有害的行为；引入生态补偿机制，让企业对其造成的环境影响负有责任；加强环境教育，提高公众对生态经济平衡的认识，培养绿色消费和生活方式。

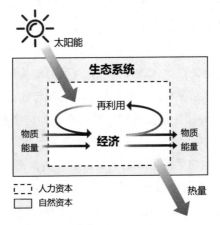

图3-5 生态经济学包括循环利用和资源供给以及经济核算等服务

六、生态学中的社会

我们说的社会，是指人类这个群体构成的社会。我们熟知，人是社会的成员，家庭是社会的细胞。但如果被问到"什么是社会"，一时间似乎并不知道如何回答。搜索引擎输入"社会"关键词，就能得到成千上万条结果，其中最显眼的即"由人与环境形成的关系总和即谓之社会"。翻开手边任何一本生态学的图书，几乎都在第一章第一节提到这个概念：生态学是研究生物有机体与其周围环境相互关系的学科。这两个的概念中都有一个主体，一个是人，一个是生物有机体。其实人也是生物有机体。这两个概念都涉及主体所在环境，社会环境也好，自然环境也好，总归都是影响主体生存生活的因素，都属于广义的环境的范畴；都包含主体和其环境的关系，关系的种类多种多样，但无非就是你影响我，我反过来又影响你这种生物学中常涉及的反馈。这么一看，从两个概念中提取出来的关键词高度重合，似乎社会和生态学之间有着千丝万缕的联系。

社会的概念与生态学中的种群、群落存在一定相似性，都是以群体形式存在的主体及其主体的集合。作为在生态学与社会学中都扮演着重要角色的人，是探究社会与生态学之间联系的很好的切入点。

人是什么？这个问题在前文"生态学中的人类"已有阐述。在生物学上，人是灵长目人科人属的一个物种，将其放在生态学中则需要将其与其他各物种区别开来，还需要考虑人类所引发的一系列生态效应，也要衡量生态环境对人的效益。人作为生态措施的实施者，也是承受者，所以既不能将人与生态与自然界完全分离开，也不能将人当做自然界中一个普通的物种对待，人是动物但又有别于其他动物。但若将人放在社会背景中，人就不仅仅只是自然意义上的人。

人的本质属性是社会性，那作为社会性的人，在生态学的研究范畴中起到什么样的作用呢？前文已经讲述了作为生物的人的作用，这里着重介绍作为社会性的人有何重要作用。马克思主义哲学告诉我们，人类社会是从自然界中分离出来的，且无法完全脱离自然界而独立存在，所以人的生存发展与社会的文明进步离不开自然界。作为具备自然属性与社会属性两种属性的人，如何搭建起自然与社会间的桥梁，如何促进二者和谐共生，成为了我们必须面对的问题。

若将人看做与其他生物无甚区别的大自然的一员，那人类可真是"天赋异禀"的"无敌破坏王"。自人类诞生以来，人类活动就以各种方式影响着地球，特别是工业革命之后人类对自然的索取更是荒诞无度。随着科技的飞速发展，人类秉持着"人定胜天"的理念对自然进行着不断的剥削和征服，人类的系列活动破坏了自然的生态平衡，降低了生物多样性，严重损害了当初孕育人类的自然界。当然，人类也遭到了自然界的反击，20世纪30年代至60年代由于环境污染引起的"世界八大公害事件"，1972—1992年同样由环境污染造成的"十大事件"以及如今人类面临的淡水资源短缺、粮食短缺、空气污染、海水污染等问题，都是自然对人类这个"无敌破坏王"的反击。但作为社会性的人，具有其他生物都不具有的特性——主观能动性，可以自我觉悟，从而采取一系列行动去弥补或挽救被我们亲手打碎的自然界。

保护还未被破坏的，挽救正在被破坏的，恢复已经被破坏的，人类在行动。单从我国来看，环境保护、生态保护的理念早就已经开始萌芽，相应的措施也开始施行；20世纪70—90年代，人们逐渐意识到生态平衡的重要性，可持续发展理念也逐步成为全社会的共识，全社会环境保护意识进一步提升；2007年，"全面协调可持续"的科学发展观被正式写入《中国共产党章程（修正案）》，并在党的十八大将其确立为党必须长期坚持的指导思想，同马列主义、毛泽东思想、邓小平理论、"三个代表"重要思想一起作为中国共产党的行动指南；党的十八大将生态文明建设纳入中国特色社会主义事业"五位一体"总体布局，十八届五中全会确立了创新、协调、绿色、开放、共享的新发展理念；党的十九大将"坚持人与自然和谐共生"作为新时代坚持和发展中国特色社会主义的十四条基本方略之一，并将建设美丽中国作为社会主义现代化强国目标之一，同时，"增强'绿水青山就是金山银山'的意识"正式写入党章，新发展理念、生态文明和建设美丽中国等内容写入宪法。自党的二十大以来，中国在生态环境保护方面出台了一系列政策，旨在推动绿色发展，促进人与自然和谐共生。党的二十大报告将"人与自然和谐共生的现代化"上升到"中国式现代化"的内涵之一，明确了新时代中国生态文明建设的战略任务，强调要推进美丽中国建设，坚持山水林田湖草沙一体化保护和系统治理，统筹产业结构调整、污染治理、生态保护、应对气候变化，协同推进降碳、减污、扩绿、增长。

人类社会对生态环境的影响，即使是个体性的也可能影响环境，更主要是群体性的、社会性的。每个人在社会的发展中，对自然生态环境的影响都随着认知的不同、科技技术发展水平的不同，对自然生态系统产生更大的或好或坏的影响。只有全社会每个人都具有较高的生态文明素质，人类与自然的关系将会在根本上得到调整和改善。

在当前环境问题日益凸显的背景下，生态学以其独特的视野和角度引领着我们对待环境的方式，它将自然界及其生态系统视为一个有机整体，呼吁我们关注各个组成部分之间的相互依存和作用关系。生态学让我们认识到自然界是一个动态变化的系统，强调顺应自然规律，与自然和谐共生。生态学不仅关注生命个体层面的适应能力，更关注物种的适应性进化对生态环境的影响；不仅关注生态系统内部各组成部分之间的协同作用和互惠关系，而且还重视生态平衡对生命的维持和发展的重要性。值得注意的是，生态学跨越时空尺度，综合考虑不同地区、不同时期的生态环境问题，强调全面系统地探寻解决问题的方案。生态学为人类提供了一种全新的思维方式，拓展了我们对环境问题的理解，为我们提供了解决生态环境问题的科学依据和方法论。

第四篇 生态学认识生态环境问题的视野和角度

一、系统整体观

生物与生物之间、生物与环境之间有着密切的相互作用关系，以生态系统为单位是认识自然界及其生态过程和功能的单元。先见森林后见树木，通过整体来认识部分，通过高层次来认识低层次，先把握整体再剖析细节的思维模式是生态学独特的认识论。

1. 生物与生物之间有机联系为一个整体

在了解过基本的生态现象与规律后，不难发现，生物与生物之间有着密切的联系。在同一个物种内部，存在种内竞争、性别关系、领域性和社会等级等相互作用。在不同物种之间，相互作用关系更加复杂，包括种间竞争、捕食、寄生和互利共生等。由于生物间无处不在的相互作用，我们无法孤立地看待任何一个物种或者任何一个生物个体。例如在讨论能否引种某一种植物时，我们需要将这种植物的天敌、竞争者等其他相关物种纳入讨论范围，才能够评判引进的这个物种能否存活、是否会带来生物入侵等问题。

自然界中，多个物种的种群聚集成为群落，它并非是不同物种的简单集合。群落内的各物种在长期相互作用中形成一种动态稳定、相对和谐的协调与平衡状态。随着群落不断发展，其中的物种间相互关系也在发展和变化。因此群落具有一定的整体特征，例如群落具有自己的内部环境，一定的结构以及特定的分布范围。尤其是群落像生物有机体一样，具有发生、发展、成熟（即顶极阶段）、衰败与灭亡等动态变化特征。因此有些学者将群落比拟为一个生物有机体，当然也有些学者认为有机体的比拟并不恰当，虽然这一争论依然在继续，但群落中物种存在普遍互作关系是被所有学者共同承认的。生物与生物之间的内在联系，是自然生态系统维持稳定的重要机制。我们日常实践不能忽略群落内部物种之间的关系。譬如进行绿化建设时如果只种植草本而忽略乔木和灌木的搭配，或者将有负相互作用的物种种植在一起，有可能花费了很高的成本却无法实现生态建设目的。相比而言，中国传统园林绿化更注重植物之间的合理搭配，不但实现了美学目标，更能够利用群落自身的维持机制实现较长期稳定的状态。

2. 生物与环境之间形成一个统一整体

生物群落与其所在的环境共同组成了生态系统，这并非是简单将生物与非生物环境相加。生物在适应环境的同时，也在不断地改造着环境，例如随着群落发育到成熟阶段，群落内部的环境也不断发展变化。在生态系统中，不同营养级的生物之间通过食物链和食物网，以能量为中心，以食物关系为纽带，把生物及其周围的非生物环境紧密地联系在一起。生态系统中的生物和非生物一起，才能够实现其能量流动、物质循环、信息传递等一系列功能，也能够实现支撑服务、供给服务、调节服务和文化服务等生态系统服务价值。在现实生态工程建设中，需要注重完整生态系统的重要性，譬如实施生态工程时无论是采用自然恢复还是人工修复，不应追求单一物种繁盛，而要以建立完整、平衡的生态系统为目标。

地球上与人类息息相关的水循环、碳循环、氮循环和磷循环等过程都需要有机生物和无机环境共同参与才能完成，这些过程被称为生物地球化学循环。譬如与实现"双碳"目标密切相关的碳循环过程，其发生界面覆盖从陆地到海洋的全球系统，涉及与生物相关的光合作用和呼吸过程，也涉及人类对化石燃料的大规模使用，还涉及石灰岩的风化和沉积等有机无机过程的耦合，既包括区域尺度不同形态碳的转化，也需要考虑全球碳排放和碳吸收动态，更需要考虑自然－社会－经济复合系统的整体协调。"双碳"目标的达成需要基于我国基本国情和社会经济发展现实，稳中求进、逐步实现。

3. 综合作用与综合适应

从种群、群落和生态系统几个层面，我们都发现生物与生物、生物与环境之间存在着广泛联系，因此现代生态学越来越强调从整体论出发来认识自然。这意味着与以往自下而上逐步综合的思路不同，我们需要具备自上而下，通过整体来认识部分，通过高层次来认识低层次，了解整体后再分析细节的思维模式。从现实生态文明建设工作来说，很多生态环境问题的解决必须要用整体性思维进行全局考虑。例如湖泊富营养化的治理是很多湖泊面临的问题，常常因蓝藻水华暴发而受到社会广泛关注。如果仅仅盯着湖泊治水，只在蓝藻暴发时治蓝藻，不考虑湖泊周边造成富营养化的面源污染等原因和过程，无疑是头痛医头、脚痛医脚，不但无法实现富营养化的治理，反而容易导致其他问题，或者用新问题掩盖旧问题。因此目前对于湖泊管理，空间上需要从流域整体进行考虑，时间上需要做好长期治理的准备，内容上需要综合考虑能量流动、物质循环、信息传递等流域生态系统功能。

除了生态过程和作用的综合性，还应注意到，自然生态系统是以一个整体来适应环境的。在自然群落中，不同的物种通过占据不同的生态位实现共存，同时生态位的分化也让群落中的资源得到充分利用。任何生境中都会有多种物种，这些物种中有些比较适应此刻的环境，而有些不太适应。但是，当环境发生变化时，原来适应的物种可能因为不能耐受新的环境条件而灭绝,而那些原来不太适应的物种中有的却可能更适应变化了的环境。因此环境变化时,通常只会导致物种的变化,而不引发生态系统崩塌。因此保持高的生物多样性不仅有利于维护生态系统的稳定性和生态系统的功能,还是生态系统应对环境变化的适应来源。

4. 先见森林后见树木

以整体观考虑问题,要采用宏观着眼、层层剖析的方式,需要先见森林再见树木,对于地球生命系统而言,从生物圈、生态系统、生物群落到种群(物种),以俯瞰的视角层层选取其中关键因素才能深入认识生命过程。同时要以小见大,以局部演绎整体,选择有代表和典型的区域分析整体和全局,通过小区域研究来对更大区域建立一种范式或模型,从而能够在更大范围内推广和应用。

由此可见,理解生态学问题,需要遵循"整体着眼,部分着手"的原则,从整体性、综合性和系统性的观点来看待生态现象,才能够理解其中的过程。需要注重外因和内因的结合,把每一个具体的生态现象和生态过程放在一个更大的背景下去考察、去审视。

习近平生态文明思想的一个重要特征就是重视生态过程的整体性,这也是进行山水林田湖草沙冰一体化保护和修复的理论依据和实践要求。习近平总书记曾阐述:"我们要认识到,山水林田湖是一个生命共同体,人的命脉在田,田的命脉在水,水的命脉在山,山的命脉在土,土的命脉在树",并指出:"要统筹山水林田湖草沙系统治理,实施好生态保护修复工程,加大生态系统保护力度,提升生态系统稳定性和可持续性""全方位、全地域、全过程开展生态文明建设"。2022年,我国山水林田湖草沙一体化保护和修复工程成功入选联合国首批十大"世界生态恢复旗舰项目",有力传播了习近平生态文明思想。联合国环境规划署高度评价该工程是"全世界最有希望、最具雄心、最鼓舞人心的大尺度生态修复范例之一"。回顾近年来较为成功的建设案例,无不是采用统筹兼顾、多措并举、整体施策的方案方才取得成效。在2023年全国生态环境保护大会上,习近平总书记在总结新时代十年实践经验、分析当前面临的新情况新问题时再次指出:"要坚持系统观念,抓住主要矛盾和矛盾的主要方面,对突出生态环境问题采取有力措施,同时强化目标协同、多污染物控制协同、部门协同、区域协同、政策协同,不断增强各项工作的系统性、整体性、协同性。""要坚持山水林田湖草沙一体化保护和系统治理,构建从山顶到海洋的保护治理大格局"。

二、生态层次观

生态学包括从微观到宏观不同等级的生命体系，每个层次具有各自的结构和功能，对应不同的时间和空间尺度，高一层级的生物体系往往是低层次的环境系统，低层级的运行是高层级运行的基础，受到高层级的控制。把握这种层次等级及其对应的时空尺度，是认识和解决生态环境问题的重要手段，也为认识社会经济等复杂系统提供了认识论和方法论。

地球上的所有生命体具有共同的特征，在细胞水平有很高的相似度。但经过不断的演化分化，在不同的环境形成了具有不同生命形式和生命支持过程的复杂多样、具有层次的生命体系，从原子、分子、细胞、组织、器官、个体、种群、群落、生态系统、景观到生物圈，由微观到宏观，构成生命等级体系（图4-1）。每个层次具有各自的结构和功能，对应不同的时间和空间尺度，通常层次越高其对应的时间和空间尺度越大。在不同层次上，主导生命体系的环境要素不同，相应的生态因子具有不同的特征，因此生物体系也表现出不同的适应特征。

图4-1　生态学传统生态层次——个体、种群、群落、生态系统

在这样的多层次体系中，不同的组成成员起到了不同的作用，这启发我们要善于抓住各层次的主导因素，要能够抓住主要矛盾和矛盾的主要方面。例如面对植物群落及植被，我们更关注优势层的优势种，即建群种，它对群落结构和群落环境的形成具有明显的控制作用。当然，也应该注意的是，地球生命系统近40亿年的发展过程中，曾演化形成了无数的物种，尽管有些物种的影响力大一些，但是从未出现过绝对完美或无敌的物种，没有物种在与其他物种的竞争中处于绝对的优势，甚

至最大的物种往往受制于最小的生物，如大象、蓝鲸这类地球上陆地和海洋最大的生物，可能没有捕食它的天敌，但依然难以逃离微生物、病毒的致病致死及分解。任何一个物种都经历着与其他生物的协同进化，使得物种之间、物种与环境之间保持和谐的生态关系。

不同的生命层次受到不同的运行规律调控。在个体层次上，最核心的问题是有机体个体对环境的适应。环境因子如温度、湿度等通过影响生物个体的基础生理过程而影响生物的生存、生长、繁殖和分布。生物则通过形态结构、生理代谢和行为及生活史等各种性状来适应环境。

在考虑个体与群体关系时，我们还注意到，当群体中个体数量达到一定密度后，增长速度会逐渐减慢，最终在环境容纳量附近维持相对稳定。每个物种的种群规模（大小）和增长速度都受到其他物种以及生活环境的制约，尤其是养分或食物供应的限制。因此，任何种群都不会无限地增长。

群落是栖息在同一地域中动物、植物和微生物组成的集合，呈现出与种群不同的群体特征，包括群落的构建、结构、动态、多样性、稳定性等，物种之间的相互作用关系是影响群落特征的重要因素。

生态系统是一定空间中生物群落和非生物环境的集合，最重要的特征是具有能量流动、物质循环和信息传递等生态系统功能，而生态系统结构与功能之间的关系是这一层次的核心问题。生态系统对人类提供很多服务，被称为生态系统的服务功能，包括有支持服务、供给服务、调节服务和文化服务几大类。生态系统的支持服务主要是指提供氧气，参与和调节碳、氮和水循环，为维持地球生命基本生存条件提供支持。生态系统的供给服务主要是指向人类提供的产品，如：食品、淡水、纤维、木材、燃料、药品、观赏动植物的遗传基因库、水能等。生态系统的调节服务是指通过在空气质量调节、气候调节、水资源调节、侵蚀控制、水质净化、废弃物处理、人类疾病控制、生物控制、授粉、风暴控制等方面的功能，给人类提供了安全有益的环境。同时，生态系统也为我们提供了美学、精神、教育和休憩等文化服务功能。

生态学中的景观是指一定空间范围内，由不同生态系统所组成，具有重复性格局的异质性地域单元，是处于生态系统之上、区域之下的中度尺度。通常是具有异质性的地理实体，既是生物的栖息地也是人类的生存环境，因此具有经济、生态和文化多重属性。对于景观，最重要的因子是景观结构、景观功能和景观动态，格局与过程的关系是这一层次的核心问题。

生物圈包含地球上全部生物和一切适合于生物栖息的场所，包括岩石圈的上层、全部水圈和大气圈的下层。在全球气候变暖等全球性生态问题日益突出的背景下，全球生态学已成为目前备受关注的领域。

类比来看，人类社会具有个体、家庭、族群、社群、民族和国家等不同层次单元，高级社会单元也为低级单元的发展提供背景和条件，不同层次也拥有不同的运行规律，自然生态中各层次之间的关系，以及个体与群体之间的关系，可以为人类社会可持续发展提供启示。

三、自然动态观

自然动态观是一种认知自然界的观念，重点强调自然界的动态性和变化性。在这个观念中，自然被视为一个动态、相互作用的系统，不断地经历着变化和演变。

1. 一切皆变

从生态学的角度审视生物与环境的关系，借用哲学上的一个观念，一切皆变。"一切皆变"强调了生命体系及自然万物都在不断变化、演化的道理，而且，不同层次的生命变化的时间尺度还不同。

《逍遥游》有云：朝菌不知晦朔，蟪蛄不知春秋，此小年也。楚之南有冥灵者，以五百岁为春，五百岁为秋；上古有大椿者，以八千岁为春，八千岁为秋，此大年也。庄子在《逍遥游》中对不同层次生物生命周期的时间尺度做出了论述，描绘了不同层次生命对于时间感知的狭窄性和不同层次的时间观念。该观点在现代生物学的视野下依旧成立，不同生命层次变化有不同的时间尺度。比如，有些珊瑚的寿命可以长达几千年；陆地上的一些乌龟，如加拉帕戈斯象龟，寿命可达100余岁；而果蝇的寿命很短，通常只有几天到几周。不同类型生物寿命的差异主要体现在生命的不同层次上。

分子层次：生命的基本单位是分子。在分子层次上，生物分子的变化和演化可能发生在极短的时间尺度内，从纳秒到秒级别。这包括DNA、蛋白质和其他生物分子的变异、合成和互动。

细胞层次：单细胞生物和多细胞生物的细胞层次上的变化涉及更长的时间尺度，从小时到几年，包括细胞分裂、细胞分化和细胞死亡等过程。

个体层次：在个体层次上，动植物的生命周期可以涵盖从几小时到几十年的时间尺度，包括生长、发育、繁殖和老化等生命周期中的各个阶段。

群体层次：生物群体的演化和变化通常需要几年到几百年的时间，包括群体内部的遗传变异、适应性演化和物种间的相互作用。

物种层次：物种的形成和演化可能需要数万年到数百万年的时间。物种的起源和灭绝是演化的关键过程。

生态系统层次：生态系统的变化通常发生在更长的时间尺度上，从几百年到上百万年。生态系统的形成、演化和变化受到气候、地质和其他环境因素的影响。

目前尚未存在被普遍承认的永生生物。虽然有些生物可以通过无性繁殖、细胞再生等机制延长生命周期，但同时受到生理和环境条件的限制，无法实现真正意义上的永生。生物学界普遍认为，所有生物最终都会经历生命周期的终结，无法永远生存下去。生物的寿命受到遗传、环境、营养、疾病等多种因素的影响，即使是在最有利的条件下，生物也会逐渐衰老并最终死亡。

2. 季节变化和年际变化

季节变化是地球围绕太阳自转和公转引起的气象和生物活动的周期性变化。根据气温和日照时间的变化，人们将一年的时间划分为春、夏、秋、冬四季。而在地球上的一些区域（热带等），由于一年中气温和日照时间的变化不明显，通常将季节划分为雨季和旱季。但无论是春夏秋冬的四季变化，还是雨季、旱季的交替，季节变化对生态系统的影响是全方位的，包括气候、植被、动物行为、食物链等各个层面。

对于植物活动，季节变化同时影响植物生长过程和叶片动态。比如落叶树木在秋季落叶，作为在冬季保存水分和能量的一种策略。虽然常绿植物可能在不同季节表现出持续生长的现象，但植物体内的代谢活动会随着季节的变化进行调节。对于动物活动，季节变化引起动物在行为或生理方面的响应。为了适应气温、食物和繁殖条件的变化，一些鸟类、鱼类、哺乳动物等选择在不同季节迁徙到更适宜的地区，以寻找更加适宜的生存条件和繁殖环境。同时，许多动物选择在温暖的季节繁殖，以确保新生动物的适宜环境。季节变化同样影响人类的生产生活，比如农业生产活动依赖于作物种植和收获的季节模式等。

大自然的变化不仅四季有变，而且年际之间也有变化。年际变化受到地球内部动力学过程以及外部因素如太阳活动等多方面的驱动，影响着全球气候模式、水分的分布与循环和生物群落的结构与分布。例如，太阳的活动周期大约为11年，太阳黑子活动的高峰期影响地球的磁场、地表辐射，进而可能影响地球的气温和降水量。由于气候、人为影响和物种相互作用等方面在不同年际间的差异化表现，导致生态系统中某个或某些生态因子在不同年份之间发生变化。比如，在全球变暖的过程中，不断增长的年均气温会显著影响生态系统的功能与稳定性。温度对植物的生长速率、开花时间和果实成熟等过程具有直接影响。随着年均气温的升高，植物可能会在更早的季节开始生长，而植物生长也可能会受到升温过程的抑制。

生态系统中的物种的变化及其相互作用的变化是导致年际变化的重要因素。捕食者与被捕食者之间和植物与传粉者之间的相互作用，都可能造成生态系统的年际变化。例如，在某些年份中某一物种的天敌数量激增，导致该物种被捕食的压力增大，从而通过食物链影响整个生态系统的动态平衡。

人类活动是驱动生态系统出现年际变化的重要因素之一。例如，森林砍伐、土地利用变化、环境污染等人为因素都可能导致生态系统结构和功能产生年际变化。这些因素不仅对当地生物多样性产生影响，还可能对全球生态系统的稳定性造成长期影响。

3. 演替变化

演替变化是指一个区域中的生物群落及其生态系统随着时间推移而发生的有序变化。从初生的荒原到繁茂的森林，演替过程的每一步都体现出植物间的相互竞争与相互依存，创造出丰富多彩的生态景观。

1896 年，美国植物学家考尔斯在密歇根湖南岸沙丘中发现，当某些植物死亡时，死亡植物分解出的物质为新植物的生长繁殖创造了有利的条件。随着植物的不断死亡，甚至会有更多的植物在该区域生长。根据此现象，考尔斯提出了生态演替的概念。演替过程将一直持续，直到出现一个相对成熟和稳定的生物群落，而这种群落的形态由该地区特定的气候和土壤特征决定。例如，在温带地区，落叶林可能占主导地位，热带雨林往往在热带地区占主导地位。

比如，在刚刚通过火山活动或冰川凹陷而形成的一块陆地上，起初并不存在生命活动。但当地表岩石暴露在风、水和温度波动的作用下时，将逐渐受到侵蚀并导致原始土壤的出现。随后，第一批植物和微生物会进入该区域，并加速区域内土壤的形成。随后会有更多的植物物种进入该区域，并通过植物根系和凋落物创造更多的土壤。当该区域的植被达到一定的规模后，食草动物会进入该地区，随后是食肉动物。在此过程中，新物种会不断地进入到这个区域，直到该区域逐渐形成一个完整的生态系统。

演替分为初生演替和次生演替。初生演替是指在从来没有被植物覆盖的地点，或者原来存在过的植被被彻底消灭的地点发生的演替。而次生演替指在原有植被虽然已经不存在，但原有的土壤，甚至土壤中植物的种子或其他繁殖体得以保留的条件下发生的演替。新生火山岛的生态演替过程是典型的初生演替，而森林在火灾之后的演替过程则是典型的次生演替。在森林火灾中死亡的动植物所释放的营养物质，为后续植物的生长提供了适宜的条件，导致先锋草本植物很快在该区域开始生长繁衍。几年后，灌木和乔木陆续开始生长。随着区域内的乔木不断生长，林下区域的阳光逐渐被遮挡，林下低矮的草本植物和灌木逐渐被取代，在此过程中森林逐渐形成火灾前的群落结构。

4. 微进化与大进化

在地球上的漫长历史中，生命不断演化、繁衍、适应着不同的环境。物种进化，就像一部壮丽的史诗，记录着生物在演化长河中的无尽变迁。从原始的单细胞到多样复杂的生物体，每一个进化的脚印都昭示着生命的不息奋斗。

在 18 世纪之前，大多数人认为植物和动物物种的数量和形态会一直保持不变。但这一观点受到了启蒙运动（1715—1800 年）和工业革命（1760—1840 年）的挑战。启蒙运动的特点是科学的进步和对宗教正统的不断质疑，比如对上帝在七天内创造了地球和所有生命的质疑。另一方面，随着工业革命的快速发展，在修建运河、铁路和开采矿山以及采石场的过程中，发现了大量的动物、植物化石，而这些化石的形态与当时存在的物种并不相同。

实际上，地球上的物种处于不断进化的过程中。1800 年，法国博物学家拉马克提出了生物在生命活动中获得的特征可以被后代继承的观点，并且，该特征在多代继承与积累的过程可能会从根本上改变物种的解剖结构，即"获得性遗传"原则。此后，拉马克进一步发展了他的观点，认为物种使用或不使用身体的某一部位，最终会导致该物种的这些特征变得更强、更弱、更大或更小，即"用进废退"原则。其后半个多世纪，达尔文以自然选择为基础提出了进化论并拒绝了拉马克的许多观点。达尔文认为，自然选择是生物进化的关键机制，导致生物产生不同的生存率和繁殖能力，即具有最适合环境的性状的个体更有可能生存和繁殖，并通过基因将自身的性状传递给更多的后代，因此具有该性状个体的比例在种群中更大。而当个体的性状不能很好地适应所在环境时，由于不能繁殖或者只能产生较少的后代，该性状将在种群中逐渐消失。

生物的进化过程又可以分为"微进化"和"大进化"两种类型。微进化是指局限于物种内部的短期进化（如遗传漂变和基因流动等），此时物种内虽然发生了某些变异，但这种变异并没有积累到导致新物种产生的水平；而大进化涉及相对较长的时间尺度，种群之间的演化和物种形成更广泛的生物多样性和复杂性的变化，通常会导致新物种的产生。微进化和大进化的概念并不具有严格的划分，而是在物种进化过程中相互关联、互相影响。

四、生存适应观

1. 生物的适应方式

适应是所有生命的基本属性。从极地到热带,从高山到深海,生物在各种环境中演绎着生存的奇迹。生物通过进化的力量,不断调整自身结构和功能,以适应环境的挑战。

生物的适应性如何,主要体现在生存和繁衍,这些又通过自身的性状与应对环境的有效性而反映出来。生物对环境的适应体现在方方面面,比如对温度、水分、光照、气候、食物和氧气等条件的适应。例如,动物通过调节自身代谢过程、增加或减少羽毛或体毛的厚度和改变体表颜色等行为,以适应外界不断变化的温度。沙漠植物通常具有节水机制(针状叶、调节气孔等),以适应干旱环境。有些动物(熊、刺猬和松鼠等)通过冬眠状态节省自身能量,以度过寒冷的冬季。有些动物进化出不同类型的牙齿或消化系统,以适应不同的饮食习惯。高海拔地区的动物一般具有更多的红细胞,以适应氧气稀薄的环境,等等。生物对环境的适应性是在进化过程中基因突变和自然选择双重作用下的结果,使得生物能够在各种环境条件下生存繁衍,从而维持种群的繁荣与稳定。

1898年,德国植物学家席姆珀在世界不同的地区,于相似的气候条件下发现了相似的植被类型。因此,席姆珀认为一个地区的主要植被类型和气候之间具有明确的关系,气候是决定植物是否生长的关键因素之一。在之后生态学不断发展的过程中,关于生物适应环境的规律出现了很多以提议者命名的法则,例如伯格曼法则和艾伦定律等。伯格曼法则指出,相似的动物往往在高纬度或高海拔地区体积更大(如黑熊和北极熊)。伯格曼法则在鸟类和哺乳动物中是完全合理的,因为体积大的个体在寒冷的情况下热量损失相对较少。艾伦定律认为,哺乳动物的尾巴、耳朵和其他突出的结构在温暖环境中会比寒冷环境中更大。比如沙漠狐以大耳朵著称,平均长度可以达到15厘米;而北极狐耳朵较小且紧贴头部,以减少散热。在寒冷条件下,小体积动物会比形状相似的大体积动物更难保暖。因为生物的体表是散热的主要途径,而小体积的生物比表面积更大,热量更容易散失。因此,蝙蝠和老鼠等动物睡觉时会挤在一起以维持体温;而熊可以独自进行长时间的冬眠。同时,低矮的植物容易被食草动物啃食,而过于高大的树木容易被风吹倒。所以,生物体积的大小并不存在绝对的优劣性,更重要的是能否与环境相适应。

2. 极端环境下的适应

生物对极端环境的适应，是大自然中一场惊心动魄的求生之旅。在冰封的极地、炎热的沙漠、深邃的海底和高海拔的雪山，生命以其顽强的意志和惊人的创造力，勇敢地挑战着极端环境的重重考验。

生物对极端环境的适应是在漫长的进化过程中形成的，使生物能够在极端条件下得以生存和繁衍。生物对极端环境的适应通常涉及生理、行为和形态学上的变化，以确保生物能够在恶劣的环境条件下维持生存。极端环境一般包括高温或低温、干旱、高海拔、高压、高盐度和过量重金属等。

在极端环境中，生物需要采取特殊的适应性策略来减少资源的消耗和对必需资源的获取。比如，①耐寒适应：在极寒环境中，大型哺乳动物北极熊和海豹等演化出了浓密的体毛和厚重的脂肪层，并会在捕食过程食用足够多的食物，以维持体温；②耐热适应：在沙漠地区的高温条件下，某些植物演化出特殊的节水结构，如厚实的叶片或多刺的表面；某些动物则采用夜行性行为，避免白天活动；这都是为了防止水分资源浪费；③高海拔适应：在高海拔环境下，某些高山哺乳动物和鸟类进化出发达的呼吸系统，以提高氧气的吸收效率，某些植物则通过增加气孔密度来增加气体交换效率；④深海适应：某些深海鱼类演化出抗压的鳃和柔软的身体结构，以抵抗深海高压获取资源；⑤耐贫瘠适应：在盐碱地及养分贫瘠的环境中，某些生物可以减缓代谢或调整体内的化学反应，减少对资源的需求，延长生物在极端条件下的存活时间。

对极端环境的适应使得生物能够在不同的极端环境中生存，表现了生命面对各种环境挑战的出色适应性。生物的这些特征往往是在自然选择和进化过程逐渐积累进而获得的，使得生命能够在更广泛环境条件下传播与繁衍。

3. 对生物环境的适应性

生物的适应，不仅要对自然的光温水气热等环境条件的适应，还要与它们所处空间中的其他生命相处、相适应。1968年，美国心理学家卡尔霍恩利用小白鼠进行了一项名为"白鼠乌托邦"的社会学实验。卡尔霍恩搭建了一个可以容纳3840只小白鼠生存的巢穴，分别放入4只公鼠和母鼠，在食物资源充足、环境适宜、没有疾病传播和天敌威胁的条件下进行繁衍，得到的实验结果与人们预期的大相径庭。在实验前两年，白鼠个体的数量快速增加，曾一度达到2000余只。但之后的三年时间内，白鼠群体由于一系列的社会行为问题迅速崩溃进而灭亡。因此，如何与种群中的其他个体相处和如何与其他物种相处，是生物在适应与进化过程中所面临的另一个重要问题。

生物对生物环境的适应性主要体现在物种内和物种间的两个层次上。在物种内，动物之间会在食物、领地和配偶选择等问题上发生冲突。相较于物理环境的变化，其他生物行为对生物个体的影响更为直接且迅速，需要生物在有限的时间内做出应对。英国进化生物学家史密斯认为，物种个体已经进化出了应对其他个体行为的程式化反应。史密斯在1972年提出了一种被称为进化稳定策略的理论。该理论有助于解释个体的行为策略和自然选择过程的关系。史密斯认为生物环境如同温度和光照等环境因素，同样会影响动物的行为。而进化稳定策略可以使动物个体适应其他个体的行为，从而获得更多传递基因的机会。对史密斯的进化稳定策略最简单的演示是一种"鹰鸽游戏"。当冲突发生时，动物个体可以选择"鹰派策略"坚持战斗；或选择"鸽派策略"主动妥协并避让。选择"鹰派策略"的个体将在冲突中击败选择"鸽派策略"的个体，但与同样选择"鹰派策略"个体的战斗中可能会受到严重伤害。选择"鸽派策略"的个体通常能避免冲突与伤害，但会在避让过程中浪费时间与机会。

生物在物种之间的适应性，主要体现在竞争、捕食和互利共生等方面。而物种之间的相互关系，主要取决于物种各自的生态位。我们假设有这样的一个虚拟空间，任何一个物种在该空间中都能独立维持种群的稳定。现在将两个物种引入到这个空间中，并聚集在一起。那么该空间中的两个物种基本存在以下三种可能的结果。第一，两个物种利用空间的方式不同，即生态位不同，因此两个种群都能生存下来。比如，进入该空间的两个物种是麻雀和鲤鱼，那么两个种群都会维持生存和繁衍并互不干扰。第二，两个物种的生态位重叠且处于竞争关系。例如空间中引入两个甲虫种群，甲虫种群都会分泌化学物质以毒害另一个甲虫种群，但分泌的化学物质对自己种群的成员没有影响。在这种情况下，哪种甲虫能够生存取决于两个甲虫种群分泌化学物质的初始浓度，或进入该空间的早晚。第三，引入空间的一个物种明显比另一个物种更适应该空间的环境。适应环境的物种将通过竞争获取更多的资源，最终成为空间内的唯一物种。这三种情况都与这两个物种的生态位性质有关。在第一种情况下，空间中的生态环境同时包含了两个物种的生态位，而且生态位不存在交集。在第二种情况下，两个物种的生态位在该空间中存在交集，进而导致竞争。第三种情况下，两个物种的生态位存在交集，而且空间中的生态环境更多位于获胜物种的生态位内。

4. 适应组合

适应组合是大自然创造的一项神奇工程，展示了生物在不同环境中迸发的多样化智慧。无论是极地冰原、炎热沙漠还是丛林深处，生物都以其独特的形态和功能，完美适应着周围的环境。

在生物适应生态环境的过程中，如果仅仅演化出单独的适应性特征，很难在复杂多变的环境中维持种群的生存与繁衍。因此，生物体在特定环境中往往会发展出一套相互协调的适应性特征，以便更有效地适应当地环境和利用自身生态位。而这一系列相互协调的适应性特征被称为适应组合。适应组合可能涉及生物的结构、生理、行为、遗传和生态等多个层面，共同帮助生物体更有效地适应生存环境。

比如，沙漠是地球上的极端环境之一，生长在沙漠中的植物随时面临着高温、干旱和贫瘠土壤等环境的挑战。与此同时，沙漠中的植物通过一系列的适应性特征，展现出了适应环境的惊人能力。一方面，沙漠植物通常具有小而细的叶片，以减少水分的蒸发。同时，植物根系通常生长的比较深，以便能够获取地下水源。一些沙漠植物具有厚重、多层的表皮，以减缓水分的蒸发过程。沙漠植物的气孔可能位于叶片的底部，减少水分损失，并且有些沙漠植物可能在适宜的条件下，迅速生长并开花，在短暂的水源相对充足的时间内完成生命周期。另外，沙漠地区通常具有较大的风沙，植物一般低矮或匍匐生长，以减少风沙的侵袭。这些适应组合帮助植物在沙漠环境中生存，能够更好地应对沙漠高温、干旱和土壤贫瘠等条件。

沙漠植物不仅从形态综合上应对极端环境，而且在新陈代谢上演化出一套相应的生理适应策略——通过在夜间开启气孔并收集二氧化碳，然后在白天进行光合作用，以最大程度地减少水分蒸发。为此，很多仙人掌科的植物叶片演化为肉质厚实的组织，减少表面水分蒸发，并储存水分；气孔在夜间开启用于吸收二氧化碳，并将其转化为有机酸，储存在细胞液中；气孔在白天关闭，防止水分流失；白天通过使用夜间吸收的 CO_2 进行光合作用，以减少水分蒸发，提高光合效率；采用缓慢的生长模式，以减少对水分的需求，选择在水分丰富时期进行快速生长，并在干旱期维持静止状态。

企鹅通过一系列的适应性特征，成功地适应了南极极端寒冷的环境。比如企鹅具有浓密、紧密排列的羽毛，能够有效地阻挡寒冷的空气，减少了体温的散失。企鹅羽毛的表面通常具有一层特殊的蜡状物质，可以使水滴迅速从羽毛上滑落，保持羽毛的干燥。同时企鹅体内储存有大量的脂肪，不仅为企鹅提供了额外的能量储备，还有助于维持体温和防寒。另外，企鹅可以通过社会行为以适应寒冷环境，包括聚集成群以共同维持体温、将脚收缩到羽毛中以减少散热等。同时一些企鹅会在寒冷的季节进行迁徙，寻找更加适宜生存和繁殖的场所并躲避极端寒冷的环境。

以上多种适应性特征的组合，有助于维持生物种群的稳定性，并提高生物在复杂、多变和极端生态环境中的生存能力。

5. 适应中权衡

适应中的权衡，是生物在面对环境挑战时的智慧抉择，如同一场生命的平衡之舞。在不同的环境条件下，生物需要在各种生存需求之间做出权衡，以求最佳的适应策略。

权衡是指生物在适应环境时，需要在有限的资源获取与资源利用配置之间找到平衡。在自然界，生物常常面临着对各种生存需求和环境条件的取舍，以提高生物个体或种群的生存能力和繁衍效率。因此，生存和繁衍是生物权衡的最终目的，并体现在生物生存和繁衍过程中的方方面面。图4-2展示了食草动物威胁大或小时，植物光合作用捕获的能量用于防御或生长。

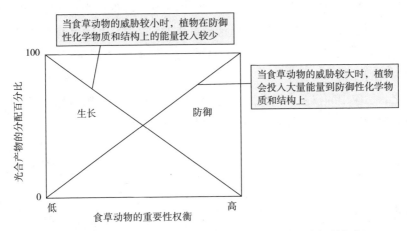

图4-2　在光合作用中捕获的能量用于生长或防御之间的权衡

（当食草动物的威胁显著时，我们预计植物会使用更多的能量用于防御。这种能量分配会减少叶子、枝条、种子和根的潜在生长）

能源分配　生物必须在生长、繁殖、维持体温等多种生命活动之间分配有限的能量。在适应环境的过程中，生物可能需要在这些生命活动之间找到平衡，以满足生存和繁衍的需要。

生殖投资　在自然界中，生物的繁殖过程往往伴随着极高的风险，尤其是动物。因此，生物在繁殖方面的投资是一个重要的权衡因素。洄游是鲑鱼繁殖的重要过程，成熟的鲑鱼将从海洋向河流上游迁移，以寻找合适的繁殖场所。一旦完成繁殖后，洄游的鲑鱼将陆续死去。而有些物种可能更注重自身的生存，相对减少繁殖的投资。比如野外大熊猫的平均寿命可以达到10年以上。在此过程中，成熟的雌性大熊猫一般两年才会进行一次生育，同时幼崽的成活率极低。

食物选择 生物在选择食物和获取资源时需要进行权衡。尤其是捕食者（狮、虎、熊等）需要在获取高能量食物和捕食风险之间做出权衡。

行为和生理适应 生物可以通过行为适应（如改变活动时间、迁徙）或生理适应（如改变代谢率、身体结构）来应对环境的变化。但生物可能需要平衡这两种适应性方式，以实现最佳的生存和繁衍策略。

互利共生 在适应环境和权衡的过程中，物种间会达到互利共生的种间关系。比如鳄鱼鸟经常进入鳄鱼的口腔中，清理鳄鱼牙缝间的食物残渣与寄生虫，但不会遭受鳄鱼的攻击。

权衡过程，不仅仅出现在自然界，人类社会发展和自然资源保护间的权衡也十分常见。比如，人类通过捕鱼活动满足社会和经济的发展。为了防止捕鱼对当地鱼群数量和结构的过度破坏，往往会限制捕获的数量。在保持渔业产量不变的同时，通过仔细选择鱼类的种类以降低捕鱼活动对鱼群的影响，并通过调整渔网的大小，捕捉经历过一个或多个繁殖季节具有较低繁殖价值的大鱼，从而保证鱼群数量在短期内能够得到补充。

总之，适应中的权衡使得生物能够更好地适应环境的变化，提高生存和繁衍的成功率，对于生物个体和整个种群的生存和繁衍都具有重要的意义。

五、进化发展观

进化发展观强调生命过程随着时间尺度出现的演化。这包括物种和生态系统在漫长历史中的适应和变化。生物与环境相互作用的进化和发展这一视角，可以帮助我们更好地理解物种多样性的形成，为应对复杂的生态环境问题提供理论支持。

1. 生命的进化发展

生命的进化历程跨越数十亿年，从单细胞微生物到多样化生命。生态系统的形成和变迁、光合作用的出现、多细胞生物的出现和陆地植被的发展，构成了生命的丰富历程。随后，脊椎动物的登场、恐龙灭绝和哺乳动物的崛起，直至智慧生命——人类的出现，完整了这一壮丽史诗。

生命的进化历程是一个宏伟而又复杂的故事，贯穿了数十亿年的时间跨度，见证了地球从炙热的岩浆球到充满多样生命的蓝色星球的转变。这个漫长的历程包含了原始生命的诞生、物种的演化，以及地球生态系统的形成和变迁。

约38亿年前，最早的生命形式诞生了。这些生命形式是单细胞的微生物，在水中繁衍生息。最初的微生物可能是厌氧的，适应于没有氧气的环境，通过化学合成的方式获取能量，标志着生命在极端条件下的顽强适应。随着时间的推移，一些微生物发展出了光合作用，通过吸收阳光将二氧化碳转化为氧气。这重要的光合作用事件导致了氧气的积累，改变了地球的大气成分，形成了氧气丰富的环境。约20亿年前，多细胞生物开始在地球上出现，标志着生命从单细胞向多细胞的演化。多细胞生物的出现加速了生态系统的复杂性。

在寒武纪时期，大约在5.4亿年前，地球上发生了一场生命的盛宴，被称为"生命的大爆发"。在这个时期，海洋生物多样性迅速扩张，各类生物在海洋中繁衍生息，其中包括贝类、腔肠动物、蛇形动物等。这些生物的出现丰富了海洋的生态格局，构成了复杂的海洋生态系统。

随着时间的推移，植物开始向陆地进军，标志着生态系统的进一步扩展。最初登陆的植物主要是苔藓植物和蕨类植物，它们适应了陆地的环境，为陆地生态系统的形成打下了基础。植物的登陆不仅改变了陆地的植被，也为陆地上更复杂的生物群体的演化创造了条件。约3.6亿年前，脊椎动物的登场成为生态系统演化的关键时刻，开启了陆地生命的新篇章。脊椎动物的出现标志着脊椎动物门的形成，这个庞大而多样的门类包括了我们今天所熟知的鱼类、两栖动物、爬行动物、鸟类和哺乳动物。鱼类成为最早的脊椎动物，适应了水域环境，其多样性在海洋中迅速蔓延。鸟类的出现将生命的舞台推向了空中，它们的翱翔使得空气成为生态系统的一部分，形成了空中的食物链和生态平衡。这一时期的陆地生态系统逐渐形成了地球上多样而复杂的生命形态。森林提供了庇护和丰富的食物资源，草原成为许多动物的栖息地，沙漠中的生命则通过适应极端环境展现了顽强的生存力。

在约6600万年前的白垩纪末期，地球上发生了一场灾难性的大规模生物灭绝事件，导致了恐龙的惨烈灭绝，同时为哺乳动物的崛起和繁荣创造了前所未有的机会。哺乳动物以其独特的特征和智慧迅速填补了恐龙灭绝后的生态空白。它们的体温恒定、毛发覆盖、哺乳喂养的特点赋予了它们更大的适应性，使其能够在各种环境中生存和繁衍。哺乳动物的智慧和适应性为它们在地球上的成功生存奠定了基础。这些生物逐渐演化出更为复杂的社会结构和行为模式，使它们能够更好地适应不断变化的环境。最终，这一生命的崛起导致了智慧生命——人类的诞生。

人类作为哺乳动物中的一员，通过独特的智慧、社会性和文化发展，成为地球上最具创造力和适应性的生命形式之一。人类的出现不仅使地球生态系统更加复杂，同时也为生态平衡带来了全新的挑战。这一时期的演化过程是地球生态历史上的一个关键时刻，见证了哺乳动物的崛起和智慧生命的诞生。

2. 生命进化的动力

生命的进化是复杂而惊人的，受多种因素交互影响。自然选择是进化的关键引擎，有利性状逐渐积累，不适应的性状减少，推动物种不断适应和优化，以更好地生存。

（1）生物的遗传变异

遗传变异是推动生命进化的至关重要的动力之一。这一过程通过基因的突变和重组为生物体提供了丰富的多样性，为个体在不断变化的环境中寻找更好的适应策略创造了可能性。基因突变是指基因序列发生意外变化或改变的现象。这种遗传多样性的积累对于物种的长期存续至关重要。在生命的进化历程中，环境条件不断变化，而遗传多样性为生物提供了适应这些变化的基础。当环境发生变动时，某些个体可能因其特定的遗传特征更适应新环境，从而提高了其生存和繁衍的机会。这就是所谓的适者生存原则。

此外，遗传变异还为进化的新方向开辟了可能性。新的基因组合可能导致新的形态、功能或行为，为物种的演化带来创新和多样性。这种创新性的遗传变异在演化历程中扮演着推动物种朝着更高层次的生态适应性发展的角色。遗传变异的影响不仅仅局限于个体水平，它在群体和物种水平上也产生了深远的影响。通过遗传变异，物种能够适应不同的生态位，形成不同的亚种或种群，增加整个生态系统的多样性。

不难看出，遗传变异是生命进化中的核心动力，使得生命在演化的过程中保持着持续的活力和多样性，为地球上生物的繁荣和适应性提供了关键的支持。

（2）环境选择与生物适应

遗传变异提供了生物各种性状特征及其生存发展的诸多可能，但哪些性状和可能性能够保持或保留下来呢？这就是环境的定向选择作用。环境对生物的影响在于具有特定变异或特性的基因、性状、个体更有利于生存和繁殖，从而将这些基因和特性传递给下一代。这种自然选择是通过生存竞争实现的，其中具有有利变异的个体更可能在竞争中胜出，而具有不利变异的个体则可能被淘汰。这种过程是环境的定向选择作用的具体体现，它决定了哪些基因和特性会被保留并传递给后代。

地球的气候、地形和植被等因素的不断变迁是生物体适应性和生存能力演化的直接动力。环境的变化直接影响着生物体的生存和繁衍。例如，随着气候的升温或降温，某些物种可能逐渐适应新的温度条件，演化出更适应的生理机制。这样的适应性演化有助于物种在不同环境中生存下去。

生物体通过适应环境的变化来确保其生存和繁衍，这不仅推动了生命的多样性和适应性，也在地球上塑造了丰富而复杂的生态系统。环境变化是进化的催化剂，而生命的进化则是对这些变化的不断应对和适应的结果。

（3）种间相互关系

合作和竞争是推动生命进化的双重动力，这种相互作用在生态系统中通过不同物种之间的关系塑造了各自的特征和生存策略。在这个动态的生态舞台上，共生关系、捕食与被捕食关系等相互作用形式推动着物种朝着更复杂和高效的方向演化。共生关系是一种相互合作的关系，其中两个物种相互依赖以获取生存的利益。捕食与被捕食关系中，捕食者通过捕食其他生物来获取能量和养分，而被捕食者则通过进化出逃脱、伪装或其他防御机制来提高生存机会。这种相互作用推动了物种发展出更为灵活和适应性强的特征，以提高在生存斗争中的竞争力。资源竞争也是生态系统演化中常见的动力之一。物种之间为了获取有限的资源，如食物、栖息地和繁殖地，展开竞争。这种竞争促使物种发展出更高效的资源利用策略，以适应不断变化的环境条件。

显然，合作和竞争是生命进化中不可或缺的动力。这些相互作用形式推动了物种的演化，使其在不同的生态位中找到生存之道。合作和竞争的复杂性共同推动着生态系统中的物种朝着更为复杂和适应性更强的方向演化。

（4）复杂调节网络

生命的进化动力还受到生物体内部复杂的调节和平衡机制的影响。这包括基因的表达调控、细胞信号传导和生理调节等多层次的生物学过程，使得生物体能够在不断变化的环境中保持相对的稳定性。

基因的表达调控是生命进化中至关重要的一环。生物体通过对基因的调控来适应环境的变化。这涉及启动或抑制特定基因的表达，以产生适应性更强的特征。细胞信号传导是生物体内部相互沟通的关键过程。细胞通过分子信号的传递来调节各种生物学活动，包括生长、分化、凋亡等。这种精密的调控机制使得生物体能够对外部环境变化做出及时的响应，维持内部平衡。生理调节则涉及生物体对内外环境的动态调整。例如，温度调节、水分平衡、新陈代谢调控等生理过程使得生物体能够适应不同的生态条件。这种内部的调节机制在进化的过程中不断优化，使得物种能够更好地适应多样的环境。

3. 生命进化的方向

生命的进化方向涉及漫长的进化历程中生物体形态、功能、行为等多个方面的演变。这个过程既受到自然选择的影响，也受到环境的塑造，从而塑造了地球上极为丰富多样的生物多样性。

生命的进化方向显现在生物体复杂性的逐渐增加上。起初，地球上存在着简单的生物体，它们的结构和功能相对单一。然而，随着漫长的进化过程，生物体逐渐变得更为复杂和多样化。这种复杂性的增加涉及生物体的结构、功能、器官系统等多个层面。细胞内的各种器官和细胞器逐渐演变和特化，形成了高效的生物功能。多细胞生物的出现引入了组织、器官和系统层次的组织结构，使得生物体内部协调复杂的生理过程。

物种的演化在生命的进化方向中扮演着至关重要的角色。物种的形成和分化是推动生态系统多样性的引擎。生命通过漫长的进化过程，不断形成新的物种，同时一些物种会分化出不同亚种，形成生物多样性的基础。生态系统中的不同物种占据着不同的生态位。这些物种相互适应和竞争，导致了复杂而多样的相互作用网络。物种之间的相互依存关系和竞争关系形成了生态平衡，这是一个相对稳定的状态，其中各个物种的数量相对保持平衡，生态系统不会轻易受到外界干扰而崩溃。物种的多样性不仅为生态系统提供了结构上的丰富性，也提高了整个生态系统的稳定性。生态系统中的多样性使得生命体系更具有弹性，能够更好地应对外部环境的变化。一个生态系统中拥有多种不同的物种，可以相互弥补，形成生态网络中的负反馈循环，从而维持生态系统的稳定性。因此，物种的演化不仅仅是形成新的生物形态，更是为整个生命体系的多样性和稳定性提供了支持，体现了生命在进化过程中对于适应性、多样性和生态平衡的追求。

从环境角度看，生命的进化方向受到地球气候、地形、植被等多个方面的影响。地球环境的变迁在漫长的进化过程中成为塑造生物体特征的重要动力，生物逐渐适应并演化出更为适应新环境的特征。地球环境的多样性和变化性为生命体提供了适应新条件的机会，生物通过进化不断调整自身的特征，以适应不断变化的地球环境。这种与环境的互动推动了生命进化的方向，形成了我们今天所见到的多样而复杂的生物体系。

作为一个物种，人类的演化是一个经历数百万年的复杂过程。从灵长类动物到现代人类，经历了生理、文化和智力等多方面的演变，是一个漫长岁月的精彩进程。

总体而言，人的进化是一个逐步演变的过程，从最早的直立行走的灵长类动物到现代智人，演化过程中发生了多次的物种分化和文化革新。人类的智力、社会性和文化特征的不断发展，使得我们成为地球上最为成功的物种之一。然而，人类的进化过程仍在持续，我们对自身演化的理解也在不断深化。

4. 可持续发展

人类的进化发展，使人类成为地球上分布范围最广、繁衍扩展速度最快的一个物种，极大改变了地球的面貌和格局。问题是，人类过去和现在生存发展的成功，是否能够持续不断下去呢？这就是人类社会的可持续发展问题。

可持续发展是指在满足当前世代需求的同时，确保不损害未来世代满足其需求的能力。作为一个原理或原则的提出，源于对人类活动给自然界带来的巨大影响以及对未来再发展机会的关切。这一原则在 20 世纪后期逐渐引起广泛关注，成为全球范围内政府、企业和社会组织的共识，涵盖了社会、经济和环境等多个方面，旨在创造一个长期稳定、平衡的生态系统。

可持续发展原理强调了环境的可持续性。人类的生存和发展离不开地球自然生态系统的支持，包括空气、水、土壤和生物多样性等。为了保护这些基本的生态系统，必须采取措施来减缓对环境的破坏，促使自然资源的合理利用。这意味着在生产、消费和其他人类活动中，应该优先选择对环境影响较小的方式，减少对自然资源的过度开采和污染。

目前人类社会面临影响可持续发展的全球性挑战，如气候变化、生物多样性丧失、大气和海洋污染等，需要国际社会共同努力。可持续生态原理强调了全球合作的重要性，倡导跨国界的协同行动，共同制定并实施可持续发展的战略。国际间的合作有助于共享资源、技术和知识，共同应对全球性的环境和社会问题。在实践中，可持续生态原理体现为一系列政策、法规和行动。这包括推动可再生能源的发展，减少碳排放，推行绿色建筑和可持续城市规划，加强环境保护和生物多样性保护，促进社会公正和包容，以及采用可持续的生产和消费方式等。

六、整体协同观

整体协同观是一种系统思维的范式，突出了系统内部各部分的相互作用和系统与环境的互动。它强调系统性、协同作用和动态性的集合，有助于理解复杂生态系统的稳定性和变化。在生态环境问题中，它为多元系统交互、跨学科合作、应对不确定性和制定可持续管理策略提供了理论和方法支持。

1. 生命内部机能的协同

生命内部机能的协同是各级生物体内部不同器官、组织、细胞之间的协调配合，确保生命体系的平衡和正常运行。

首先，细胞内的协同作用在许多生物学过程中起到关键作用，其中一个重要的例子是细胞膜上的受体与信号分子的互动。当外部信号分子与细胞膜上的受体结合时，这个事件触发了细胞内的信号传导通路。这一过程可以比喻为一场精密的交流，将外界信息传递到细胞内，从而调控细胞的生理状态。举例而言，胰岛细胞上的受体能感知血糖水平的升降。当血糖升高时，受体感知到这一变化，通过信号传导通路，促使细胞释放胰岛素，进而调节血糖水平。这种协同作用使得细胞能够在不断变化的环境中维持相对稳定的内部状态，促使整个生物体的正常运作。此外，细胞内还存在许多协同工作的例子，比如细胞的代谢过程、细胞器的协同运作等。细胞核内的遗传物质在复制过程中也涉及众多蛋白质的协同合作，确保基因的正确复制和传递。因此，细胞层面的协同不仅是生命机能的基础，也是维持生物体内部平衡、适应外界环境变化的关键。这种协同机制反映了生命体系中微小组成部分之间相互联系的奇妙复杂性。

其次，组织和器官的协同使得生物体能够更为高效地执行各种生命活动。不同组织和器官在结构和功能上相互关联，通过神经、内分泌、免疫等系统的协同作用，使得生物体能够适应外部环境的变化。例如，心脏、血管、呼吸系统等协同工作，维持血液循环和供氧，确保细胞得到足够的养分和氧气。在生物体的层次结构上，各个器官系统通过协同配合，形成了更高层次的生命功能。比如，消化系统吸收养分，循环系统将养分输送到各个细胞，呼吸系统提供氧气，这些系统通过协同作用，维持了生命的运行。生命内部机能的协同也表现为机体对外部环境变化的适应性。通过反馈机制，生物体可以感知外部变化，然后通过神经系统、内分泌系统等对内部环境进行调整，以保持内稳态。这种协同的适应性使得生物体能够在面对各种挑战时保持生命的稳定性。

生物体内部机能的协同不仅关系生理功能的平衡，还牵涉生命周期和繁殖的关键过程。在生物的发育阶段，各个器官和系统之间的协同作用呈现出动态变化，以适应个体在不同生命阶段的需求。首先，生物体的发育过程中，从胚胎到成体，各个器官系统的协同发育是一个复杂而协调的过程。胚胎发育涉及胚层的分化、器官的形成，这一过程需要精确的遗传信息传递和严密的信号通路协同。例如，在胚胎发育的早期，神经系统和肌肉系统的协同发育对于正确形成运动系统至关重要。这是一个由多个细胞和组织协同分工完成的过程，确保个体在发育中获得正确的身体结构和功能。其次，在生命的成熟阶段，各个器官系统的协同作用仍然是维持生理平衡的关键。例如，心血管系统、呼吸系统、消化系统等相互协同，确保供应足够的氧气和养分到达各个细胞，同时排除代谢废物。这种系统层面的协同保证了生命体的正常生存。另一方面，生命的终结阶段也涉及各个系统的协同配合。在老龄化过程中，生物体的各个系统逐渐减弱，但仍需协同应对。这一阶段可能涉及免疫系统的适应，以应对疾病的风险增加。这种协同机制帮助生物体在自然演化中完成整个生命周期。

最后，生物体的繁殖也需要生理系统之间的协同。生殖系统的正常功能与内分泌系统、神经系统等有着紧密的联系。雄性和雌性生殖系统的协同作用通过激素的分泌、生理周期的调控等确保了繁殖的正常进行。

2. 生物与生物之间的协同

从互利共生到竞争压力，这些协同关系构成了生态网，维持着生态平衡的美妙秩序。例如，植物与微生物的共生、竞争与合作之间的微妙平衡。

首先，值得关注的是互利共生的协同关系。在自然界中，很多生物通过共生关系实现了相互的利益。典型的例子是植物与根际微生物的共生。植物通过根系分泌物质吸引土壤中的微生物，而这些微生物又为植物提供养分、促进其生长。这种协同关系不仅使得生物个体获益，也对整个生态系统的物质循环和能量流动产生积极影响。

其次，竞争与合作之间的微妙平衡展现了生物之间复杂的协同关系。同一物种之间可能因为资源的争夺而展开竞争，但在生态系统层面，这种竞争也推动了物种的进化和适应性变化。竞争的激烈性有时候促使物种差异化，避免直接的竞争，形成生态位的分化。同时，生态系统中的合作也在某种程度上缓解了竞争压力。例如，大草原上的动植物之间通过共同的食物链关系形成了一种生态平衡，相互依赖、相互影响。

另外，捕食者与被捕食者之间的协同关系也是生态系统中的重要组成部分。捕食者与被捕食者之间的关系既体现了竞争的一面，同时也反映了一种生态平衡。捕食者通过控制被捕食者的数量，保持了生态系统中物种的多样性和相对稳定性。这种协同关系的调控机制保持了生态系统的健康状态。

此外，群体行为也是生物之间协同关系的一种表现。蜜蜂的群体采集花粉和制作蜂蜜、狼群的合作狩猎等行为展示了群体生物在协同中的力量。这种协同使得生物群体能够更好地适应环境、提高生存机会，也为整个生态系统的稳定性和演化提供了有益因素。

最后，物种之间的相互依存关系也是协同的一种体现。一个物种的数量、分布、行为都可能影响其他相关物种。这种相互依存关系中，物种之间形成了错综复杂的网络，相互制约、相互依赖。这些相互依存关系使得生物群落更加丰富多样，提高了整个生态系统的稳定性。

总体而言，生物与生物之间的协同关系是生态系统中不可或缺的一部分。无论是互利共生、竞争与合作、捕食与被捕食、群体行为还是相互依存关系，这些协同关系构成了错综复杂的生态网，维持着自然界生态平衡的美妙秩序。这种协同关系不仅是生物个体的适应策略,更是整个生态系统繁荣发展的基石。

3. 生物与环境之间的协同

生物与环境之间的协同关系是自然界中至关重要的互动机制,涵盖了生态系统内外的各种相互作用,从微观到宏观,形成了错综复杂的生命网络。

首先,从基础的水分、光照、温度等环境要素来看,生物体与环境之间存在着精密的协同关系。植物通过光合作用,将太阳能转化为化学能,同时释放氧气,为其他生物提供了生存所需的能量和氧气。水域生态系统中,微生物通过降解有机废物,维持水体中的生态平衡。这些基础的环境要素构成了生物体生存和繁衍的基础。

其次,生物对环境的适应性和调控能力是协同关系中的关键因素。生物体通过进化,逐渐发展出适应不同环境的特征和机制。例如,动物的迁徙行为使其能够在季节性环境中寻找更适宜的生存条件。植物则通过根系的伸展、气孔的调控等生理机制,适应不同土壤和气候条件。这种生物对环境的主动适应性,保证了它们能够在多样的生态环境中生存。

最后,生物与环境之间的物质循环和能量流动是协同关系的重要表现。生物通过摄取、吸收和分解有机物质,将其转化为能量和养分,维持了生态系统内的物质循环。植物通过光合作用将二氧化碳转化为氧气,为其他生物提供氧气,并参与大气中的碳循环。这种物质循环和能量流动在生态系统中形成了相互依存的协同关系,构建了复杂的生态平衡。

在更广泛的生态系统层面,生物体与环境之间的协同表现为生物多样性和生态系统的稳定性。不同物种之间相互竞争、合作、捕食,形成了丰富的生物多样性。这种多样性不仅本身具有生态、经济和社会价值,还为生态系统提供了更强的适应性和抗干扰能力。生物多样性的丧失可能导致生态系统的不稳定和崩溃,因此维护生物多样性成为生态保护的核心目标。

生物与环境之间的协同关系还体现在生物群落的形成和演化上。不同种群之间通过竞争、捕食、共生等相互作用,形成了动态平衡。生物群落的演化过程中,适应性更强的物种能够在环境中占据主导地位,形成相对稳定的生态格局。

总体而言,生物与环境之间的协同关系是维持整个生态系统健康运转的基石。这种协同关系在漫长的生物进化过程中逐渐形成,并在生态系统中不断调整和完善。从微观的细胞水平到宏观的生态系统水平,这种协同关系以错综复杂的方式展现,呈现出生命与环境和谐共生的奇妙景象。因此,保护和强化这种协同关系,成为维护地球生态平衡和可持续发展的关键所在。

4. 生态环境问题的复杂性

生态环境问题的复杂性源于多个层面的交织，涵盖了自然系统、人类社会以及它们之间错综复杂的相互作用。

首先，多元系统交互是生态环境问题复杂性的核心。这不仅仅是一个生态系统内部的问题，还是由多个生态系统相互关联形成的网络。例如，气候变化与生物多样性、土地利用变化、污染等环境问题相互交织，形成一个错综复杂的生态网络。这种相互作用导致了问题的深层次关联，使得在某一方面的变化可能在其他领域引发连锁反应。

其次，时空尺度的变化增加了生态环境问题的难度。这些问题不仅涉及不同的时空尺度，而且在这些尺度上表现出截然不同的特征。某些环境问题可能在短时间内迅速产生显著影响，如气候极端事件，而其他问题则需要几十年甚至几个世纪的时间尺度来观察和理解。这使得问题的治理和预测变得更加困难。

不确定性和非线性效应是生态环境问题的另一重要方面。不确定性表现在自然系统和人类社会的响应上，这种响应往往是复杂和不可预测的。同时，非线性效应意味着系统的响应并非简单的线性关系，可能包含非线性的反馈和累积效应。这使得生态环境问题的演变更趋向于突发性和不可控性。

生态系统的复杂性受到生物多样性和生态系统结构的影响。生物多样性的丧失可能导致生态系统的不稳定性，而生态系统的结构则影响能量流动和物质循环，从而影响整个生态平衡。人类活动的多样性也增加了生态环境问题的复杂性，因为涉及资源开采、工业化、城市化、农业实践等众多方面，这些活动之间相互影响，构成了复杂的驱动力网络。

生态环境问题的演变呈现出全球性挑战。全球气候变化、海平面上升、生物多样性丧失等问题跨越国界，解决方案要求全球范围内的合作。此外，科技的不断发展和人类社会结构的变化带来了新兴问题，如电子垃圾、微塑料等，使得生态环境问题的出现更加快速和多样化。

总体而言，生态环境问题的复杂性，要求解决这些问题需要跨学科的合作，需要全球性的协同努力以及长期的可持续管理策略，以更好地理解、预防和解决生态环境问题。

5. 整体协同观的意义

整体协同观是一种关于生命、生态和环境的综合理念，强调整个生态系统内各个组成部分之间的协同作用、互相依存，以及它们与外部环境之间的相互关系。

首先，整体协同观有助于我们更全面地理解生态系统的运作。传统的生物学往往关注生命个体、物种和直接相关的环境要素，而现代生态学的整体协同观将重心转移到它们之间的相互关系上。通过理解各个组成部分如何相互影响、互相支持，我们能够揭示更为复杂的生态系统运作机制，进而更好地理解和预测生态系统的变化。

其次，整体协同观提供了解决生态环境问题的综合性视角。生态环境问题往往涉及多个层面、多个领域，包括自然科学、社会科学、工程技术等。整体协同观通过将这些方面综合考虑，帮助我们更好地理解问题的根本原因，推动跨学科、跨部门的协同解决方案的制定和实施。

此外，整体协同观对于生态保护和环境可持续性具有启发意义。通过深入理解整个生态系统内各个成分之间的相互关系，我们能够更好地制订和实施保护措施，降低对生态系统的负面影响。整体协同观提醒我们生态系统的健康是多样性和平衡的结果，而非单一物种或环境要素的追求，从而促进了更加全面、可持续的环境管理。

最后，整体协同观在教育和意识形态上有助于培养人们对于环境和生命的尊重与敬畏。通过将生态系统看作一个整体，人们更容易体会自然界的美妙和神奇。这种整体协同的思维方式有助于培养人们对于环境的责任感，激发对可持续生活方式的追求。在面对日益严峻的气候变化、生物多样性丧失、土地退化等全球性挑战时，整体协同观为我们提供了更为全面和深刻的思考路径。它不仅仅是一种科学观念，更是一种关于人类与自然相互关系的哲学思考，为我们走向更加和谐、平衡的未来提供有益的指导。

七、生命平衡观

生命平衡观以独特的方式揭示着从不可眼见的新陈代谢到包含山水林田的生态景观，不同系统内外的各种互动和综合作用，就像一部精密的交响乐，各种要素在和谐共鸣中交织出生物与环境之间的平衡乐章。

新陈代谢平衡如同生命的节拍器，稳定地维持着生物体与环境之间的物质与能量交流。而个体机能平衡则像一场华丽的舞蹈，神经、内分泌、免疫系统紧密配合，使得生物体能够灵活适应各种挑战。种群内个体间平衡犹如生态大舞台上的表演者，密切关注着种群数量、繁殖率和死亡率之间的微妙关系。而群落内种间平衡则宛如一幅生态画卷，交织着共生、竞争、捕食的纷争。生态系统平衡好比一座坚实的堡垒，抵御着外部压力的侵袭，保障着生态系统的稳定与可持续发展。

1. 新陈代谢平衡

新陈代谢平衡是生命体维持生存所需的基本功能之一，涉及物质和能量在生物体内的不断转化和交换。这一平衡是多层次的，包括细胞内的代谢过程、器官系统之间的协调，以及个体与环境之间的动态平衡。

首先，在生物体内，新陈代谢平衡的基础是细胞层面的协同作用。细胞是构成生物体最基本的结构和功能单位，其内部进行着复杂而协调的代谢过程，包括有机物的分解和合成、能量的释放和储存等。细胞膜上的受体发挥着关键的作用。细胞膜是细胞与外界之间的关口，通过其中的受体，细胞能够感知外界的信号分子。这些受体与特定的分子结合，触发一系列的信号传导通路，引导细胞内的相应代谢反应。这种感知和响应机制使得细胞能够及时地调整自身的代谢状态，以适应外界环境的变化。细胞内部的协同作用也表现在细胞器的相互配合上。各种细胞器如线粒体、内质网、高尔基体等在细胞内共同协作，完成不同的代谢任务。例如，线粒体是能量产生的关键场所，通过细胞呼吸将有机物氧化为能量。而内质网则参与有机物的合成和蛋白质的加工。这些细胞器之间的有序工作确保了代谢通路的有效运转。细胞内外的物质交换也是维持新陈代谢平衡的重要环节。通过细胞膜上的运输蛋白，细胞可以对外界的营养物质进行吸收，同时排除代谢产物。这种物质的输入和输出的平衡保证了细胞内各种代谢反应的正常进行。

其次，新陈代谢平衡的维持涉及不同器官系统之间的协同作用，这确保了整体生物体内的和谐运作。人的各个器官系统拥有特定的功能，如心血管系统、呼吸系统、消化系统等，它们通过协同工作来维持体内的各项生理指标。一个典型的例子是人的心血管系统和呼吸系统的协同。心脏是这个系统的中枢，通过泵血将养分、氧气等输送到全身各个组织和细胞。同时，肺部进行气体交换，将血液中的二氧化碳排除，同时吸收新鲜的氧气。这个过程是心血管系统和呼吸系统协同作用的结果，确保了血液中的氧气和养分的平衡。肝脏作为体内最大的内脏器官，也在新陈代谢平衡中发挥着关键的作用。它参与多种代谢过程，包括葡萄糖、脂肪和蛋白质的代谢。与胰腺共同调节的胰岛素和葡萄糖则维持了血糖水平的稳定。这个协同作用确保了血液中的能量物质得以平衡分配。此外，神经系统和内分泌系统也在器官之间的协同中发挥着关键作用。神经系统通过神经递质的传递调控生理过程的即时性需求，而内分泌系统则通过激素的分泌对长期性调节进行控制。这种神经内分泌协同机制，使得器官系统能够在不同环境和生理状态下协调运作，保持整体的新陈代谢平衡。

在个体与环境之间的动态平衡中，生物体通过调整自身的代谢活动来适应外界环境的变化。这涉及一系列复杂的生理过程，包括食物的摄取、氧气的吸入、废物的排除等。①食物的摄取和消化是维持生物体能量平衡的关键步骤。生物通过吞咽、咀嚼和化学消化等过程将食物分解为小分子，然后通过吸收将这些分子转化为能量和身体所需的各种物质。这种过程通过内分泌系统的调节，根据体内能量需求和外界环境的变化进行灵活调整。②呼吸作为氧气的吸入和二氧化碳的排出是维持生物体代谢平衡的重要环节。在新陈代谢过程中，生物体需要不断吸入氧气来进行氧化还原反应，产生能量。同时，产生的二氧化碳需要通过呼吸系统排出。在氧气供应不足或环境条件发生变化时，生物体的呼吸率会相应调整，以保持氧气的充足供应和排除过程的平衡。最后，废物的排除是维持体内清洁和平衡的关键步骤。生物体通过肾脏、肝脏、肺部和皮肤等器官排除体内的废物，包括代谢废物和多余的离子。这确保了体内物质的平衡，防止有害物质的积聚。这种个体与环境之间的动态平衡表现出显著的适应性。例如，在寒冷环境下，生物体通过增加能量消耗来维持体温平衡，这可能包括增加食物摄取和提高新陈代谢率。反之，在炎热环境中，生物体可能减少食物摄取，通过蒸发散热等方式来保持体温平衡。这种动态调整保障了生物体在不同环境条件下的生存和繁衍。

在整个生命体系中，新陈代谢平衡是生命维持的基石。它不仅涉及个体内部的微观过程，也与个体与环境之间的动态关系密切相关。深入了解新陈代谢平衡的原理和机制，有助于预防和治疗一系列代谢性疾病，同时也为人们更好地理解生命的奥秘打开了窗口。

2. 个体机能平衡

个体机能平衡对生物个体在适应环境、生存和繁衍的过程中维持内部稳定性具有重要作用。

个体机能平衡是指生物体内部各种生理、代谢和行为特征的稳定状态，以适应周围环境的动态变化。生物体需要保持内稳态，以维持其正常的生命活动。这包括体温、酸碱平衡、血糖水平等多个方面。通过自我调节机制，生物体能够对外界环境的变化做出相应调整，以保持这些内稳态。例如，人类通过出汗和散热来维持体温平衡，在寒冷环境中则通过代谢产生热量来维持稳定的体温。

个体机能平衡还涉及营养和能量的平衡。生物体通过摄取食物获取所需的营养物质，并将其转化为能量，以维持生命活动。这个过程需要协调各种生化反应和器官的功能。机体对于能量的需求和摄入之间的平衡是个体健康的基础，而这个平衡又受到环境、生态位和生活方式等多种因素的影响。

个体机能平衡还包括了生物体的行为适应。生物体通过行为反应来适应外部环境，保持自身的平衡状态。例如，动物在寻找食物、建立巢穴、迁徙等行为中表现出高度的适应性。这些行为不仅关系到个体的生存，还与种群和生态系统的平衡密切相关。

个体机能平衡随着生命周期的不同阶段而发生变化。生物体从出生到成熟，再到老年，其生理和行为机能都会发生相应的调节。生命历程中的各个阶段都需要适应性的平衡，以确保个体的生存和繁衍。

综合而言，个体机能平衡是生命体在漫长进化过程中为适应不断变化的环境而发展出的一种复杂而精致的调节机制。这种平衡的维持不仅关系到个体的生存和繁衍，也是整个生态系统运作的基础。通过对个体机能平衡的深入了解，我们可以更好地理解生态系统中各个层次之间是如何相互关联、相互影响的。

3. 种群内个体间平衡

种群内个体间平衡揭示了种群内部个体之间相互作用的复杂性。个体之间的相互作用不仅影响着各自的存活和繁衍，也直接影响着整个种群的健康和演化。

在任何生态系统中，资源都是有限的，这种有限性在种群内部产生了激烈的竞争。个体之间因为争夺有限的资源而形成一种平衡，以维持整个种群的生存。这种平衡通常通过食物、水源、栖息地等资源的分配和利用来实现。竞争的强度受到种群密度、资源可及性和季节性变化等多种因素的影响。

除了竞争，合作也是种群内个体间平衡的重要组成部分。社会性动物通常表现出复杂的社会结构和群体行为。这种社会性带来了合作的机会，例如在觅食、繁殖、防御等方面。因此，社会结构也需要平衡，以确保个体之间的关系不至于过于紧张，避免种群内的冲突和不稳定。

在种群内，个体之间的繁殖策略也需要平衡。一些物种采取高繁殖力的策略，通过生产大量的后代来增加存活的机会，但这也可能导致资源过度竞争。另一方面，一些物种采取低繁殖力的策略，注重个体对后代的投入，但也可能在竞争激烈的环境中面临存活的挑战。这种繁殖策略的平衡使得种群内的个体数目能够适应当前环境的变化。

种群内部个体间平衡还受到外部环境的影响，这包括天敌、疾病、气候变化等因素。个体在这些外部压力下的生存和死亡将直接影响种群的结构和数量。自然选择通过这种方式对种群内部施加压力，促使种群朝着适应性更强的方向演化，从而实现种群整体的平衡。

总体而言，种群内个体间平衡是维持整个生态系统稳定的基石。这种微妙的平衡涉及资源、竞争、合作、繁殖策略等多个方面。了解和保护这种平衡不仅对于生态学的研究有着深远的意义，也是人类对生态系统负责任管理的基础。

4. 群落内种间平衡

群落内种间平衡涉及群落内不同物种之间相互作用的复杂网络。物种之间的竞争、合作、捕食与被捕食等相互关系交织在一起，共同维系着群落的多样性和稳定性。

群落内的物种多样性是群落内种间平衡的基础。不同物种在群落中占据着不同的生态位，通过各种相互作用构建了丰富的生态网络。这种多样性不仅丰富了生态系统的结构，还提高了整个生态系统的稳定性。物种多样性可以降低某一物种受到外部冲击的影响，从而保持群落的平衡。

在群落内，物种之间进行着激烈的竞争，争夺有限的资源。然而，这种竞争往往也受到资源分配的协调。通过不同的食性、生活习性和栖息地的选择，不同物种可以在群落中找到适合它们生存的生态位，避免过度竞争，保持相对平衡。

捕食与被捕食是群落内物种之间常见的相互作用形式。天然选择通过这种相互作用调节种群数量，维持动态平衡。过度捕食可能导致被捕食者数量减少，从而影响食物链中其他物种。然而，适度的捕食有助于控制群落中某些物种的数量，维持整个群落的平衡。

群落内的一些物种通过共生关系实现平衡，这包括互利共生和共生共存。互利共生是指两个物种通过相互合作而获益，形成一种互利的关系。共生共存是指两个物种在相同的生态位上共同生存，通过资源的分配避免竞争。这些共生关系有助于维持群落的稳定性。

群落内物种的相互作用随着时间的推移可能会发生变化，导致群落的演替。演替是群落内种间平衡的一种动态过程，通过时间的推移，不同物种在群落中的相对重要性可能发生改变。然而，即便发生演替，群落整体的稳定性仍然受到多个物种之间平衡关系的维持。在群落内，物种之间的相互作用构成了一幅错综复杂的画面，演绎着生态系统中种间平衡的故事。这种平衡不仅反映了自然界的复杂性，也对维持生态系统的功能和生态平衡至关重要。了解群落内种间平衡的原理，有助于我们更好地理解自然界的奥秘，为生态保护和可持续发展提供科学依据。

5. 生态系统平衡

生态系统平衡涉及能量流动、物质循环、生物多样性以及环境因素等多个方面，形成了生态系统内部和与外部环境之间的和谐舞曲。

生态系统内的能量流动和物质循环是维持平衡的两个关键方面。太阳能是生态系统内能量的主要来源，通过光合作用转化为有机物质，进而传递给其他生物。而物质循环包括了水循环、碳循环、氮循环等，确保了生物体内外的元素保持相对平衡。当这些流动和循环处于相对平衡状态时，生态系统能够维持相对的稳定性。

生物多样性是生态系统内部的一个关键元素。各类生物体在一个生态系统中形成了复杂的食物链、食物网和生态位。生物多样性的平衡反映了不同物种之间的相互依存和相互制约。当一个物种数量过多或者过少，都可能破坏生态系统的平衡。

生态系统平衡还与环境因素的相对稳定有关。温度、湿度、光照等环境因素对生态系统内的生物有着直接的影响。这些因素的平衡维持了不同物种的生存和繁殖条件。过度的环境变化可能导致生态系统内某些物种的消失或大量增殖，从而破坏平衡。

在一个生态系统中，各种生物之间形成了错综复杂的相互关系，包括捕食与被捕食、竞争与合作等。这些相互关系的平衡是维持整个系统稳定的基础。当某一物种数量激增，可能导致其他物种数量下降，破坏生态平衡。相反，适度的相互制约有助于维持生态系统的健康。

每个生物都在生态系统中有其特定的生态位，即在食物链和生态系统中的角色和功能。这些生态位的平衡是生态系统稳定性的关键。当某一物种数量发生变化时，可能引发整个食物链的波动，影响其他物种的生存和繁殖。维持各个生态位的平衡有助于生态系统的健康运转。

自然演替是生态系统中一个动态的过程，随着时间的推移，植物社群和动物群落发生变化。这种动态平衡涉及各个阶段植物和动物的相互关系，以及它们对环境的适应性。自然演替是生态系统对外界干扰的响应，有助于系统的修复和平衡。

生命的平衡如同一曲和谐的交响乐，各种要素在这个交响乐中有着各自的旋律，共同奏响大自然的和谐之歌。只有生命的平衡性，才能维持生命的创造力和可持续性，才能为包括人类在内的所有生命提供生存和发展的条件保障与支持。保持这个平衡与和谐需要人类的努力，需要科学家的研究，需要全社会的共同参与。只有通过共同的努力，才能够让这个星球上的每一个角落都充满生机，人与自然共生共荣。

八、综合时空观

综合时空观将时间与空间融为一体，如织如网，深刻理解事物变化的全貌。时间与空间的交融，不仅指导着生态系统的季节交替，更牵引着社会、经济的发展。在可持续发展中，它是引领长远规划、环境管理的指南针，带领人们面向未来，保护生态系统，确保人类与环境的和谐共生。

1. 空间就是资源

空间就是资源，其要义在于所有生命生存发展所需要的资源都在一定的空间内，都通过特定的空间提供和满足。地球上不同地区之间的空间差异性，就意味着不同的资源条件，从而形成不同的生命和独特的生态系统。

地球的不同地区展现出独特的自然环境和生态系统，形成了各具特色的地方性生态景观。举例而言，热带雨林以其丰富的生物多样性而闻名，各种植物、昆虫、鸟类等形成了错综复杂的生态网络；而沙漠地区则表现出极强的干旱适应性，植物通过抗旱机制和适应性结构在严酷的干旱条件下生存。这些地方性特征不仅在生态方面产生深远的影响，还为当地提供了独特的自然资源。例如，热带雨林的木材、草药以及各类植物提取物对医学和生物科技有着重要价值；而沙漠地区的矿产资源，如石油和矿石，对于能源和工业发展至关重要。因此，每一个地球上的空间都可被看作是一个独特的资源库。这些资源不仅支持着当地的生态平衡和生命系统，还为人类社会提供了宝贵的物质基础。保护这些地方性的生态系统，合理开发和利用自然资源，对于维系全球生态平衡和可持续发展具有至关重要的作用。

空间的概念不仅仅涉及地理位置，还包括地球上的气候条件，而这些气候条件直接影响着不同地区的生态系统和资源分布。一方面，地球表面的不同地区由于其地理位置、海拔高度等因素而呈现出多样的气候特征。这些气候特征对当地的农业、能源需求、水资源分布等方面产生深远的影响。举例来说，极地地区因为极端的寒冷气候，存在独特的挑战和机遇。极寒条件对于植物和动物的适应性提出了极高的要求，但同时这里也可能蕴含着未开发的自然资源。另一方面，赤道地区的温暖气候支持着热带农业的繁荣。这种气候条件有助于各类植物的茁壮生长，也促成了热带地区特有的生物多样性。因此，我们需要根据地理位置和气候条件来理解每个地区的资源潜力。这样的认识有助于实施科学的资源管理和可持续发展战略，使人类更好地适应并利用不同地域的自然条件。在全球环境问题愈发凸显的今天，理解和尊重空间的差异性将对实现全球可持续发展目标起到至关重要的作用。

"空间即资源"的思想，强调了生态环境问题解决需要因地制宜。不同地区面临的挑战和机遇是多样的，因此解决方案必须根据地方性的条件来制订。举例而言，水资源管理在干旱地区可能是一个紧迫的问题，而在沿海地区，海平面上升可能更加引起关切。这种差异性要求我们深入了解每个地区的空间特征，以更有效地制订解决方案，推动可持续发展。通过深入了解空间的特征，我们可以更好地把握当地的资源状况、气候条件、生态系统特点等因素，从而为解决地方性问题提供更切实可行的方法。这种因地制宜的方式有助于提高解决方案的适应性和可持续性，确保在解决一个问题的同时不引发新的挑战。这种地方性的综合考虑是推动可持续发展的关键，有助于在全球范围内建立更加平衡和稳健的社会、经济和生态系统。

"空间即资源"是综合时空观中的一项重要理念，提醒我们要以全球视野来看待资源利用和环境问题。每个空间都是独特的，有着不同的自然条件和资源特征，而这些差异性为人类提供了丰富的发展机遇。在全球化时代，我们需要明智地利用空间，实现资源的可持续利用，促进人与自然的和谐共生。这一理念强调地球上不同地区的多样性，要求我们更全面地了解和尊重每个空间的特点。不同地区的资源丰富度、生态系统类型、气候条件等各异，这就要求我们在资源开发、环境保护等方面采取差异化的策略。同时，需要认识到某一地区的资源利用方式可能对其他地区产生溢出效应，因此必须在全球范围内协调行动，实现资源的公平利用。在推动可持续发展的过程中，我们要以"空间即资源"为指导，不仅要关注当地资源的利用，还要考虑全球资源分布的均衡。这有助于避免局部性的过度开发和环境破坏，推动全球资源的更加公平和可持续利用，实现全球环境治理的目标。

2. 时间也是资源

特定空间上，不同的时间呈现不同的生态组合，可以满足不同生命的资源需求。一定的空间地带上，随着时间的变化都将改变，要么得到修复，要么得到演替，相应提供着不同的资源，满足不同生命的需要，推动着该空间区域生态系统的演变和发展。时间衍生和拓展了资源，因此，时间是这个星球中最重要的资源。

在生态学中，时间不是物理学中单一的时序移动，而是被视为一种宝贵的资源。这个理念强调了时间在事物变迁、发展和演变中的重要性。大自然、生命世界是把时间转化为资源的高手。例如，不同时间有不同的生物觅食或生长，不同的时间尺度有不同的生物组合，不同时间范围有不同的生命体系和生态系统。地球表面每个空间可能在不同的地质历史阶段都上演了十分复杂的生命存在发展史局，只有时间才能解决这一切。

环境问题在漫长的时间尺度上发展演变。例如，气候变化、生物多样性丧失等问题不是一夜之间形成的。通过理解这些问题的历史背景，我们可以更好地应对当下的挑战，并制订具有长远视野的环境保护方案。"时间也是资源"观念深刻地影响了我们对世界的认知。对于环境问题、科技发展、历史演变等方面，我们需要充分考虑时间维度，以更好地应对挑战、制定长期政策并实现可持续发展。

3. 生态现象发生于特定的空间

任何生命都生存在一定的空间，都依赖一定的空间，生命与这个空间的不可分割的联系，就在于空间提供生命所需的资源的支持与环境的保障。多样的生物与多元的环境错综交织，各自有其空间分布、各自具有鲜明的特征，成为复杂的生态奇观。从雄伟的森林到广袤的草原，物种的分布受地域气候、地形等影响，呈现出多彩多姿的空间画卷。

生态系统是由生物群落和其生存的非生物环境相互作用而形成的功能性单位，它们可以是森林、湖泊、沙漠等，每一种都在地球上特定的空间区域中形成。例如，亚马孙雨林是世界上最大的雨林，其特定的地理位置赋予了它独特的气候和植被组成。

物种在地球上的分布也受到空间因素的影响。这包括物种的地理分布、迁徙路径和栖息地选择。一些物种只存在于特定的地理区域，而另一些则在广阔的空间中漫游。地理分布的研究有助于我们了解物种的适应性和演化历史，同时也为保护濒危物种提供了方向。通过对物种在地球上的空间分布进行研究，我们能够揭示生物多样性的分布规律，了解物种与环境之间的相互关系。物种的地理分布反映了它们对环境的适应性，对地理障碍的反应，以及对特定栖息地的依赖程度。这种信息对于制定保护措施和管理生态系统至关重要，有助于维护地球各地的生物多样性。

气候是地球表面空间分布最为显著的生态因素之一。热带、温带和寒带等不同气候区域内的生物群落呈现出截然不同的特征。地理空间的纬度、海拔高度和陆地与水域的分布都对气候产生深刻影响，进而影响着生态系统的构建和物种的适应性。在热带地区，阳光充足、气温较高，形成了丰富的热带雨林。这里生物多样性丰富，植物层次分明，动植物相互依存。而在温带和寒带地区，气温逐渐下降，植被类型发生变化，适应低温环境的物种更为突出。纬度的变化导致了季节的不同，进而影响了生态系统的节律和物种的繁衍。高海拔地区的气温和气压下降，使得山区生态系统呈现出特有的植被和动物适应。

生态过程，如能量流动、物质循环和演替，也表现出显著的空间异质性。不同地区的生态系统在这些生态过程中有着差异，这反映了地理位置、地质特征和人为干扰等因素的影响。例如，河流的水力过程在山地和平原地区可能表现出截然不同的模式。在山地地区，河流可能经历急剧的高度变化，形成瀑布和急流，水力能量大。而在平原地区，河流的坡度相对较缓，水流平稳，水力能量较小。这种地形差异直接影响了河流的生态过程，包括溶氧水平、底质运动等。此外，物质循环中的养分流动也在不同空间尺度上呈现出差异。富含养分的湿地可能对周边水域有着显著的影响，而草原地区的养分循环模式可能与森林地带有所不同。

对生态现象在特定空间中发生的认知，为解决地域性的生态问题提供了指导。水资源分布、土壤侵蚀、气候变化等问题都与特定的地理空间密切相关。通过了解这些生态现象的分布规律，我们能够更有效地设计并实施环境保护和可持续发展的计划，使其更符合当地的实际情况。举例来说，了解一个地区水资源的分布状况可以帮助我们更科学地规划水资源利用，防止水资源过度开采。同时，对土壤侵蚀的认知有助于采取相应的措施，减缓土壤质量的下降。在应对气候变化时，也需要了解不同地区气候变化的特点，以采取有针对性的措施。

4. 生态环境问题的解决需要一定的空间和时间

有研究表明，人类所患疾病，有一部分可以自愈，现代医药技术发展更多的是为自愈创造条件。事实上，生态环境问题大部分主要是人类经济社会发展过程中对自然造成的创伤，它的解决更多是靠时间的推移与大自然的自我修复。生态系统具有自我调节和修复的能力，但这种调整是一个需要空间和时间支持的生态过程。因此，生态环境问题需要科技与智慧的结合，更需具备超越短视的时空观。认识到问题解决的漫长复杂过程至关重要。只有在时间与空间的长河中，不懈地努力，方能实现可持续发展与生态平衡。

例如，森林砍伐、空气污染、水体富营养化等问题往往是长期积累的结果。要解决这些深层次问题，需要对其根本原因进行深入剖析，这个过程需要时间。在社会层面，经济发展带来的过度开发和资源利用，不合理的产业结构和能源消耗方式都是导致生态环境问题的原因。在科技层面，虽然科技的进步带来了许多便利，但不合理的科技应用和环境管理不善也成为导致环境问题的因素。同时，社会的生活方式和价值观念的改变也影响了人们对待环境的态度。解决这些问题需要综合考虑社会、经济、科技等多个方面的因素，并进行长期的调查、研究和政策干预。这样的综合分析和深度干预过程需要时间，但是只有在全面了解问题成因的基础上，才能够制订出更加有效和可持续的解决方案。

生态环境问题的解决是一场漫长的征程，需要全社会的共同努力和长期的投入。在这个过程中，时空观的重要性愈发显现。理解问题的成因、寻找解决方案、推动社会变革，都需要我们站在更长远、更全局的时空视角下去思考和行动。

在人类经济社会发展对资源环境的利用过程中，会对自然生态系统产生不同程度的影响，进而形成各种各样的生态环境问题。根据对环境影响的方式和性质不同可把生态环境问题分为环境污染和生态退化两大类型，二者相互影响、联动发生，又极易形成复合性生态环境问题，反过来影响人类经济社会的可持续发展。从生态学角度，生态环境问题及其变化具有显著的级联效应、剂量效应、积累效应、放大效应、滞后效应、转移效应和共享效应等，说明生物包括人类与环境之间关系的复杂性。从生态学角度剖析生态环境问题特点，是认识人类与环境关系本质及实现经济社会可持续发展的前提。

第五篇 生态环境问题特点的生态学审视

一、级联效应

无论是自然环境,还是人为干扰下的受损环境,非生物环境因子之间及其与生物之间均存在相互联系,任何一个因子的改变都将可能引起其他环境因子的改变。在生态过程中同样如此,个体、种群、群落不同尺度上的相互关系及其与环境组成的生态系统,决定了生态过程的连续性及完整性。任何一个过程的改变均会通过级联效应,影响下一个过程,甚至很微小的改变,往往也可能影响扩大至整个生态系统,产生蝴蝶效应,进而影响目前生态系统状态,对未来生态系统产生一些不可预测性的变化。

1. 级联效应的现象

级联效应(cascade effects)是指在一系列连续事件中前面一种事件能激发后面一种事件的反应,而这种连续的反应在食物网或者营养级中广泛存在。比如东北虎捕食野猪,降低了野猪种群数量,野猪数量的减少进而减少了野猪对某些植物的取食,从而东北虎对植被及森林就产生了相应的效应。对于湖泊而言,鱼生物量的增加导致浮游生物量减少,食草动物生物量增加,浮游植物生物量减少……也就是说,在每个营养水平上的特定生长速率都表现出相反的反应。在给定的营养水平上,只有在其下一层营养级(捕食者)的生物量适中时,这一级的生物量才能增长到最大。而只有当整个食物网所有营养级上的捕食强度适中时,整个食物网上的生物量才会达到最大值。

在一个系统中,系统本身的运行效果反过来又作为信息调节该系统的运行,这种调节方式叫做反馈调节(feedback regulation)。反馈调节是生态(环境)系统进行内部调节的主要机制,包括负反馈机制(positive feedback)和正反馈机制(negative feedback),它们是生态(环境)系统形成抵抗力、提高稳定性的重要方式。要使系统维持稳态,只有通过负反馈控制,反馈的结果是抑制或减弱最初发生变化的那种成分和要素的变化(图5-1)。

正、负反馈调节在生命体系中的作用是不同的。正反馈的表征是系统中某一成分的变化所引起的其他一系列改变,反过来加速最初发生变化的成分更进一步地调整。正反馈调节的作用往往是使系统远离稳态。生物生长过程中个体越来越大,种群持续增长过程中种群数量不断上升,这都属于正反馈。正反馈也是有机体快速生长和存活所必需的,但是,正反馈不能维持稳态,具有俗称的马太效应(matthew effect)。例如,一个湖泊接受大量的营养物质后出现富营养化,引起蓝藻数量的增加；增加的蓝藻更易于集聚，相对于分散性的藻体更容易繁殖，进而导致蓝藻加速繁衍，快速地增进了蓝藻爆发及其富营养化进程，进而形成恶性循环。在稳定的自然生态系统中出现正反馈的情况不多。

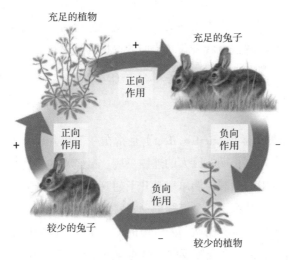

图 5-1　反馈循环有助于调节和稳定生态系统过程

环境问题的级联效应，进一步彰显了解决问题在全球层面的相互依赖性。例如，目前面临的气候变化、臭氧层空洞，以及生物多样性减少和外来物种入侵等问题都具有全球性的特征。甚至是那些原来具有区域性或者本地性的环境问题，现在越来越具有跨越国境的特点，甚至对全球政治、经济产生负面的影响。例如，一个地区粮食产量的减少，直接影响全球的粮食供应，导致粮食价格的上涨甚至饥荒的产生，从而导致大规模的垦殖活动，进而导致自然森林、草原植被的减少，诱发全球性的生态环境问题。

2. 马尔科夫过程

马尔科夫过程（markov process）是一类随机过程，由苏联数学家 A.A. 马尔科夫于 1907 年提出的，其基本思想是：在已知某个事件所处状态的条件下，它未来的变化不依赖于它以往的变化。这种已知"现在"的条件下，"将来"与"过去"独立的特性称为马尔可夫性，具有这种性质的随机过程叫做马尔可夫过程。很多自然生态过程、生态环境变化都具有随机性，属于马尔科夫过程。

基于马尔可夫过程建立的模型在生态环境中应用广泛，可以描述不同状态之间转移及其效应的规律。通过分析生态环境系统及其变量当前所处的状态和变化趋势，对未来生态环境的时间变量可能所处的状态进行预测，进而为决策提供相应的理论依据。例如把马尔科夫模型引入环境质量的预测中，将各种污染物的浓度变化过程视作马尔科夫过程，通过预测各种污染物的污染负荷系数来推知其浓度值的变化。又如，在一个流域内，针对不同的保护情景下，林地、耕地、建设用地及水域保护的面积与强度不同，将带来不同的生态系统服务价值，如何在一定的保护能力条件下获得最大的环境效益，就需要对当前的保护方式进行调整。这种调整路径就可以通过马尔科夫模型来实现。

3. 蝴蝶效应

众所周知，蝴蝶效应（butterfly effect）是指在一个动力系统中，初始条件下微小的变化能带动整个系统长期、巨大的连锁反应。最经常的表述是，一只南美洲亚马孙河流域热带雨林中的蝴蝶，偶尔扇动几下翅膀，可以在两周以后引起美国得克萨斯州的一场龙卷风。其原因就是蝴蝶扇动翅膀的运动，导致其身边的空气系统发生变化，并产生微弱的气流，而微弱的气流的产生又会引起四周空气或其他系统产生相应的改变，由此引起一个连锁反应，最终导致其他系统的极大变化。

在生态系统中，往往牵一发而动全身，其影响可以扩大至整个生态系统。生态学家发现，一个小小的物种消失，可能会破坏整个生态系统的平衡。例如，狼在美国黄石国家公园的重新引入，不仅改变了鹿群的数量及其行为，还影响了草地、树木和其他动物的生存状态。这个例子说明一种动物的行为会影响其他种群的大小和分布，进而对食物链的构成和稳定性产生影响，最终改变整个生态系统的结构与功能。

同时，由于人类活动与干扰造成气候的快速变化，也会通过蝴蝶效应影响全球生态系统过程与功能。如气候的变化不仅影响青藏高原高寒草地植被的生长格局，还会改变高寒生态系统中碳、水和能量的平衡以及季节动态；这些气候条件引起的生态系统过程改变，直接关乎青藏高原5000万只绵羊、1400万头牦牛和大量野生有蹄类动物的生存，而这些动物的生存又直接关乎青藏高原500万当地牧民的生产和生活。

二、剂量效应

在自然生态系统中，生态因子大于或小于生物所能忍受阈值，会影响生物的生长与分布；而在人为污染下的自然生态系统中，污染物常作为主导因子，不仅影响生物生存与生长，也促进生态因子的显著改变，进而导致生态系统组成变化、结构与功能紊乱。因此，人类的外部干扰或污染物投放过当超出了一定的剂量阈值时，常对生态系统中的生物产生效应，影响生态系统正常功能，进而产生生态环境问题（图 5-2）。

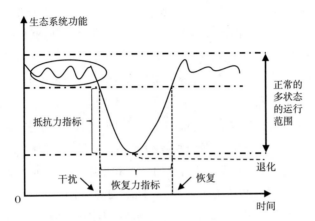

图 5-2　生态系统功能状态随外部干扰的变化

1. 限制因子

各个生态因子都存在量的变化，超过因子间的补偿调节作用，就会影响生物的生长和分布，甚至导致死亡。对生物的生长、发育、繁殖、数量和分布起限制作用的关键性因子叫限制因子（limiting factor）。例如，在干旱地区，水是限制因子；在寒冷地区，温度是限制因子；在光能到达的海洋部分，矿物养分是限制因子等。当然，任何生物体总是同时受许多因子的影响，每一因子都不是孤立地对生物体起作用，而是许多因子共同一起起作用。因此任何生物总是生活在多种生态因子交织成的复杂的网络之中。但是在任何具体生态关系中，在一定情况下某个因子可能起的作用最大。

关于限制因子的研究，著名的是最小因子定律和耐受性定律。

①最小因子定律（law of minimum）。19 世纪，德国化学家利贝格（Liebig）在研究谷物的产量时发现，谷物产量常常不是由大量营养元素限制的，而是由那些在土壤中极为稀少且为植物所必需的元素（如硼、镁、铁等）决定。如果环境中缺乏其中的某一种，植物就会发育不良；如果这种物质处于最少量状态，植物的生物量就最少。之后人们将这一发现称为最小因子定律。而影响植物生长发育的这个最小因子，就是限制因子。植物的生长取决于那些处于最少量因素的营养元素，后人称为利贝格最小因子定律。在实践中还要注意，还要注意最小因子定律只能严格地适用于稳定状态，即能量和物质的流入和流出处于平衡的情况下才适用，且要考虑因

子间的替代作用。由美国管理学家彼得（L.J. Peter）提出的水桶效应（cask effect），说的是由多块木板构成的水桶，其价值在于其盛水量的多少，但决定水桶盛水量多少的关键因素不是其最长的板块，而是其最短的板块。这就是说任何一个组织，可能面临的一个共同问题，即构成组织的各个部分往往是优劣不齐的，而劣势部分往往决定整个组织的水平，而水桶效应在生态环境方面所体现的就是最小因子定律。

②耐受性定律（law of tolerance）。1913年，美国生态学家谢尔福德（Shelford）提出了耐受性定律。他指出，一种生物能不能存在与繁殖，要依赖于一种综合环境的全部因子的存在，但只要其中一项因子的量或质不足或超过了某种生物的耐性限度，则会使该物种不能生存，甚至灭绝。与最小因子定律不同的是，在这一定律中把因子最小量和最大量并提，把任何接近或超过耐性下限或上限的因子都称为限制因子。

生物对每一种生态因子都有其耐受的上限和下限，上下限之间就是生物对这种生态因子的耐受范围，也称为生态幅（ecological amplitude）或生态价（ecological valence）。对同一生态因子，不同种类的生物耐受范围是很不相同的，相同种群的不同个体中，耐受性也会因年龄、季节、分布地区的不同而有所差异。生态幅广的生物称为广生性生物，反之就是狭生性生物。耐受性定律允许考虑生态因子之间的相互作用，如因子的补偿作用。一般说来，如果一种生物对所有生态因子的耐受范围都比较宽，那么这种生物在自然界的分布也一定很广，反之亦然。

2. 主导因子

受损环境中，环境因子的变化是互动的，影响是综合的，但在众多的环境因子中，它们的作用程度存在差异，其中起主导作用的环境因子称为主导因子（dominant factors）。限制因子和主导因子在某些情况下是一致的，但在概念上，主导因子着重于生物的适应方向与生存状况，而限制因子则着重于生物对环境适应的生理机制。

抓住主导因子进行分析是环境生物学的一个重要原则。如前所述，受损环境中各类环境因子都可能发生变化，每一种环境因子既可能改变其他环境因子，也对环境中的生物产生影响，在各类环境因子程度不同都发生作用时就需要遴选其中的主导因子。判识主导因子有两个基本途径：一是从环境因子本身来看，当所有因子在数量和质量相等或相近时，其中某一个因子的变化能引起生物全部生态关系的变化，这个能对环境起主导作用的因子就是主导因子，如导致水体富营养化的氮、磷营养物质就是主导因子；二是从生物效应的角度来看，由于某一环境因子存在与否和数量变化，而使生物的生长发育发生明显变化，这类环境因子就是主导因子，如森林植被砍伐引起水土流失，人类毁林就是水土流失的主导因子，这时减少对植被的破坏，植树造林等就成为主要的对策。

在研究受损环境对生物的影响时，更需要抓住主导因子，在解决生态环境问题时，也是要抓主要问题或问题的主要方面。在污染过程中，虽然最后可能引起严重的生态破坏，但对环境以及环境中的生物影响力最强的是污染物，污染物起主导作用；在生态破坏当中，如土地和水资源的过度利用、过度放牧和渔猎、砍伐森林等，这里起主导作用的是人为不合理的经济活动。

3. 突变与阈值

生态环境的变化具有级联效应的特点，有时是一个随机的马尔可夫过程，往往呈现出多种变化轨迹，其中从一种状态快速转变为另一种状态的某个点或某段区间，出现完全不同的生态特征，这就是生态环境的突变，相应的这个点或区间就是称为生态阈值 (ecological threshold)。推动这种转变的动力来自某个或多个关键生态因子微弱的附加改变。在生态阈值点（带）前后，生态系统的特性、功能或过程发生迅速的改变（图 5-3）。较为典型的例子是栖息地丧失或破碎对生物多样性的影响。带型生态阈值暗含了生态系统从一种稳定状态到另一稳定状态逐渐转换的过程，而不像点型生态阈值那样发生突然的转变，这种类型的生态阈值在自然界中可能更为普遍。

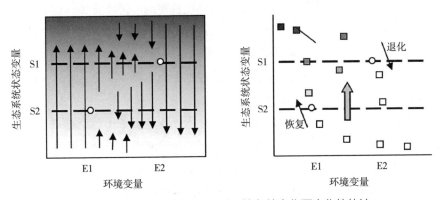

图 5-3　生态系统状态变量随环境条件变化而变化的轨迹

对于环境系统而言，自然环境可以通过大气、水流的扩散、氧化以及生物的分解作用，将污染物转化为无害物的能力，这种自净能力作为环境的一种特殊功能，在维持人类社会发展中具有重要意义。当人类社会对环境的作用，不论在规模强度上，还是速度上超过这个限值后，环境的结构和功能就将发生不利于人类生存发展的变化，环境对人类活动的支持能力是有一定限度的，即存在一定阈值，我们把这一阈值称为环境承载力（environmental bearing capacity）。因此，环境承载力是指某一环境状态和结构在不发生对人类生存发展危害的前提下，所能承受的人类社会作用在规模、强度和速度上的限值。它与自然界的再生能力是相匹配的，在某种意义上环境承载力也是自然再生产能力的综合表示。如适度开采利用的地下水与补给情况大体平衡，这时地下水环境的结构与状态不会发生不良改变，若过度开采就会导致一系列环境问题的出现；向环境排放污染物，若排放的浓度、总量、速度适当，则在环境自净作用下，不会出现对人类生存发展有重大不利影响的环境变化。当人类对环境的作用强度超出了环境承载力范围，将导致环境质量的下降与环境结构的异常改变，也就是说，环境质量的变化与环境的破坏程度有关。这种破坏没有达到一定阈值时，我们可能会忽视这种损害，因为这时环境质量的变化只是数量上的，这一点在20世纪上半叶表现尤其明显。长期的"先破坏、再修复"及"先污染、后治理"的经济发展模式，更加剧了环境状况的恶化。当人们企图对受损环境修复时，则需要投入大量的人力、物力、财力和漫长的时间。

据美国环境保护局统计，1972年美国用于空气、水、土壤等破坏环境介质的污染控制总费用占同期国民生产总值（Gross National Product，GNP）的1%，1987年以后达到同期国民生产总值的2.8%，即使这样也没有达到预期的污染控制目标。治污成本高涨使美国经济受到影响，更别说处于发展中的广大不发达国家和地区。

为了保护生物尤其是人类的健康，生态环境良性地可持续发展，制定各类环境基准和环境标准，并基于社会发展实际对其进行不断的修正与完善，以指导并约束人类的生产活动。此外，还基于环境容量目标对人类生产生活活动进行管理和规划，这些措施直接关系和体现国家的环境管理水平和人民生活健康水准，对于保护生态环境和人类福祉具有重要的意义。

环境基准（environmental quality criteria）是指环境因子（污染物或有害要素）对生态系统和人群健康不产生不良或有害效应的剂量或水平的最大限值。按照作用（或保护）对象的不同可分为健康基准、生态基准、物理基准以及感官基准。环境基准是环境标准制定、修订、环境质量评价和控制的重要科学依据和基础，是一个国家环境保护科研水平、国际地位和综合实力的象征，是国家整个环境保护和管理体系的基石。

为维护国家和区域生态安全及经济社会可持续发展，保障人民群众健康，提升生态功能、改善环境质量、促进资源高效利用等方面，国家在生态环境保护的制度上，提出必须严格保护的最小空间范围与最高或最低数量限值，即生态红线（ecological redline）。生态红线是一个由空间红线、面积红线和管理红线共同构成的综合管理体系。其中，空间红线是生态保护红线的空间范围及分布，是红线在区域的具体分布位置和边界线；面积红线则属于结构指标，类似于土地红线和水资源红线的数量界限；管理红线是基于生态系统功能保护需求和生态系统综合管理方式的政策红线，对于空间红线内的人为活动的强度、产业发展的环境准入，以及生态系统状况等方面制定严格且定量的标准。2013年5月24日，习近平总书记强调，要牢固树立生态红线的观念，划定并严守生态红线。在生态环境保护问题上，就是要不能越雷池一步，否则就应受到惩罚；2014年，"生态保护红线"首次进入《中华人民共和国环境保护法》；2017年2月，环境保护部印发《国家生态保护红线——生态功能基线划定技术指南（试行）》，指导全国生态保护红线划定工作，保障国家生态安全。2022年8月，自然资源部、生态环境部、国家林业和草原局发布《关于加强生态保护红线管理的通知（试行）》，加强生态保护红线管理，严守自然生态安全边界。

三、积累效应

生命过程是一个不断积累的过程，相应的生态过程也是一个不断从量变到质变、再在新的条件下不断积累，向另外一个质变进行转化。相应地，无论是环境污染还是生态破坏，除个别情况下突如其来的环境灾难外，更多的生态环境变化是逐步积累发展的，一开始并不被人们所觉察。当破坏与污染逐步通过个体生长发育、种群数量增长等生态过程积累后，将最后对群落组成及演替动态产生不可逆转的后果，进而产生环境污染及生态退化。

1. 污染影响生长发育

许多污染物在生物体内的浓度大于其在环境中的浓度，并随生长发育增加，随食物链转移和累积，这种现象就是生物积累（bio-accumulation）。这种现象发生在生物体的组织和器官中，例如脂肪、肝脏、大脑、肌肉等。对生物体可能有毒害的物质，如放射性元素、重金属和难降解有机物等，当生物体对该物质的吸收速度大于其降解速度时，生物体内积累的浓度就会高于环境中该物质的浓度。这些毒性物质在食物链传递过程中，浓度会不断增加。因此，食物链顶端的生物（例如人类）体内的毒性物质浓度最高，具有最高的患病、死亡和繁殖能力下降等风险，这就是生物积累效应（bio-accumulation effect）。早在19世纪，人们就发现牡蛎能从海水中蓄积铜而变绿，且发绿的程度和含铜量成正比，食用这种绿牡蛎会影响人体健康。之后其他生物体对有害物质的积累现象被不断发现。科学家们多年来致力于研究生物体从环境中积累有毒物质，阐明其在食物链中的迁移规律，对保障人类生存环境和健康具有重要的意义。

污染物在体内积累的过程对生物的生长发育过程产生复杂的影响，有负面和正面两方面影响。研究发现，重金属元素的增加可能会引发珊瑚礁区棘冠海星的爆发，因为锌可能有利于棘冠海星生殖腺的发育，而铁、锌、镉、钴和锰等具有促进棘冠海星食物即中型浮游植物生长的作用。我们更担心污染物积累对生物体的损害，具体包括：①DNA分子受损（DNA molecular damage）；②基因表达异常（abnormal gene expression）；③蛋白数量和质量变化（changes of protein quantity and quality）；④生物化学过程异常（abnormal biochemical process）；⑤生理代谢异样（abnormal physiological metabolism）。此外，污染物在环境中无处不在，从微观的生物大分子到生命体征的变化，生物体通过皮肤、呼吸和消化等方式摄入后在生物体内的积累，都将造成生物体损伤。

2. 污染影响种群增长

污染物的生物积累造成生物体细胞、组织结构和功能异常，个体生理机能的降低直接影响获取生存资源的能力。降解、排出、忍耐污染物需要支出更多的生存资源，造成维持生存需要消耗更多的资源，最终导致后代生殖投入的数量和质量降低，此外，生物积累的污染物造成的遗传负荷还可能传递给后代。这一系列的连锁影响，导致了个体遗传本质上的差异：敏感性个体数量急剧减少，抗性个体的比例增加。生物个体数在一定时间内增加就是生物的种群增长（population growth）。种群增长的基本过程主要包括出生（birth）、死亡（death）、迁入（immigration）和迁出（emigration）。种群内个体比例的变化改变种群遗传结构，造成遗传多样性降低，最终可能导致种群规模减少甚至消失。

生物积累对种群增长过程的影响具体包括以下几个方面：①种群密度（population density）。生物体直接暴露在有污染物的环境时，通过各种方式吸收污染物，污染物在体内积累会影响生物体的健康。生物积累效应影响个体的出生、生长、发育、繁殖和死亡过程，同样也会影响个体的迁入和迁出进而影响种群出生率、死亡率、迁入率和迁出率，改变种群大小。②年龄组成（age composition）。种群年龄结构由不同年龄段不同个体数量组成，可划分为增长型、稳定型和衰退型三种基本类型。污染物若对种群中某个年龄阶段个体的毒害作用更大，就会通过影响个体生长发育而改变种群的年龄结构。若幼年个体受到的损害最大，年龄结构会从增长型变成稳定型进而变成衰退型，那么种群数量会不断减少，如果没有其他正向干扰，种群最终会消失。③性别比例（gender ratio）。性别比例的改变对种群未来的发展具有重要作用。例如，水体中的环境雌激素可引起水生动物性别比例失调，难以繁殖，最终导致水生动物种群数量减少，生存力下降。④生态系统（ecosystem）平衡。个别种群的生物积累效应可以通过食物链影响到其他种群。污染物可以从食物链低层次种群，通过食物链转移到高层次种群，从而影响捕食者种群。同时，食物链中的个别种群若因生物积累而发生数量或比例变化，会间接影响到依赖该种群物种作为食物的其他种群，反之亦然。在生态系统中，个别种群的生物积累效应是复杂的，可通过个体的生命周期、繁殖策略等改变个别种群增加过程，还可影响生态系统的生物多样性。

3. 污染影响群落与生态系统

群落演替过程（community succession）是指随着时间的推移，一个群落被另一个群落代替的过程。污染及其导致的生物积累效应，可以导致某些物种的消失，而群落物种组成和结构变化影响自然生物群落的演替进程，主要受以下四方面影响。

立地条件（site condition）。演替区域的立地土壤的污染物会直接影响定居在此的生物，而生物积累效应可导致个体的生存和繁殖发生适应变化。例如铅锌矿区废弃地定居的植物物种都具有耐受重金属污染物的特征，因此，立地条件造成的生物积累效应可以有效地筛选适应在污染环境中生存的物种，也可以作为环境的监测和指示物种。

物种更替（species replacement）。由于定居的物种具有污染耐受性，植物群落演替过程中生物积累效应对优势物种的作用不一定显著。然而，植食性动物通过采食植物，污染物浓度在体内增加到一定阈值时，可导致植食性动物种群的改变。个别植物物种的采食者的增加或者减少，可影响植物受到采食的干扰发生变化，甚至改变该物种在植物群落中的重要性。植物演替过程中若主要植物种群发生改变，则会影响整个植物群落的演替过程。

遗留效应（legacy effect）。生物体内积累的污染物，如种子等可遗留给后代，影响后代的生长繁殖。生物体死亡后的残体积累的污染物返回环境中，可能会导致遗留效应，影响环境中的其他生物，从而改变群落演替本来的轨迹。

稳定与干扰（stability and interference）。在自然演替发展后期，生态系统会接近一个顶级群落或亚顶级群落，但污染引起的生物积累效应可能使演替过程中断，在某个演替阶段停留下来，从而导致演替过程的变化甚至生态系统的退化。

四、放大效应

人类活动造成的生态破坏和环境污染并不是线性增加的，而是以加速度发展呈现放大效应（magnification effects）。污染物的放大不仅体现在食物链上的不断积累，同时也会体现在个体—种群—群落—生态系统层次上的很大影响；而局部的生态破坏产生的不良生态后果，会通过全球物质循环和能量流动过程中逐渐放大，直至造成全球范围内的生态危机。

1. 生态破坏的放大效应

生态破坏并不是线性增加的，而是逐步以加速度发展，呈现放大效应。生态学领域的"放大效应"通常指某些生态变化和环境影响在全球物质循环和能量流动过程中逐渐增强或扩大而造成更严重生态后果的现象。随着工业化和城市化的快速推进，人类对生态环境的破坏愈发严重，如大规模砍伐森林、过度捕捞鱼类等。然而，生态系统中某些微小的干扰和波动都可能引起较大的生态变化，甚至导致整个系统崩塌，这就是生态破坏的放大效应。

亚马孙雨林是地球上最大的热带雨林，也是重要的木材来源地之一，惊人的产量和丰厚的利润促使大量伐木公司将其包围。据统计，亚马孙地区的森林砍伐率为17%，其中位于巴西境内的森林砍伐率高达20%。无限制地砍伐导致大面积的生物栖息地被破坏，造成本土生物多样性丧失、生态系统功能大幅退化。周边的居民也开始担心森林很快就会变得寥寥无几，担心热带雨林会变成稀树草原。但砍伐的危害远不止此，局部的森林消失意味着数千亿吨的二氧化碳又会散发到大气中，从而加剧全球变暖。自19世纪末以来，全球经历了大约1℃的温度上升，而北极的大部分地区已经变暖了2℃。值得注意的是，亚马孙地区也在升温，几乎整个巴西的气温升高了1.5℃以上。升温和森林砍伐使亚马孙的部分雨林地区变得异常干燥，在未来这样的局势很难扭转。

最早的过度捕捞事件发生于19世纪早期的美国，当时人们为了获取鲸脂制作灯油，大量鲸鱼及食用鱼类被捕杀，致使该区域的渔业资源枯竭、生态系统崩溃。到20世纪中叶，工业化水平的提高推动捕鱼业快速发展，世界各国开始组建商业捕鱼船队、努力提升捕捞技能，以确保渔业市场的占有地位。鱼类数量锐减促使船队开始向海洋深处寻找渔获物，这种"向下捕捞"行为引发了一系列的连锁反应：鱼类被大量捕捞→珊瑚礁表面藻类疯长→珊瑚礁大规模死亡→鱼类和软体类动物的栖息地丧失→海洋食物网破裂→海洋生物多样性降低→海洋碳汇能力减弱、海水酸化→海洋生态系统的动态平衡被破坏→全球气候变化。

上述案例阐释了人类破坏活动如何在局部、全局和整体等层次上引发一系列的放大效应，理解并运用生态学理念降低放大效应带来的潜在危害，对维护生态系统健康、可持续管理自然资源、恢复受损生态环境至关重要。

2. 环境污染的放大效应

人类在提高科技工业水平的同时，不可避免地给生态环境带来了多方面的污染，如水体污染、大气污染、土壤污染等。人类活动释放的污染物在经历物质循环和能量流动等生态过程时不断放大，从而导致更严重的生态后果，这就是环境污染的放大效应。常见的污染放大效应包括：①城市污水的病原微生物和有机物、农业污水的化肥和农药，以及工业废水的重金属、酸碱化合物和持久性污染物等有毒物质，会直接通过径流扩散进入水体，从而引发水体富营养化形成藻华，威胁水生态系统健康，或致使污染物在水生生态系统食物链中不断富集放大，通过高营养级生物进入人体（图5-4）；②农业生产过程中大量农药、微塑料和抗生素等会残留在土壤中，这些污染物会随着农作物生长在其体内逐步积累，最终通过食物链直接或间接进入人体，危害生命健康。

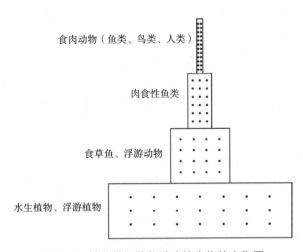

图 5-4 持久性污染物浓度的生物放大作用

比如，自2013年福岛核污水泄漏事件发生以来，日本政府不顾周边国家的强烈谴责多次向太平洋排放所谓的"符合标准的核废水"。但经多方调查发现，经福岛核电站多核素去除系统（advanced liquid processing system，ALPS）处理过的核废水中仍含有氚、碳-14、锶-90、碘-129、锝-99、钴-60等放射性核素，属于核污水。各国科研机构和民间组织也多次在太平洋海域中检测出放射性物质，如2020年菲律宾科技部核物质研究所表明，西菲律宾海中的放射性物质含量呈显著上升趋势，珊瑚虫体内含有高浓度的放射性物质碘-129；2019年日本福岛县鱼联曾捕捞到体内铯元素严重超标的斑鲅鳐。日本核污水中的放射性核素会严重破坏全球海洋生态系统的动态平衡，同时，也会经过海洋生物食物链富集放大后进入人体，造成DNA突变、后代畸形、肢体残疾、细胞癌变等健康问题。此外，放射性核素可在区域内形成长时间的辐射危害，对人类社会经济可持续发展造成的威胁将持续几百年甚至上万年之久。福岛核污水排海事件产生的不良影响会波及世界的每一个角落，这决不是日本政府一家的私事，日本政府应该对福岛核污染事件导致的污染放大后果负责。

为了对付某些昆虫、杂草、啮齿动物以及其他被称为"害虫"的生物，人类创造了多种化学农药。在我国18亿亩耕地上，2023年中国农业用农药使用（商品）量77.59万吨，平均每亩地0.43千克农药，这是土壤内稳态所不能承受的剂量。据统计，我国农药中重度污染土地的面积达5000万亩，果蔬产品农药残留平均超标率达31%。每年食用农药污染食品造成的中毒人数近20万，约占食物中毒人数的1/3。除此之外，土壤残留的农药也会直接或间接地杀死一些对植物和土壤有益的微生物，如固氮菌等，这会导致土壤功能丧失、农作物产量受损等。

以上案例凸显了环境污染放大效应的复杂性，并表明只要污染物进入到环境中，它们就能通过各种途径和过程逐渐扩散富集，对生态系统和人类社会造成严重的影响。为了减缓和避免环境污染带来的放大效应，决策者需要采取综合的环境管理措施，包括制定法律法规、实时监测制度、控制污染技术和加强环境保护教育等。

3. 局部影响与全球变化

生态学的"局部影响到全球变化"是指因人类活动造成的生态后果经大气圈、水圈、岩石圈、土壤圈和生物圈间的相互作用逐步放大为全球生态变化的过程。包括：温室气体增加，全球气候变暖，极地冰川消融，空气污染加剧，海平面上升，淡水污染面积增加，地质变化，水土流失，物种灭绝，植被退化等。

生态破坏和环境污染是人类活动造成的主要生态后果，两者在局部和全球尺度下都呈现出显著生态危害。当森林和湿地被人类活动破坏时，其不仅会丧失原有的碳汇功能，可能还会变成碳源释放大量的碳到大气中，这些碳会增加全球温室气体浓度，而加剧气候变化。同样的，污水排放导致的水体与土壤污染会对局部水资源和农业生产造成负面影响，且某些污染物经全球水循环过程后会扩大污染范围，造成全球性污染。此外，城市化、农业扩张和其他土地利用方式的变化会影响土地的反射和吸收特性，从而改变地表温度，这种变化可能会打破全球能量体系的动态平衡，对地球内稳态产生一定影响。

上述事实凸显了局部生态破坏和环境污染如何与全球变化相互关联。总体而言，局部的生态破坏和环境污染不仅会在特定区域中引起不良生态变化，而且这些变化经各种循环流动以及多种因子相互作用后会导致长期而广泛的全球影响，尤其是在营养循环、水循环、污染物循环、生物多样性保护和气候变化等方面。探索局部生态破坏和环境污染的治理方案是确保区域人群健康和社会经济发展的重要抓手，而思考局部生态影响和全球生态变化的关系是为人类提供趋利避害、绿色可持续、构建人类命运共同体的科学方略。

五、滞后效应

由生态破坏和环境污染导致的生态后果往往不会马上显现出来，而是需要经历很长一段时间才能彻底明晰造成破坏和污染的原因、过程和结果。因此，在治理生态环境问题时，需要提前意识到这种滞后效应，警惕大自然的报复，提高与自然和谐共处的能力与技巧。

1. 生态变化的因果滞后

滞后效应（time-lagging effects）在许多学科领域都有着广泛的应用。在经济学领域，滞后效应用于说明经济政策的实施效果滞后，如一项招商引资政策的效果可能会在数个季度后才会完全显现。在心理学领域，滞后效应用于说明某些事件对人们的心理状态产生的后续影响，如某些心理创伤事件可能会在数年后的某一场景中才会显现出明显的后遗症。同样，在生态学领域中也经常使用滞后效应这一概念，其被定义为生态系统在应对某些变化或干扰时不会立即做出反应，而是在一段时间之后才响应，这种效应包括因果滞后和时间滞后等。

人类活动造成的许多生态变化和环境影响并不会立即显现出形成的原因和后续的结果，而是随着时间推移才变得明晰，这就是生态变化的因果滞后。在地球生态系统的动态平衡过程中，因果滞后是一种普遍存在的现象。如在进行森林砍伐时，植被变化对生态系统的影响不会立即显现，而是待降水、径流、土壤和物种组成之间重新构建起新稳态后才涌现出变化产生的结果；当动植物适宜生境被人类活动或自然灾害破坏后，会导致区域内大量物种丧失栖息地，但这并不会马上引起局部物种多样性的下降，而是要经过漫长的物种适应、竞争等过程，才能真正清楚地观测到哪些物种的数量在下降甚至已经濒临灭绝。这些案例都体现着生态影响对于后续结果的因果滞后效应（图5-5）。

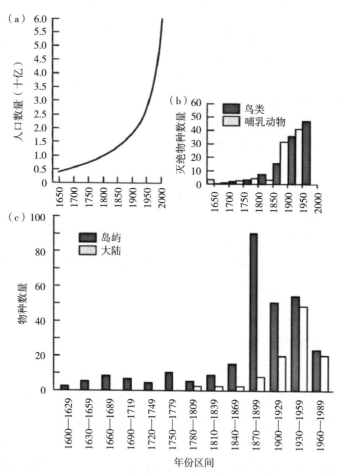

图5-5 自17世纪以来动物灭绝的时间序列与人口增长的关系（引自世界保护监测中心）
（a）人口数量变化；（b）鸟类和哺乳动物灭绝数量；（c）岛屿与陆地物种数量变化

人类活动造成的环境污染和生态破坏等后果往往具有很强的因果滞后效应，了解生态变化的因果滞后对推动社会采取前瞻性、预防性的策略，才能很好地规避随后可能出现的生态环境问题；了解和考虑因果滞后效应对于制定有效的环境管理和保护策略也非常重要，这意味着在处理生态破坏和环境问题时，需要采用长期、综合的方法，才能实现生态环境保护与经济社会发展的有机结合与协同共进。

2. 污染发生的时间滞后

生态环境污染引起的后果并不是伴随着成因的出现立刻表现出来的，而是要经过一定的时间后才会充分暴露，这就是生态环境问题的时间滞后效应。这种时间滞后通常涉及四方面：①污染物的自身性质、当时的环境条件与传输途径决定着污染的传输扩散速率；②污染物在环境中发生一系列的生物、化学和物理过程影响其浓度和毒性；③一些动植物可以吸收或富集污染物，使得污染的实际影响在污染物释放后许久才发生；④生态系统在受到污染或破坏时表现出一定的稳定性，需要一段时间适应调整后失衡。

例如，1956年日本水俣湾附近发现了一种奇怪的病。这种病最初只出现在猫身上。病猫在发病时出现步态不稳、抽搐、麻痹等症状，所以此病被称为"猫舞蹈症"；随后不久，该地大量居民也患上此病，患者的脑中枢神经和末梢神经被严重损伤，症状如病猫般；经长期溯源调查发现，该病的主要诱因是未经处理的工业废水中含有高浓度甲基汞（CH_3Hg）导致。

又如，随着美国西部工业的快速发展，工厂不断增多，排放至大气的废气、废尘也随之增加，空气污染也愈发严重，酸雨不断；同时，人口增长惊人，城市住房、卫生设施严重不足，垃圾废物随意倾倒，河流污染严重；这种漠视自然环境和不加思考地滥用自然资源的开发建设，造成了巨大的环境污染问题；1934年发生了美国历史上破坏力最强的沙尘暴，席卷了美国2/3的国土面积，带走的表土达3亿吨，数百万公顷良田被毁，作物严重减产。

再比如，我国富营养化程度最高的湖泊之一——滇池，在20世纪60年代，这里是山清水秀、湖水碧波荡漾、岸边水草肥美的鱼米之乡；进入70年代，在湖泊流域内"围海造田"，湖泊面积丧失了20多平方千米；80年代伴随工业发展和城市规模的不断扩大，大量的工业废水和城市污水进入滇池，湖泊水质从90年代初的Ⅳ类直线下降到90年代后期Ⅴ类，湖泊内已有大量水生生物消亡，水体功能也逐步丧失。

可见，污染的时间滞后效应在国内外环境变迁史中不胜枚举。滞后效应之所以出现，是由生态系统的缓冲能力和反应过程所决定的。生态破坏和环境污染对生态环境影响的累积效应需要一定的时间；生态系统结构破坏和功能丧失是一个复杂的生态过程，这个过程在生态系统的环境与生物之间、生物与生物之间发生的恶性循环需要经过多个环节、多个层级的食物链、食物网传递，在整个过程中因果关系转化需要一定的时间跨度；而生态系统本身对外来的干扰具有一定的缓冲能力，这种能力也使人类破坏所产生的后果在一段时间之后才展现出来。同时，人类的认识有一定的局限性，只有酿成较大规模的不可逆转的后果时，才认识到所引起的破坏和污染。从轻微的、局部的、不为人们所重视的不良后果发展成为严重的、大范围的、得到人们重视的程度，需要一定的时间。因此，了解污染的时滞效应对环境管理和保护非常重要，因为它意味着即使采取了减缓或停止污染源的行动，仍可能需要一段时间后才能观察到环境改善。由于污染蔓延存在着时滞效应，所以决策者需要采取全方位的环境管理策略，包括建立相关法律体系、构建长期监测网络和模型预测机制以及应对突发污染事件的措施。

3. 防控效果的时间滞后

对生态破坏和环境污染实施治理修复措施后，其预期的生态效果并不会立即显现，而是需要一定的时间后才能察觉到明显的改善，这体现了生态环境防控治理效果存在时间滞后效应。这种时滞通常涉及多个复杂的过程，包括法律法规的实施、污染物的减排以及生态系统的恢复等。形成防控治理效果时滞的主要原因有：①污染物在大气、水体或土壤等不同介质中的停留时间不同；②污染物存在累积效应，需要长期治理恢复才能观察到污染物浓度的显著降低；③生态系统对变化干扰的响应速度因生态系统类型、物种组成和环境条件而异；④重建植被和土壤水体修复等生态恢复过程需要维持很长一段时间才能发挥效果；⑤防控措施可能涉及产业结构的调整和技术的更新，这需要相应的时间来改革实施。

例如，自20世纪60年代以来，西双版纳一直是中国最大的天然橡胶种植区。大规模的橡胶种植，毁灭了大面积的低纬度热带雨林和亚热带森林，至70年代末局部气候特征发生了明显的变化：每年雾日减少了32天，降水量下降了100毫米左右，年均大气湿度显著降低。巨大的环境变化让政府意识到单一的橡胶种植对生态系统造成了破坏性影响，导致生物多样性衰退和区域性气候变化。故2018年启动了热带雨林修复项目并持续推动"退胶还林"政策。政策与项目实施以来，西双版纳州共植树3万余棵，修复雨林面积400余亩，永久性回收耕地280亩进行生物多样性修复，建设以亚洲象为主的野生动物取食及活动场地，扩大野生动物栖息地面积。经过近6年的时间，橡胶种植区的生态环境和生物多样性恢复效果取得了一定成效，但还远达不到破坏前水平，后续还需要不断优化治理恢复手段、预防生态破坏事件再次发生。

总的来说，需要参考生态环境治理过程中的成功案例，并结合形成防控时间滞后的主要因素，采取综合性策略和长期性措施以应对复杂生态环境系统与防护修复过程中的时滞效应。

4. 保护环境需要久久为功、功成不必在我的定力

正是滞后效应在生态环境保护治理过程中存在多种表现形式，并被多种因素所影响。所以，越是小范围、小强度的人类干扰形成的生态后果，滞后效应越突出；生态系统组成越复杂，滞后效应越突出；产生的后果对人类经济社会发展的直接影响越小，滞后效应越突出。由于存在滞后效应，当前的生态破坏和环境污染往往不会马上呈现出明显的恶果，从而使人们在发展中对破坏和污染问题放在脑后；同样也因为存在滞后效应，当前的生态建设和环境保护未必马上产生效果，从而难以调动治理和保护的积极性。这就是在生态环境问题上，经常出现"因善小而不为，因恶小而为之"，有必要对这种现象给予高度关注，以避免只在口头上高举环境保护的大旗，却将真正的生态环境问题置之脑后，回过头来又不得不付出沉重的代价，最终让每个社会成员成为毫无意义的环境受害者。

干大事者，要有大胸怀、大格局，才能成大事。生态环境保护是中国高度关注的"国之大者"，是一项需要长期抓好的大事。抓生态环境保护就要有"功成不必在我"的胸怀，就要有以国家利益为重的格局。生态环保工作做得好不好，最终体现在环境质量的改善上。因此，环境治理需要内外兼修，既要重视治标，更要着力治本；既要把钱花在"明"处，更要舍得在"暗"处投入。只有把根本性问题解决好了，环境质量改善才能是稳定的、持续的。比如，污水处理厂建得很漂亮，但是地下雨污分流管网建设却跟不上，导致污水处理难以达到应有的效果；河道两边修路种树，美景一片，但沿岸企业的污染治理却不彻底。这种治标不治本的做法，短期或许有效，长期来讲作用和治理效果并不大。

实践证明，保护生态环境就是保护生产力，改善生态环境就是发展生产力。近年来，无数"砍树人"变身"看树人"，从"卖石头"转为"卖风景"。那些曾经守着好山好水，老百姓却依旧口袋空空的地方，现在既有"生态美"也有"经济美"，老百姓端起了生态碗，吃上了生态饭。在广袤的乡村，好生态就是吸引力、生产力，绿起来、"靓"起来的乡村不仅吸引游客，更吸引企业。靠着"环境入股"，一些村庄蹚出良性发展之路，也为乡村振兴找到方向。

我国生态环境保护具有长期性、复杂性、艰巨性的特点，有的工作能够很快见到效果，更多的则需要久久为功。特别是当前环境治理已经进入攻坚期，剩下的都是难啃的硬骨头，不可能一蹴而就，只有常抓不懈才能解决。如果决策者都只盯着眼前能够见效的工作，拈轻怕重，不愿意触碰需要花费很大精力才能解决的难题，最终会导致一些问题积重难返。因此，抓生态环境保护是一项长期任务，要做好打

持久战的准备。

六、转移效应

人类对生态环境破坏和环境污染引起的后果，有时就在当下的破坏地或污染区出现，更多的则是在随后一段时间后的另外一个区域出现，也就是说生态环境问题在时间和空间上存在一定的转移；与此同时，生态环境问题产生的后果还会导致影响对象及生态系统服务价值的转移。因此，生态环境问题在时空、对象、价值、效益等方面呈现出转移效应（translocational effects）。

1. 生态环境问题的空间转移

众所周知，环境污染和生态破坏的空间转移效应十分普遍。"城门失火，殃及池鱼"，这是中国古人对相关现象的生动描述。事实上，近年来广受关注的河流湖泊污染问题，有很大一部分污染物来自农业农村的面源污染。也就是说，水污染"问题在水体，根子在岸上"。城镇化和农业现代化带来的污染物增加并向河沟湖库转移，成为我国开放性水体的主要污染来源。《第二次全国污染源普查公报》显示，农业源化学需氧量、总氮和总磷排放量分别占中国排放量49.8%、41.1%和67.2%，农业农村面源污染已成为我国环境污染的重要成因。

往往江河上游地区的生态退化给下游地区带来严重的生态环境问题。例如，20世纪中后期，长江上游很多地区依靠森林砍伐发展当地经济，区域森林覆盖率下降，林地植被质量降低，引起严重的水土流失，含沙量的增大对中下游产生了一系列生态环境问题，如淤塞河道、影响通航、抬高河床、引起洪涝灾害，导致水体质量下降和饮水安全隐患。

生态环境问题的空间转移效应，不仅仅出现在上下游之间、上下风向之间，有时甚至在全球范围内出现。有研究报道，南极企鹅粪有机污染物含量超标，并且导致企鹅聚居区内的土壤遭到一定程度污染。研究认为，人类制造的化学品是这些污染物的源头，如有机氯农药和溴化阻燃剂等，通过"长距离迁移"经过空气或洋流到达南极。还有研究表明，迁徙的鸟类也可以把它们体内积累的有机污染物带到南极。企鹅吃到污染的鱼，通过生物累积，导致体内的污染物含量超标，并使企鹅聚居区的土壤受到鸟粪和动物尸体残留污染物的污染。调查显示，非迁徙的企鹅会在本地范围内重新分布有机污染物，导致比周围土壤有机污染物水平高10倍至100倍。

与此同时，人类的行为与活动趋势也能导致生态环境问题的迁移。随着中国经济的迅猛发展和产业结构空间调整，目前中国的环境污染也在发生着空间转移，如果不进行有效治理和防控，经济的发展可能也会止步不前。目前，由于东部高耗能高污染企业逐渐向中西部地区转移，以此形成了环境污染的空间转移。中国东西部经济发展差距较大，为了促进西部地区经济发展以及东部地区的环境治理，政策调控下东部的能源资源消耗型企业尽可能向中西部转移，这种情况在一定程度上会使西部经济得到大力发展，但同时也不可避免地导致西部地区的环境污染问题更加严重。随着环境污染的空间效应加强，东部向西部经济转移的过程中，环境污染也在随之而来。

2. 生态环境问题的时间转移

生态环境问题很多时候并不是立刻产生的，往往生态破坏和环境污染的生态影响需要积累到一定时间才得以体现，表现出一定的时滞效应，从而形成生态环境问题的时间转移，因此重视时间转移效应对预判及防控环境问题十分重要。例如，我国西南高原湖泊滇池，从 20 世纪 90 年代以来出现严重的富营养化污染，在滇池治理的过程中，曾经走过一段弯路。90 年代出现水体污染时，很多治理技术手段和工程措施都是围绕滇池水体本身开展，如底泥疏浚，打捞蓝藻，种植水葫芦等，花了很多的资金治理成效不大。21 世纪初，研究指出，问题出在水面上，根子是在陆地；问题出在湖泊中，根子是在流域里；问题出在环境中，根子是在经济里。提出滇池治理的根本出路在于"跳出滇池治理滇池"，跳出环境优化发展的思路。也就是说，滇池的治理不仅仅只是湖泊中水的问题，而是全流域整体生态系统健康的问题，是把全流域所有生态环境资源如何科学利用和合理配置、在维持区域生态系统健康的同时支持经济社会发展的问题；承认和接受高原湖泊的环境约束和资源支撑能力，下定决心走"生态优化、绿色发展"的路子，才是高原湖泊治理的长效之策。该防控思想得到滇池治理决策者的认同，全社会经 20 余年的共同努力，终于扭转了滇池水环境严重污染的局面，水质由劣 V 类转升为 IV 类，为我国类似湖泊的治理提供了借鉴。

3. 对象的转移

环境污染和生态破坏的时空转移过程中，其影响的对象也常发生变化和转移。对自然力推动的空间转移过程中，常对不同环境介质及生物对象产生影响。例如上面提到的河流湖泊污染问题，水污染问题在河里，根子在岸上。原来的污染对象是陆域土地，伴随着水力的推动，导致污染物积累到河流湖泊，进而影响水生生态系统；同样，对我国长江流域，上游林地植被质量降低，引起的水土流失会对中下游产生淤塞河道、影响通航，进而影响河水质量、社会经济发展等。这个过程中，生态环境问题的主体对象也由原来的森林生态系统，转移到水生生态系统及下游的自然—社会—经济复合生态系统；人类制造的有机氯农药等，也通过自然推动力及自然生态系统的放大效应转移，影响的对象也由原来的农田害虫转移至其他高等动物体内，甚至最终影响人体健康。

对于人为影响下的生态环境问题转移而言，由于世界交通、经济、社会发展的不平衡性，也导致生态环境问题从发达国家转移到发展中国家，从经济发达的城市转移到欠发达的农村，出现这种空间转移的同时，导致一些具有污染的产品从生产领域转移到消费领域，如不少生产者为获取眼前利益，生产并出售损害消费者健康和生命的污染产品，导致多人中毒或生病，其中尤以农产品和食品最为突出。比如，食用农药残留超标的蔬菜瓜果和含多种有害添加剂的不合格食品等，严重地损害了消费者的利益。

4. "公地悲剧"与损害的转移

公地悲剧是一个经典的经济学问题，描述了个体在追求自身利益的过程中，导致公共资源过度使用和衰退的现象。公地悲剧这一概念最早由英国经济学家威廉·福斯特·劳埃德在 1833 年提出，后来由美国生态学家加勒特·哈丁在 1968 年发表《公地的悲剧》(*The Tragedy of the Commons*) 后进一步发扬光大。哈丁在《公地的悲剧》中设置了这样一个场景：一群牧民一同在一块公共草场放牧。一个牧民想多养一只羊增加个人收益，虽然他明知草场上羊的数量已经太多了，再增加羊的数目，将使草场的质量下降。牧民将如何取舍？如果每人都从自己私利出发，肯定会选择多养羊获取收益，因为草场退化的代价由大家负担。每一位牧民都如此思考时，"公地悲剧"就上演了——草场持续退化，直至无法养羊，最终导致所有牧民破产。公地悲剧的核心观点是：在公共资源的使用过程中，个体在追求自身利益的同时，可能会导致整体资源的衰竭，从而损害所有人的利益。因此，可以看出公地悲剧的收益与成本不是由同一批人承担的，也就是有些人得到了放牧的收益，但没有完全承担成本，而成本均摊至每位放羊人身上。在这个过程中，生态环境问题产生的损害从个人利益转移到公共利益上，导致利益的损害发生转移。

5. 价值转移

大自然提供的服务常常被认为是免费的，但实际上是无价的。自然给我们带来了许多好处，为我们提供作为生物生存的必需品，同时也是人类社会经济繁荣的基础。"绿水青山就是金山银山"就是"生态产品"到"生态资本"的价值转变过程。而生态系统生产总值核算则是把"青山绿水"转换为"金山银山"的现实核算工具。根据世界经济论坛发布的《自然风险上升》报告，人类社会有44万亿美元的经济产值都中度或高度依赖自然及其提供的服务。这一数额超过了全球国民生产总值的一半。

以中国长江流域为例，流域开发和生态环境保护之间曾经矛盾十分突出。生态环境全系统保护面临挑战。流域的整体性保护不足，破碎化、生态系统退化趋势在加剧；流域整体污染物的排放量大，风险隐患大，饮用水安全保障的压力大。长江经济带流域上、中、下游间发展极不平衡，下游发展水平最高、中游次之、上游最低。然而，长江经济带中上游自然资源较下游丰富，下游发展需要依靠中上游的资源支撑，下游也是中上游生态环境保护的直接受益者，但下游并未有资金投入，上下游在投入和收益上呈现明显的不对等，造成了"上游保护，下游受益"的矛盾。因此，协调上下游之间的利益和矛盾，建立上下游成本共担的机制，对整个长江流域生态与经济的协调、可持续发展十分必要。2016年，习近平总书记提出了"要把修复长江生态环境摆在压倒性位置，共抓大保护，不搞大开发"，并提出了"生态优先、绿色发展"的战略思路。研究建立长江经济带上下游生态补偿机制，平衡上下游之间的利益，激励沿江各省协同联动共同加大对长江生态环境的保护。理论上这不仅是生态环境问题转移效应的体现，同时在实践中也是实现"共抓大保护，不搞大开发"的最佳路径以及长江经济带重大战略实施的重要保障。

鉴于生态系统提供的价值是多方面的，生态系统生态价值的转移过程中也要在转换方式做文章，不能只限于农业产品、文创产品、生态旅游这样的传统方式，还要扩展思维模式，创新转换方式，发挥出生态价值优势；同时针对价值的时空尺度转移，还要做好生态补偿进而实现生态价值的有效转换，确保生态系统价值利用的高效性及其可持续性。

七、共享效应

生态环境的好坏不仅影响生态系统的服务功能，还会对人类健康产生正面或负面影响，进而产生正面或负面的溢出效应。因此可以说，良好生态环境是最公平的公共产品，是最普惠的民生福祉。山、水、林、田、湖、草、沙、冰等多种要素构成的生态环境，人类在管理过程中，必须坚持"山水林田湖草沙冰生命共同体"理念，处理好局部与整体、发展与保护的关系，并在此基础上，建立"地球生命共同体"与"人类命运共同体"，以实现人类高质量的发展。

1. 环境变化损害的全球性

随着科学技术的进展，越来越多的科学证据表明，人类社会的活动极大地改变了地球生态系统的一些根本性的构成。人类活动排放的二氧化碳等温室气体改变了大气成分的构成，改变了地球地质结构，以及地球重要的生物、物理等方面。人类活动对于地球生态系统的影响和改变，远远超过了地球自然变化的过程，由此导致了一系列全球性环境问题，例如，空气污染和酸雨等情况呈现更加恶化的态势，大气温室气体浓度的增加造成了全球气候变化，还显著地改变了地球的水循环、海洋环境、生物多样性等。种种迹象表明，人类已经深刻地改变了地球的自然过程，由此引发的生态失衡和环境问题也变得更加严峻。

气候变化不仅影响生态系统的服务功能，还会对人类健康产生负面影响。目前，全球人类食物中 17% 的蛋白质来自海洋鱼类，全球气候变化改变海洋生态系统，对人类的食物供给产生重大影响。全球气候变化给农业造成损失，因为植物的种群遗传结构和适应机制受气候变化的影响比较显著，例如，过去几十年间，在温度上升和降水增加的综合影响下，水稻、玉米、咖啡的产量均出现下降。此外，气候变化导致一些野生农作物走向灭绝，自然界的遗传资源遗失，这为农作物的杂交、育种带来损失，严重影响现有农作物的改良，制约新的作物品种形成和发展。气候变化还会改变地球的碳循环，释放出更多封存的碳，并可能增加与气候相关的灾害风险，如洪水、旋风、海平面上升。

2. 生态环境价值的溢出效应

生态环境价值指的是当前生态系统下能够为人类生存与发展提供产品和服务的价值总和。一般而言，生态环境价值包括物质、文化和调节三类。从生态环境角度看，溢出效应是指某种行为对周边生态环境产生的影响。例如，当某城市的人口增长过快时，会导致水、土壤和空气污染等环境问题。这些问题不仅会影响当地居民的健康，还会影响整个地区的生态环境质量，进而产生负面的溢出效应。同样，当某地区坚持生态优先、绿色发展，把"绿色+"融入经济社会发展各方面，就会对当地及其周边其他区域产生正向的生态环境溢出效应。

人们在开发生态系统存在的各类产品和服务过程中，只要保证开发的科学性和合理性，在其进入市场流通的过程中，就会成为人们在日后消费和选择投资的对象，进而给予了生态产品经济价值，为经济发展贡献自身力量。同时，通过对某一地区生态产品和服务的开发，也能带动当地经济和社会的进一步发展，进而提升当地居民生活质量和收入。同时，不同地区生态系统的内容和形式对当地经济的发展也具有较强的带动性，对该地区生态产品进行充分利用，可以最大化地发挥其自身价值，进而成为区域经济发展的推动力。

以浙江余村为例。2005年，时任浙江省委书记习近平来到余村调研，首次提出"绿水青山就是金山银山"。在这一理念的指引下，余村大力修复生态环境，发展休闲旅游经济，成为美丽中国生态文明建设的生动样本。"两山"理念的面世，开启了余村乃至浙江全省发展的新实践模式。到2019年底，余村全村实现国民生产总值近2.76亿元，农民人均纯收入49598元，村级持有集体资产2000余万元，集体经济收入达4521万元。2020年3月30日，习近平总书记再次来到余村，肯定了当地深入践行"两山"理念成绩，鼓励余村人继续沿着正确的道路前进。从"石头经济"到"生态经济"，余村的经验给浙江众多生态"家底"丰厚的地区提供了一种高质量发展的新思路，同时也证实了"绿水青山"与"金山银山"的辩证统一，充分凸显了生态文明建设在生态环境价值方面所带来的溢出效应。

3. 生态环境的公共产品

萨缪尔森的公共经济学理论认为，公共产品是指能够满足社会成员共同需求的产品和服务，最突出的特点是效用的不可分割性、受益的非排它性和消费的非竞争性。良好的生态环境是保障人类生存和发展的重要物质基础，可以为我们提供清新的空气、清洁的水源、安全的食品、丰富的物产、优美的景观，这些生态服务和产品都是人类生产生活所必需的，具有典型的公共产品属性。

良好生态环境也是最为公平的公共产品。人类作为良好生态环境的直接受益者和享用者，无论男女老幼、贫富贵贱、国别肤色，人人都可以平等消费、共同享用生态环境所提供的产品和服务。2013年，习近平总书记在海南考察时强调："良好生态环境是最公平的公共产品，是最普惠的民生福祉。"这一科学论断深刻揭示了生态与民生的关系，阐明了生态环境的公共产品属性及其在改善民生中的重要地位。

如果生态环境遭到破坏，其生态服务功能就会丧失，人类正常的生产生活就会受到影响。《2014年中国人权事业的进展》白皮书提出，要保障和提高公民享有清洁生活环境及良好生态环境的权益。这充分说明，公平享受良好生态环境已经成为人们的一项基本权益。生态环境所产生的效益具有扩散性、外部性的特征，不仅惠及当地，同时也惠及周边、下游乃至更广泛的地区。上游地区生态保护与建设的成果，是下游地区生态安全的重要保障；保护建设好西部地区的生态环境，对于东部地区生态环境的改善具有重要意义；中国生态环境建设所取得的成效，也是对全球环境的重大贡献，必将惠及全人类。因此，良好生态环境也是覆盖面最广、最普惠的民生福祉。

4. 地球生命共同体

"地球是全人类赖以生存的唯一家园。"地球生命共同体理念是习近平生态文明思想的重要结晶，是构建清洁美丽家园的内在要求，也是面对生态危机、安全危机的题中之义，更是适应世界格局变化的历史抉择。2021年10月，以"生态文明：共建地球生命共同体"为主题的《生物多样性公约》第十五次缔约方大会在昆明举行，习近平主席在领导人峰会上做了题为《共同构建地球生命共同体》的主旨讲话。

山水林田湖草沙生命共同体是由山、水、林、田、湖、草、沙等多种要素构成的有机整体，是具有复杂结构和多重功能的生态系统（图5-6）。当人类开发利用一种资源时，会对另外的资源及生态环境产生影响，而山水林田湖草沙生命共同体各要素之间是普遍联系和相互影响的，因此不能实施分割式管理。面对社会、经济可持续发展的客观需求，必须处理好局部与整体、发展与保护的关系，运用系统论的思想方法对自然资源和生态系统进行管理。同时，逐步推进生态系统的整体保护，对受损的生态系统和污染环境进行系统性修复和综合治理。

图 5-6　山水林田湖草沙生命共同体

地球生命共同体理论的核心在于以"人与自然生命共同体"这一整体为中心，这不同于西方环境伦理中的"以人为中心"的人类中心主义和"以物为中心"的非人类中心主义，也不是将"人"与"物（自然）"当成双中心，而是将人与自然组成的生命共同体作为中心，其中人类这一唯一具备主观能动性的生物，在地球生命共同体中发挥着决定性的作用。更为重要的是，保护生态环境的根本目的在于保护人类的利益，人类利益的实现以生态环境为基础，人类的自由与全面的发展依赖于自然和社会的物质运动规律，所以保护生态环境就是在保护人类生存和发展的基础，就是在保护人类的发展机会。因此，坚持"以人为本"是地球生命共同体理论构建的逻辑起点，更是地球生命共同体理论形成和发展的根本坚持。

5. 人类命运共同体

2013年3月，习近平总书记提出构建人类命运共同体的理念；2022年11月，人类命运共同体理念写入联合国大会决议。

人类命运共同体以人类生命相惜、命运互联的态度对待人类同伴，舍弃人种之间、国家之间的对立和冲突，以关爱全人类的广大胸怀处理人与人、国与国之间的冲突矛盾。只有把个人、国家这种强烈领界意识转化为人与人命运与共、国家之间命运相融的集体意识，全球面临的人口、粮食、能源、环保等问题才会有沟通的渠道和解决的可能。

人类只有一个地球，各国共处一个世界，不同的人群、不同的地区和国家在地球上共同组成的一个相互联系、相互影响的系统。这个系统的运行和命运取决于系统内部各个部分如何看待彼此关系、如何处理彼此纠纷、如何选择未来道路。特别重要的是，人类要解决生存和发展的基本问题如资源环境问题、健康与安全问题、和平与发展问题，都需要建立在人与自然和谐共生、人与人合作共赢的基础上。地球生命共同体所追求的人与自然和谐稳定是人类命运共同体发展的基础和保障，人类命运共同体所追求的人类合作共建是生命共同体实现的支持与后盾。

自然生命共同体是构建地球生命共同体的基础，人与自然生命共同体是构建地球生命共同体的核心，人类命运共同体是构建地球生命共同体的目标。在此基础上，地球生命共同体以人类的根本利益为逻辑起点，以经济发展和生态保护辩证统一为逻辑要义，以人类命运与共为逻辑指向，形成了完整严密的逻辑体系，将自然—人类—社会三者有机统一。

人类的生存与发展依赖于所在区域的生态系统及整个生物圈的功能健康与动态平衡。生态学的理论揭示了生物与环境之间的关系，其中的规律也是人类利用和改造自然必须遵从的基本原则。只有顺应这些规律和原则，才能实现经济、社会发展和生态环境质量的共赢，进而达成人与自然、人与人、人与社会的和谐共生。对生态学理论和原则的认识和把握，是"以美丽中国建设全面推进人与自然和谐共生现代化建设"的关键。在前面介绍生态学基本现象和理论的基础上，本篇对生态学认识和解决问题的常见基本原则进行阐述，提出这些原则用于指导社会经济发展与生态环境保护的切入点和应关注的关键问题。

第六篇 生态学解决环境问题的基本原则

一、极限与阈值原则

目前，地球进入了第六次生物大灭绝时期，物种灭绝的速率在不断加快，与前五次不同的是，人类参与和影响了本次过程，而且物种灭绝的速度随着人类的快速发展也在加快。人类对物种灭绝的影响主要在于两个方面，一是使物种生存环境突破了其生存条件的上下限，另一个是过度的捕捞、狩猎、砍伐导致了生物种群的数量低于可持续更新的阈值。有种说法是，地球可以满足人类的需要，但是无法满足人类的贪婪。生物种群的演替、生态系统的稳定平衡，有一定的边界条件与阈值范围，对这些生态法则的认识可在生物多样性保护、生态修复等过程中加以利用。

1. 最小因子法则

即德国化学家利贝格（Liebig）提出的"植物的生长取决于处于最小量状态的营养物质"的观点。生物基本的必需营养元素随种类和不同情况而异，在稳定的情况下，其所能利用的量无限接近所需的最低限度时，就成为限制因子。利贝格认为每一种植物都需要一定种类和一定数量的营养元素，在植物生长所必需的元素中，供给量最少（与需要量比相差最大）的元素决定着植物的产量。这个原则不仅适用于元素对植物生长，也适用于所有生态因子的作用方式。

土壤是岩石风化之后经生物作用而形成的，是植物生长的基础；但各种岩石中几乎不含氮素，且生物自身和自然界固氮的能力较弱，这样导致了土壤中的氮素含量较低，成为植物生长的最小限制因子。随着氮肥的大量使用，促进了粮食的丰收。随着化肥工业的发展，氮肥的使用量越来越高，导致了土壤中的磷肥相对不足，成为最小限制因子，磷肥的使用也促进了粮食的生产。在澳大利亚，土壤缺钼的情况下，施加氮肥反而会减少小麦产量，只有施加钼肥才能提高产量。建立在利贝格最小因子法则基础上的化肥工业，解决了植物营养的养分限制问题，对于人类粮食需求的贡献率达到60%以上。

日常说的木桶理论，一个水桶无论有多高，它的容量取决于其中最短的那块木板，与最小因子法则具有一定的相似之处。在解决生态环境问题时，抓住影响最大、最关键的要素，可取得显著的效果。

2. 耐受性法则

每种生物都有各自的分布范围，这种分布限制源于生物对于环境的耐受性，其对于生态环境因子除了有耐受下限也有耐受上限，在上下限之间的范围称为生物的耐受范围（耐受区间）。可根据对各种生态因子耐受范围的宽窄，将生物区分为广温性和狭温性、广湿性和狭湿性、广盐性和狭盐性、广食性和狭食性、广光性和狭光性、广栖性和狭栖性等。

对于各种生态因子耐受范围都很宽的生物，其分布区一般很广。玉米就是世界上分布最广泛的粮食作物之一，种植范围从北纬58°的加拿大和俄罗斯至南纬40°的南美，世界上每个月都有玉米成熟。当然了，在生物发育过程中，还会因年龄、季节、栖息地区等不同导致对环境因子耐受限度不同。动物的繁殖期、卵、胚胎期和幼体、种子的萌发期，其耐受性限度一般比较低。如果生物对某一生态因子处于非最适宜状态下时，对其他生态因子的耐受限度也会降低。像某种生物所处环境中的湿度很低或很高时，该生物所能耐受的温度范围较窄；当所处湿度适宜时，该生物耐受的温度范围则比较宽。

3. 限制因子

在限制因子中，下限的限制性对生物的影响就是最小因子法则，而上限的限制性往往与资源承载力和环境容量密切相关。生物种群的增长潜力通常是非常大的，但总会受到天气、食物或营养资源、其他生物（捕食者、竞争者或寄生者）等的影响，这些因为资源、空间的有限性使得种群数量上有最大生物种群的数量限制，这就是一般所言的承载力或环境容量，是耐受范围最大时的限制因子。生态承载力是生态系统自我维持、自我调节的能力，资源与环境的供应与容纳能力及其可维持的社会经济活动强度和具有一定生活水平的人口数量有关。对于某一区域而言，生态承载力强调的是系统的承载功能，突出的是对人类活动的承载能力，包括资源子系统、环境子系统和社会子系统。环境承载力是指生态系统所提供的资源和环境对人类社会系统良性发展的一种支持能力。

对人类社会而言，环境承载力决定着一个区域（或流域）的经济社会发展的速度和规模。如果在一定社会福利和经济技术水平条件下，区域内的人口和经济规模超出其生态环境所能承载的范围，将会导致生态环境的恶化和资源的匮竭，严重时会引起经济社会不可持续发展。因此，在经济开发中要把环境承载力作为限制因子。在生态环境管理中，经常所说的"三线一单"（生态保护红线、环境质量底线、资源利用上线和生态环境准入清单）就是为了遵循这些基本生态要求、守住生态环境底线、促进生态环境质量良性发展所采用的限制性要求。

4. 最大可持续产量

在某一特定海域中，如何获得某种或全部捕捞对象可持续开发利用的数量，也就是所谓的最大可持续产量？英国科学家拉塞尔（Russell）于1931年发表了"过度捕捞"的理论分析，清晰地阐明了过度捕捞中存在的问题。如果鱼在成熟之前就被捕捞，将限制鱼类未来以最高水平繁殖的能力与数量。设定鱼类最小种群数量作为限制，可以帮助控制过度捕捞。但太多的成熟鱼被捕获，这可能会导致繁殖个体和补充现有种群的个体过少。过度捕捞使得生态系统本身发生变化，不再能够在可持续水平上支持鱼类资源从而导致渔业资源枯竭。对鱼类资源设定最小种群数量限制，可帮助控制过度捕捞。

渔业管理往往依赖于最大可持续产量。从海洋中收获鱼的数量应该是等于通过繁殖补充的量。利用最大可持续产量原理可以进行配额限制，可以限制一个季节可以捕捞的鱼的数量，从而遏制不可持续的捕捞。北大西洋的鳕鱼捕捞实践表明，暂停捕捞或者实施捕捞配额限制是相对有效的措施之一。

目前，过度捕捞是一个全球性问题。世界上30%以上的渔业捕捞超过其生物极限，90%的鱼类种群目前处于其极限或被过度捕捞。不仅渔业资源如此，全球很多生物性资源，如森林木材采伐、野生动植物的获取、农业生产都存在竭泽而渔、过度摄取等问题。在不损害生物资源可持续恢复、更新的前提下，如何实现对生物资源的科学利用，就是要在最大可持续产量的范围内组织和安排现代生物相关产业。

5. 最小有效种群

最小有效种群是指在一个种群中，只要足够数量的个体能够存在并且保持一定的遗传多样性，就能够确保种群的长期存续，否则，就会因为种群过小难以繁衍更新，或因近亲繁殖导致的遗传漂变，使得种群基因型频率对于环境的适应能力越来越窄，而最终走向灭亡。最小种群是生物种群在极端情况下仍能维持生存所需的最低个体数量；低于此数量，种群就存在生理意义上的灭亡。要确定一个物种的最小有效种群，需要考虑以下几个关键因素：一是种群的健康，种群应该保持一定的健康水平，避免因疾病或其他健康问题导致的种群衰退；二是种群的最小数量，在极端情况下仍能维持生存所需的最低个体数量；三是最小有效种群内所有个体都能够参与繁殖，且亲本和子代的性别比例适当，有助于增加遗传多样性。

为了保持生物种群长期生存，最小可生存种群必须有足够的个体数量，以便应付个体出生和死亡的偶然变化、遗传漂变、一系列的环境随机改变和各种灾难性事件。最小有效种群的确定对于濒危物种的保护具有重要意义，因为它可以帮助我们在资源有限的情况下，选择最合适的保护策略，以确保物种的长期存活。有人估算，保持种群长期存活所需要的最低个体数量约为1000个或更多一些。有研究认为，人类在80多万年前有很长的一段时间都处于濒临灭绝的状态，那时全人类的人口规模只有千余人。

我国在生物多样性保护中，通过对最小有效种群的保护取得了重大的成果。从1981年在陕西洋县发现的世上仅存的7只野生朱鹮开始，通过就地保护、生境保护、人工繁殖和野化放归等措施，至2023年全国的朱鹮种群数量突破万只，受危等级由极危调整为濒危。云南省以只有6株的华盖木种子开始极小种群保护，通过在室内繁殖之后再移栽到原产地的方式抢救性保护，至2021年对20余种极小种群野生植物实现了有效保护；之后不断扩大极小种群保护名录，目前已经扩大到包括贡山竹在内的101个物种，在生物多样性保护方面取得了积极进展。

6. 生态红线

生态保护红线指在生态空间范围内具有特殊重要生态功能、必须强制性严格保护的区域，是保障和维护国家生态安全的底线和生命线。划定生态保护红线，是我国生态环境保护领域的重大制度创新，体现了国家保障国土安全、环境安全与资源安全的坚定决心，也是现阶段我国生态文明制度建设的重要内容之一。

生态红线包括生态功能红线、环境质量红线、资源利用红线三大类型，涉及生态空间保护、污染物浓度控制、污染物总量控制、能源利用、水资源利用、土地资源利用等多个领域。生态功能红线的功能定位是，确认并保护实现环境与资源承载能力所需的最小空间，保障生态系统服务功能的持续实现。环境质量红线的功能定位是，通过污染物浓度控制和总量控制两个方面，确认并保护环境系统容纳外界污染物质的限值。资源利用红线的功能定位是，为保障能源、水、土地等基础性战略资源的可持续供给，对其安全利用与高效利用提出相应最高或最低要求。

生态保护红线具有系统完整性、强制约束性、协同增效性、动态平衡性、操作可达性等特征，是我国生态环境保护的重要制度创新。生态保护红线的实质是生态环境安全的底线，是自然生态服务功能、环境质量安全、自然资源利用等方面实行严格保护的空间边界与管理限值。2023年，自然资源部宣布我国首次全面完成了生态保护红线的划定工作。

7. 底线意识、危机意识

底线意识强调的是在任何情况下都应有一个最低的标准，即不可逾越的红线，以避免情况变得更糟；同时底线意识也是一种科学的思维方式，通过设定最低目标来追求最大的期望值。由于环境的不可控性及内部条件的可变性，各种危机是客观存在的，危机意识是指对紧急或困难关头的感知及应变能力。居安思危是危机意识的重要表现。习近平总书记一再强调，我们必须"对变化莫测的形势要有一种底线意识、危机意识"。

底线意识建立在忧患意识的基础上，即不断地思考可能出现的问题，做好应对预案，未雨绸缪、防微杜渐。在政治上的底线意识，就是保证国家的政治安全和稳定；在经济上的底线意识，则是避免系统性风险的产生；在生态环境保护方面的底线意识，就是守住生态保护的红线。未来是不可预料的，只有增强危机意识才能在心理上、行动上做好准备应对突如其来的变化。只有逐步建立危机意识，时刻关注各种可能出现的问题和风险，拥有底线思维能力，不断地学习新知识、新技能，才能更好地应对各种风险的挑战。

二、整体综合原则

对于一个系统的认识，尤其是涉及生命体系和生态系统，由于系统的整体性质不等于构成它的各要素性质简单之和，因此不仅要认识系统的各个组成要素的特点与性质，还需要把系统看作一个由各个构成要素形成的有机整体，从整体与部分相互依赖、相互制约的关系来揭示其特征和规律，这就是所谓的整体性原则。

整体性原则强调的是从全局角度看问题、解决问题。由于系统结构的复杂性，系统时空条件的多变性，导致系统功能的多样性，因此对系统的分析需要综合分析、统筹兼顾，不可顾此失彼，以确保系统整体功能的最大化。

1. 生命系统

在不同的生命层次内，能够完成一种或者多种生命功能的多个结构单元按照一定的次序组合在一起的结构功能体系叫做生命系统。生命系统具有层次性，高层次由低层次组成，每个层次都是从生命系统等级中的低层次发展进化而来，各层次系统的基本组成单元是低一层次的系统。例如，器官由细胞组成，有机体由器官组成，以此类推；但并不是所有的生物都具有生命系统的各个层次，如单细胞生物不具有组织、器官、系统层次，植物不具有系统层次。总体来说，生命系统从小到大的层次依次为，分子、细胞、组织、器官、系统、个体、种群、群落、生态系统、生物圈。对于人类社会，可依据复杂程度分为细胞、器官、有机体、群体、组织、社区、社会以及超国家系统这八个层次。

对于生命系统，离不开其生存的环境，生命系统的环境通常由其他生命系统、非生命物质、能量和信息组成。为了维持自身的生存和发展，生命系统不仅与环境之间进行着物质、能量、信息的交换，而且生命系统自身也不断地进行着信息、物质和能量的处理。生命系统作为一个系统，是由生命物质子系统、生命能量子系统和生命信息子系统三个子系统构成。

对于生命系统，最大的特点是其系统的开放性，它是一个复杂的、有结构的开放系统。如人体这个生命系统，必须从外界获得物质和能量才能生存和繁衍。"生物圈二号"是1987—1989年建于美国亚利桑那州图森市的人造封闭生态系统（不完全封闭，还存在部分的能量、物质输入输出），用于测试人类是否能够以及如何在一个封闭的生物圈中生活和工作，也探索了在未来的太空移民中封闭生态系统可能的用途，但实验以失败告终。热力学第二定律告诉我们，封闭的系统最终会趋向崩溃，即使并非完全与环境隔离的生物圈二号也证明了这一点。

2. 生态系统

生态系统（ecosystem）是指在一定空间内，生物与环境之间相互影响、相互制约，所构成的具备物质循环、能量流动和信息传递的统一整体；这个统一整体在一定时期内处于相对稳定的动态平衡状态。生态系统是生态学的一个主要结构和功能单位，其范围可大可小，可以小到含有藻类的一滴水，也可以大到整个地球的生物圈。

生态系统的组成包括生物功能类群（包括生产者、消费者和分解者）和非生物环境（物质、能量等），其中生产者为主要成分。生态系统各个成分的紧密联系，使生态系统成为具有一定功能的有机整体。人类生存与发展所需要的资源归根结底都来源于自然生态系统，人类从生态系统获得的所有惠益就是生态系统的服务功能（ecosystem services）。生态系统的服务包括供给服务（如提供食物和水）、调节服务（如控制洪水和疾病）、文化服务（如精神、娱乐和文化收益）以及支持服务（如维持地球生命生存环境的养分循环）。它不仅为人类提供食物、医药和其他生产生活原料，还创造与维持了地球的生命支持系统，形成人类生存所必需的环境条件，同时还为人类生活提供了休闲、娱乐与美学享受。

人类的生存和发展必须依赖生态系统所提供的产品和服务，生态系统的健康和功能可持续是人类生存的基础。人与自然和谐共生的自然观是对人在生态系统中地位的重新审视和确立，也是尊重生态系统组成、结构和功能可持续发展的客观规律，是生态系统理论在生态文明自然观中的创造性应用。保护好生态系统，维持生态系统的服务功能，促进生态系统服务合理优化，绿水青山变成金山银山，可实现人类福祉的最大化。

3. 要素综合性

生命的存在和发展需要环境提供资源支持和环境保障，它对资源的需求是多方面的，所需要的能量和物质来自光照、土壤、水分、大气，并且受各种自然因素的影响。环境中的各种生态因子不是孤立存在的，而是彼此联系，相互依存，相互促进，相互制约的。任何一个因子的变化必将引起其他因子不同程度的变化及反应。

生态因子对生物的作用不是单一的，而是综合的。如植物种子的发芽率受氧气含量、温度和水分含量等综合作用影响。在这些生态因子作用中，有直接的、有间接的，有主要的、有次要的，有重要的、有不重要的；但他们之间在一定条件下又可以相互转化。其核心在于，生物对某一个极限因子的耐受限度会因其他因子的改变而改变。

在全球气候变化的背景下，大气二氧化碳浓度增加、气温升高由此导致饱和水汽压差、干燥度指数和土壤水分的显著变化，降水、径流、陆地水储量和土地利用在区域上分异明显。因此，需要重视自然与人类双重压力下的大气–生态–水文的多维度研究；重视干湿演变过程中的极端灾害事件和空间上以旱区为代表的气候变化敏感性较高区域；构建以土地利用脆弱性评估与适应性治理为核心的气候变化应对路径。

4. 不可替代性与可补偿性

生态因子对生物的作用虽然不尽相同，但都很重要，是不可替代的；但一定条件下，在多个生态因子的综合作用过程中，某一因子在量上的不足，可以由其他因子来补偿，也可获得相似的生态效应，实现部分的功能补偿。生态因子的调剂补偿作用是有限度的，只能在一定范围内作为部分补偿调剂，而不能用一个因子完全代替另一个因子，且因子之间的补偿作用也不是经常存在的。生态因子的不可替代性是绝对的，调剂补偿是相对的、局部的。

对于植物的光合作用，如果光照不足，可以通过增加二氧化碳的量来增加光合作用速率。如果水体中钙含量不足，软体动物会出现不良反应；但是若水体中有大量锶的存在，则软体动物可以利用锶来补偿壳中钙的不足。这些补偿替代在短时期内虽然对生物的生长影响不大，但长期如此可能存在着伤害。我们在工作中，在紧急情况下采取的一些策略，有可能不宜长期实施，需要对这些策略进行评估，以免产生较大的危害。

5. 互补与冗余

冗余（redundancy）从字面上来讲意思是指多余的、累赘的或繁琐的，但冗余并非没有价值。在生命系统中，冗余是生命体在长期进化和适应环境的过程中为了减少外部逆境的负面影响而保存下来的生存对策。Odum（1983）把冗余定义为"一个以上的物种或成分具有执行同种功能的现象"，生态系统中某个物种或成分的丧失不会对整个系统功能产生太大的影响，这是生态系统稳定的一个机制。在生命系统里，生物要维持其正常的生存和繁衍后代，抵御如干旱、洪涝、霜冻、病虫害、动物采食和践踏等胁迫，需要靠大量的备用元件（冗余）提高系统稳定性和可靠性，这是生物适应环境波动的一种生存对策。

生命系统的各个层次都会出现冗余，包括结构冗余和功能冗余。在器官水平上，植株的不同叶片、分蘖、花、根系等器官均存在冗余，部分器官一定程度的损坏不会对植株个体产生太大的影响。株高存在冗余、叶面积存在冗余、分枝分蘖存在冗余、植物的根系更是存在冗余。在种群与群体水平上，当种群中的某些个体消亡或去除后不会对整个种群的结构和功能产生很大的影响，也说明了该种群存在一定的冗余。在群落和生态系统水平上，某些物种存在生态功能的部分重叠，因此某一物种的丢失并不会对生态功能发生太大的影响，说明存在功能上的冗余。虽然冗余是避免生态系统功能丧失的一种保险，但是冗余的产生是有一定代价的。首先，生成这些冗余部分要消耗物质、能量、时间和空间资源；其次，维持这些冗余的生物量需要额外的生物能。因此，合理的冗余是必须的，但过于庞大的冗余则对系统的生产力是不利的。

在工程设计和生产过程中，按照正常的要求进行设计完成之后，经常需要乘以一个调节系数，这就是冗余调节在生产生活中的应用。为了保证质量，保证强度，可增加5%～10%的保险系数；为了减低成本，可以打一定的折扣。当然，冗余量的大小，核心是由对其功能的要求以及实现功能过程的复杂性所决定。

6. 部分与整体的协同

整体是指事物的各内部要素相互联系构成的有机统一体及其发展的全过程，部分是指构成事物有机统一体的各个方面、要素及发展全过程的某一阶段。当各部分以合理的结构形成整体时，整体就具有全新的功能，整体的功能就会大于各个部分功能之和；当部分以欠佳的结构形成整体时，就会损害整体功能的发挥。

生命系统及其生态系统，是高度依赖整体耦合的有机体，也是极其需要部分的高效功能整合的复杂单元复合体。虽然整体主导部分，但要实现整体目标最优，达到整体功能大于部分功能之和的理想效果，必须重视部分的高效作用，用局部的机能发展推动整体的机能提升。现代社会已经形成了自然－经济－社会复合体系，保护与发展的关系往往体现在局部与整体关系中，既要反对只考虑整体利益，忽视局部利益的做法，也要反对只重视局部、部分利益而置整体利益于不顾，把整体和部分割裂开来的做法。

目前，我国正在积极开展"生态文明建设示范区"的工作，旨在以区域、地方的高质量发展促进"美丽中国""健康中国"目标的实现，建立了生态制度、生态安全、生态空间、生态经济、生态生活、生态文化六大类40项的建设指标。"生态文明建设""美丽中国"这一宏伟目标与具体建设指标表现为整体与局部的关系，在抽象内涵上为宏观与微观的关系，通过确立协同保障机制，可促进人与自然和谐共生，实现"美丽中国""健康中国"这一最终目标。

7. 结构决定功能

生命的最基本特征是新陈代谢和繁殖，各层次结构所完成的功能都服务于这两个基本特征，也就是说任何生命活动都建立在一定结构和功能的基础上。结构是功能的基础，具体的功能一定需要相应的结构才能实现；功能可反作用于结构组成，两者相辅相成；一个结构的维持与功能的实现需要其他结构及功能的配合，系统整体结构的功能大于局部结构的功能；结构与功能的关系并不是简单的、绝对的一一对应关系，一些结构并不对应一种功能，或某些功能并不依赖于单一的结构。

生命系统具有层次性，某一层次的结构与功能都不能离开它的上一个层次；任何一个结构的功能都影响着其他结构的功能，功能是作为部分的结构对整体的贡献。因此，系统的结构与功能不仅是自身的整体和谐，也是内外环境的协调统一，每一个结构的功能实现都需要一定的环境条件。生命系统中的结构与功能的关系都是长期进化的结果，这是生物适应性的来源。

由于结构为功能的实现提供了物质支撑、空间布局、实现路径，结构的稳定性和坚固性直接影响着功能的实现，结构的空间布局直接决定了功能的实现效果，结构的支撑和连接性影响着功能实现的可行性。功能的实现需要依赖于结构的稳定性和可靠性，但只有功能与结构相匹配，才能确保结构的稳定性和可靠性。

在实际工作中，一方面要考虑现实的财力、物力、人力等结构条件，从而制定出可行的功能目标；另一方面通过相对较高的功能目标，促进结构条件的改善和优化，从而提供整个系统的活力。由于结构与功能的关系是相互依存、相互影响、密不可分的，实践中需要综合考虑，防止结构与功能的失配，从而达到最佳的效果。

8. 短板原理

短板原理（即木桶原理）指的就是一只木桶的容量大小，并不取决于桶壁上那块最长的木板，而恰恰取决于最短的那块。短板原理的启示就是，在生态环境保护工作中，往往生态脆弱区、生态敏感区是容易出现生态环境问题、产生生态风险的地方；经济社会发展速度快、规模大的区域容易出现资源环境问题；高度重视特殊区域、特殊阶段发展中容易出现问题的环节，加高那块短板的长度，在工作中有针对性地抓住主要矛盾去解决，才能增大整个木桶的容量。

俗话说，经济是人类最大的生态。利用生态学原理诠释或指导人类的经济活动也是一种生态智慧。在最近的几十年间，我国社会主要矛盾理论曾有两次重大的创新和与时俱进，这就是短板原理在社会发展中的应用，通过抓住主要的社会短板——主要矛盾来解决，实现飞跃性发展。一是"人民日益增长的物质文化需要同落后的社会生产之间的矛盾"论断，抓住了社会经济发展的短板，坚持把党和国家工作重点转到社会主义现代化建设上来，坚持改革开放，从而使我国经济社会发展取得举世瞩目的巨大成就。另一个就是习近平总书记提出了"我国社会主要矛盾已经转化为人民日益增长的美好生活需要和不平衡不充分的发展之间的矛盾"这一新论断。经过改革开放四十年的发展，我国长期所处的短缺经济和供给不足的状况已经发生根本性转变，人民对美好生活的需要也已从物质文化生活领域拓展到政治、社会、生态环境等各领域；同时，经济持续高速增长加上发展方式粗放、经济结构和体制机制不合理所导致的城乡、区域以及社会、生态环境等领域的发展不平衡不充分问题凸显出来，构成了社会经济发展的新的短板。这时，生态环境就成为最大的民生问题之一，通过高质量保护提供社会高质量环境服务，显著提高了人民群众的获得感和幸福感。

9. 社会-经济-自然复合生态系统

社会-经济-自然复合生态系统，是以人为主体的社会、经济系统和自然生态系统在特定区域内通过协同作用而形成的复合系统。其中的自然子系统，是由水、土、气、生物及其间的相互关系来构成的人类赖以生存、繁衍的生存环境；经济子系统是指人类主动地为自身生存和发展组织有目的的生产、流通、消费、还原和调控活动；社会生态子系统是人的观念、体制及文化构成。这三个子系统通过自然驱动、人的活动协调子系统及其内部组分的关系，实现结构整合、功能整合，使子系统的耦合关系和谐有序，从而实现人类社会、经济与自然间复合生态关系的可持续发展。社会-经济-自然复合生态系统是由马世骏等生态学家在1984年正式提出的，是中国科学家对可持续发展做出的重要贡献。

人类社会是以人的行为为主导、自然环境为依托、资源支持为命脉、社会文化为经络而构成，目前社会发展中的各类不平衡、不协调、不可持续问题，都是有关人与自然、局部与整体、人与人之间的经济生态、政治生态、人文生态和社会生态关系失衡、失序和失调的问题。我国把生态文明建设纳入"五位一体"总体布局，统领经济建设、政治建设、文化建设和社会建设的各方面和全过程，将生态的内涵从生态环境保护上升到生产关系、消费行为、体制机制、思想意识和上层建筑高度，上升到为经济、政治、文化、社会穿针引线、合纵连横的高度，标志着中华民族生态文明建设的转折点。

中国式现代化是人与自然和谐共生的现代化，构建一个稳定、可靠的自然-经济-社会复合生态系统则是一条主要的路径。我们必须关注自然系统是否符合自然界物质循环、相互作用的规律，是否达到自然资源供给永续不断，以及人类生活与工作环境是否适应与稳定；关注经济系统是否亏损抑或盈利，是平衡发展抑或失调，是否达到预定的效益及与是否与资源环境承载相适应；关注社会系统是否行之有效并有利于全社会的繁荣昌盛，政策、管理、社会公益、道德风尚等是否符合整体社会效益与环境的可持续发展。

三、群体协同原则

群体协同原则强调生物组织单元之间、不同群体之间的相互作用和合作，这种协同作用在不同生命层次之间（从细胞到个体）、不同物种之间（如捕食者与猎物、共生关系）或同一物种的不同群体（如雌雄个体、老中青、上下层级）之间发生，这对个体、种群、群落和生态系统的健康和稳定至关重要。协同发展也是现代人类追求的重要社会目标。

1. 个体与种群——依赖与共生

在生态系统中，生物个体与其所属种群之间存在着一种深刻的相互依赖关系，这不仅基于个体的生存和繁衍需求，也与种群整体的健康和稳定性紧密相连。这一相互依赖的本质体现在种群动态和生态位上。生物群体数量和结构随时间的变化，是生物群体对资源可用性、生境条件变化、种内和种间相互作用的响应。这种动态变化不仅显示了食物链中的变化，还反映了气候条件、极端事件、疾病或人类活动等外部压力的影响。

种群内部个体的相互作用对维持种群的结构和功能至关重要，个体与种群之间的相互依赖关系不仅影响着物种的生存和繁衍，还决定了它们在生态系统中的作用和地位。这些关系包括竞争和合作，共同维护种群的稳定和繁荣。通过竞争优化了种群内部结构，提高种群整体质量和种间比较优势；通过合作，降低个体的生存和参与成本，提高整个种群的适应能力、资源获取与利用水平，整体提高适应和进化效率。

种群内部的社会结构和行为模式对于资源分配、繁殖策略的实施以及生存技能的传递都至关重要。狮子间的竞争行为决定了食物资源的分配和领域的划分，而它们在狩猎时展现的团队协作则提高了捕食成功率，有助于整个种群的生存。非洲大象展现出复杂的家族社会结构，成年雌象和幼象形成紧密的群体，老年雌象通常担任领袖角色，指引群体寻找食物和水源。

种群与其所处的生态系统间的互动是维持生态平衡的关键，这种互动体现生态系统为每个物种提供生存的环境支持，而每个物种及其种群通过它在生态系统中的功能地位——生产者、分解者、消费者，在物质循环、能量流动中发挥不可替代的作用，进而也对生态系统的人类服务发挥作用。同时，种群健康状况对生态系统整体状态还有指示作用。蜜蜂通过授粉活动提供生态系统服务（ecosystem services）对农业和自然生态系统产生重大影响；指示物种（indicator species）的健康状况常被用作评估整个生态系统健康的指标，反映该生态系统的整体状态。

人类作为一个动物种群，也存在个体与整个社会的依赖与共生。我国 2020 年人口达 14.1 亿，出生人口较 2019 年下降 260 万，65 岁及以上人口占比达 13.5%；2021 年出生人口降至 1062 万人，65 岁及以上人口占比达 14.2%，进入深度老龄化社会。只有正确认识人口发展的内在规律、人口与经济社会发展的关系，创造良好的社会环境和公共服务，降低生育养育养老的个体与家庭成本，鼓励生育以提升总和生育率至世代更替水平，才能达到人口长期健康均衡发展的目标。

2. 群体的力量——整体大于部分之和

在生态系统中，群体协同是一种关键的动态过程，其中不同个体或物种通过集体行为和相互作用产生超出单个个体能力的整体效应，形成了"1+1＞2"的效果。

从微观的细菌群落到宏观的动物群体,都展现了群体协同的力量。这种协同作用不仅增强了物种对环境变化的适应能力,也加强了生态系统的稳定性和恢复力。生态系统中的群体行为,如鸟类的迁徙、鱼群的洄游,不仅是种群生存策略和生态系统功能的体现,更是物质循环和能量流动的重要驱动力。在非洲草原上的角马和斑马的迁徙过程中,草原为其提供了食物和水源,同时迁徙过程还对草原的植被生长和土壤营养循环产生了深远影响。生态系统中的协同作用是多种生物间相互作用的结果,这些相互作用包括但不限于食物链关系、共生关系和授粉关系。

种群通过集体行为应对环境挑战的这种群体智慧在生态管理中尤为重要,它可以指导我们如何更好地保护和利用自然资源。通过研究鸟类的迁徙模式,我们可以更好地理解气候变化的影响,并据此制定生物多样性保护和生态系统恢复的策略。人类活动对生态系统中的群体协同有着直接和间接的影响。积极的方面,科学管理和保护措施可以增强生态系统的协同作用,如恢复湿地和保护自然保护区。消极的方面,如过度的城市化和森林砍伐,可能会破坏自然界中的群体协同,导致物种复杂关系的破裂、生态分化的终止,进而引起生物多样性的丧失。

3. 自疏效应——生态系统的自我调节

自疏效应(self-thinning)是指同种同龄固着性生物种群在高密度生长条件下的相互竞争现象,由于竞争个体不能逃避,竞争使较少量的较大个体存活下来。自疏效应导致植株个体平均质量跟植株数密度之间存在典型的 $-3/2$ 幂关系:

$$W = C \times d^{-3/2}$$

式中,W 为个体平均质量,d 为密度,C 为一常量。通过作图可以发现 W 与 d 在在双对数图上的函数图像为一直线,斜率为 $-3/2$。上述关系也称为 Yoda 氏 $-3/2$ 自疏法则(Yoda's-3/2 law),目前已经在大量的植物和固着性动物(如藤壶和贻贝)中发现。自疏的后果是,一些生物个体无法承受竞争压力而死亡,从而降低了种群的密度;自疏过程的核心是种内竞争,通过竞争导致部分个体的死亡来保持物种之间合理的平衡;这种竞争不仅限于光照、水分和养分等资源的争夺,还包括生存空间的竞争。通过自疏效应,生态系统能够在资源受限的环境中维持一定水平的物种多样性,同时防止某一物种的过度增长导致生态失衡,实现生物多样性和生态平衡的自然调节。

在生态演替的过程中,先锋物种的快速增长会导致个体间的激烈竞争,自疏效应可促进种群密度的自然调整,为后续物种进入和定居创造条件。在岩石上初生的地衣群落中,随着地衣的增长和覆盖,部分地衣会因资源竞争而死亡,从而为其他植物种子的萌发和生长提供空间和养分。在密集的森林生态系统中，自疏效应可通过减少弱势树木的数量调节种群密度和结构，有助于强势树木的成长，从而维持森林的整体健康和生态多样性。

在人类生态系统管理中，可合理利用自疏效应，通过调整树木种植密度和选择适宜的物种组合，可以促进森林生态系统的健康和多样性。在森林经营中的间伐，就是在同龄林未成熟的林分中，定期伐去一部分的生长不良的林木，为保留木创造良好的生长环境条件，从而促进保留木生长发育的一种营林措施，就是自疏效应在生产中的应用。在天然更新容易，土层浅薄的成、过熟单层林中，一个龄级期内进行 2～4 次采伐，并借助于上方母树的天然下种，可实现迹地更新。合理的间伐是一种森林经营措施，又是获得木材及经济效益的重要手段。

4. 竞合并举——生态平衡的双重机制

在生态系统中，物种间的竞争是一种普遍的现象，涉及对有限资源的争夺，如食物、水源、生存空间和光照。这种竞争不仅影响个体生物的生存和繁衍，而且在物种适应性、多样性的形成和生态位分化上发挥着重要作用。森林中不同树种为了获取光照和营养物质而展开竞争，形成了树木不同的生长高度和根系结构，从而共同塑造了森林的多层次结构。竞争也是物种适应性进化的重要驱动力，通过竞争形成生态位的分化从而使物种发展出多样化的生存策略以适应环境压力。竞争关系可以促进物种进化，竞争导致生物个体中弱的无法生存下来，而强的则可以顺利繁衍后代，在一定程度上提高了种群内个体的适应性。在资源稀缺的环境下，过度的竞争会导致一些物种灭绝或者转移。

除竞争外，在生物种内和种间还有另一种关系——共生关系，即不同物种之间的长期互利共存，这是生态系统中另一种重要的相互作用形式，也是自然界中的重要生存策略。这些关系可能表现为互惠共生、共栖或寄生。在互惠共生关系中，每个物种都从另一个物种那里获得利益，这不仅增强了物种间的互动，还促进了生物多样性的维持。海洋中，珊瑚与共生藻类之间存在共生关系，藻类通过光合作用为珊瑚提供营养，而珊瑚提供给藻类必需的二氧化碳和一个安全的栖息环境。这种互利的共生关系是珊瑚礁生态系统繁荣的基础。

竞争与共生这两种相互作用相辅相成，共同塑造生态系统的结构和功能；同时，生态系统的健康和稳定性依赖于这种微妙的平衡，这种平衡有助于维持生物多样性，促进生态系统的功能和服务。非洲大草原上狮子和角马之间的捕食者与被捕食者的关系是竞争与共生平衡的一个生动展现，也是维持草原生态平衡的关键因素。狮子控制了角马种群的数量，从而防止了草原过度利用。在热带雨林中，物种间存在激烈的竞争和复杂的共生关系，共同维持了高度多样化和复杂的生态结构，这对维护全球气候和碳储存具有至关重要的作用。

自然界中，竞争使得任何一个物种及其种群都可能过快地繁衍和发展，让不同的生物可根据能力和资源情况获得发展机会和空间；共生既可能是物种之间的一种关系模式，也可能是物种间通过竞争乃至捕食后达成的一种新的生态关系，因为通过捕食、寄生等非共生关系，相互提高了捕食者和被捕食者的生存能力和适应性，这样使得对方变得更强大，更有利于进化，形成了事实上的共生关系。当然，这些关系的形成，是长期的共同生存发展建立起来的。

竞争与共生作为维持生物彼此间平衡关系的机制，在人类社会依然如此。没有竞争的社会是没有效率、没有活力和质量的；没有共生的社会也是难以想象的。二者都十分重要，关键在于程度和机制发挥作用的条件。如果一味地强调竞争，会影响个人的心理健康和经济利益，还会对整个社会的资源分配、经济发展、环境保护和社会稳定产生重大负面影响；但一味的共生公平，又会使社会失去活力。现在常说的内卷就是过度竞争，是躺平、人口出生率下降等社会问题的根源之一。如何构建社会人群之间的共生价值网络，与价值伙伴成员共生、共创、共享价值是今后社会发展应该关注的问题。

5. 相互依赖——生态网的纽带

生态网是生态系统中物种间错综复杂的相互依赖关系。这些关系主要通过食物链及食物网展现出来，包括捕食者与猎物、寄生者与宿主以及其他形式的相互作用，这些相互作用不仅涉及能量的转移，还包括物质的循环和信息的交换。在海洋生态系统中，食物网展示了从浮游生物到鱼类、海鸟和海洋哺乳动物等不同物种之间的相互依赖。这个复杂的网络不仅确保了生态系统的多样性，而且是维持海洋生态平衡的基础。这种复杂的网络结构使得生态系统能够在面对环境变化时显示出惊人的韧性。

生态网的复杂性是维持生态系统稳定性的关键，是生态平衡实现的条件平台，每个物种都在其中扮演着特定的角色，对维持生态平衡具有重要影响。种群数量的波动和物种间的相互作用直接影响着生态系统的整体健康。

6. 协同适应——生物与环境的共同演进

协同适应（co-adaptation）是指两个或多个物种、基因或表型特征作为一组或一对同时进行环境适应的过程。这个过程是一个并行的反馈机制，其中涉及的个体或代理体不断地对其他个体或代理体的适应性行为引起的变化进行适应。协同适应的过程发生在两个或多个特征一起经历自然选择，以应对相同的选择压力。这可能涉及物种、特征、器官或基因的联合适应。这种适应类型在塑造生物群落的相互依赖性方面起着关键作用，因为其中一个物种的进化轨迹可能与另一个物种的进化变化密切相关。

长距彗星兰原产马达加斯加，它的花朵长着相当长的距，通常长 30 多厘米，有的甚至可长达 40 多厘米。达尔文依据其长喙状的花蜜腺管与天蛾的长喙相匹配的特点，曾预测长距彗星兰的传粉者是一种具有很长的喙（口器）的飞蛾，预言中的天蛾在 1903 年于马达加斯加被发现。这是天蛾和兰花之间的共同进化、共同适应的一个显著例子。协同适应是驱动物种进化和生态系统发展的关键因素，它展示了生命的相互联系，以及物种不是孤立进化，而是在与其生活和非生活环境的持续互动和响应中进化的方式。

物种与其生态环境之间也存在共同演化过程。在这个过程中，生物种群和它们所处的环境相互作用并相互影响，导致彼此的适应性变化。人类活动对生物、生物与环境的协同适应过程有着显著影响。在一些情况下，如通过恢复生态系统和减少环境压力，人类可以促进这一过程。然而，如果环境遭到污染和栖息地遭到破坏，人类活动可能会干扰甚至破坏自然的协同适应过程。理解和促进协同适应的科学管理和保护策略对于实现生物与环境的和谐共存至关重要。

7. 共同发展——朝着可持续的未来

大自然为每个生命的生存提供了竞合舞台，使每个生命既依赖其他的生命生存和发展，又要依赖自己的努力才能赢得这种机会，并且为大自然的更好运行和进化发展贡献自己的生态力量。

今天，即使科学技术高度发展，但人类也一天也没有逃离大自然，并且作为大自然的一个组成分子，越来越发现，如何顺应自然，尊重自然法则，人类就会行稳致远；如果违背自然生态规律，就会受到大自然的报复和惩罚。人类把自己融入大自然，确保自然环境的健康与稳定，才能实现经济、社会和环境三者的和谐共存和永续发展。

贯彻可持续发展理念，在满足当代人类需求的同时，不损害后代的相应需求。要实现这种可持续发展，核心和关键就是要保护和维护大自然应有的生态面貌、生态结构和生态功能。为实现人与自然的共同发展，需采用多种策略和方法。其中包括发展绿色经济、推动清洁能源的使用、实施对环境友好的城市规划和农业实践等。面对环境变化和生态危机，未来的挑战是多方面的，我们需要继续探索如何在保护生态系统的同时促进经济和社会的可持续发展的具体路径和方式。

四、空间尺度的刚性约束

尺度（scale）是一个许多学科常用的概念，主要指某一研究对象在空间上或时间上的度量，包括时间尺度和空间尺度。

对于生态系统，空间尺度可以理解为生态系统的现在和未来，以及生态系统在空间上的扩展和变化；时间尺度可以理解为生态系统的历史和未来，以及生态系统随时间变化的速率和频率。

时间和空间尺度之间的关系是密切的。一方面时间尺度可以影响空间尺度，另一方面空间尺度也会影响时间尺度，时间和空间尺度相互影响、相互作用，共同决定着生态系统的特征和变化。由于尺度具有层级性、相对性、关联性和复杂性等特点，分析和解决生态、社会问题就必须存在尺度思维，大尺度上的现象是小尺度现象产生的背景，小尺度出现的现象是大尺度变化的起源，因此需要在不同的尺度上解决不同的问题（图6-1）。

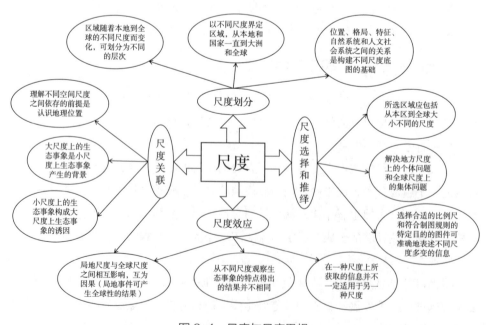

图6-1　尺度与尺度思想

1. 空间的生态刚需

生物的生存和繁衍需要一定的空间。如果在一个封闭的有限空间（资源数量有限），当个体数量增加，单位密度增大，资源利用的竞争程度也会加剧，使得个体的出生率降低、死亡率增加，从而限制了个体的增长，这就是密度制约。密度制约的作用是维持种群数量的相对稳定，当种群数量接近或超过环境空间所能承载的最大数量时，密度制约会发挥作用，限制种群数量的进一步增长，使种群数量在一个相对稳定的水平上波动。密度制约可以通过多种方式实现，如食物供应不足、繁殖资源有限、疾病传播等。

任何一个生态现象（包括生物多样性、生态系统、食物链、生态平衡、自然选择、群落演替、生物入侵、生态服务、气候变化和可持续发展）的发生都是在一定的空间尺度中发生的，且在不同的空间尺度上的效应差异较大；任何一种生物的生存与繁衍，需要一定的环境条件和生态空间；因此对于生态现象和生态问题的认识，必须考虑其空间尺度效应，不同的问题在不同的尺度上认识，不同的尺度解决不同的问题。生态现象的发生和解决需要空间，是因为生态系统的运行和恢复需要时间。一片森林的生长和恢复可能需要数十年甚至数百年，修复退化的生态系统需要足够的土地和水资源，这可能需要数百乃至数千平方公里的空间。为了解决全球气候变化，需要国际合作和大规模的空间布局。

2. 边缘效应

边缘效应（edge effect）是指在群落和生态系统的交错区域，物种数目以及一些种的数目变大的趋势。其核心原因在于，群落交错区中由于生境的特殊性、异质性和不稳定性，使得毗邻群落的生物可能聚集在交错区。在这个生境重叠的区域，不但增大了交错区的物种多样性和种群密度，而且增大了某些物种的活动强度和生产力。边缘效应有其稳定性，按边缘效应性质一般可分为动态边缘、静态边缘两种。动态边缘效应是移动型生态系统边缘，外界有持久的物质、能量输入，此类边缘效应相对稳定，能长期维持其高生产力；静态边缘是相对静止型生态边缘，外界无稳定的物质、能量输入，此类边缘效应是暂时的，不稳定的。在农业生产中，即使土壤条件是相同的，但由于每一植物个体所占空间的不同和相连田块的影响以及小气候的差异等，田块周边部分与中央部分的作物在株高、粒数和病虫害的危害等方面也仍会出现差异，这也是边缘效应的表现。边缘效应作为普遍且客观存在的现象一直存在，但剧烈的人类活动正在大尺度地改变着自然环境，形成了许多新的边缘地带（各种交错带）；如城市的发展、工矿的建设、土地的开发，均使原有景观的界面发生变化，在其景观界面处形成各种边缘交错地带。这些新的交错带可以看作一个半渗透的界面，控制着不同系统之间能量、物质与信息的流通。研究生态系统边界对生物多样性、能流、物质流及信息流的影响，生态交错带对全球气候变化、土地利用、污染物的反应及敏感性，以及在变化的环境中怎样加强生态交错带的管理，对于生物多样性的保护和各种生态系统的稳定具有重要的意义。

3. 岛屿生物学效应

一个岛屿，与大陆相比它的物种存在什么样的特点呢？研究表明，岛屿上物种数目会随着岛屿面积的增加而增加，最初增加十分迅速，当物种接近该生境所能承受的最大数量时，增加将逐渐停止。

$$S = cA^z \qquad (5-2)$$

其中：S 为种数，A 为面积，z 和 c 为两个常数，z 表示种数 – 面积关系中回归的斜率，c 是表示单位面积种数的常数。物种数目的对数与面积对数的坐标图显示的是一个线性关系。

在生态学上，岛屿是泛指一个被隔离的空间。湖泊受陆地包围，也就是陆"海"中的岛，热带地区山的顶部是低纬度的岛，成片岩石、一类植被或土壤中的另一类土壤和植被斑块、封闭林冠中由于倒木形成的"林窗（forest gap）"，都可被视为"岛"。斜率 z 值是物种数目基础动态变化的参数，对于全球陆地植物而言的 z 平均值为 0.22。说明我们保护好 1% 的物种存在的空间面积，相当于保护原有物种数目的 25%。岛屿效应中的"物种 – 面积"关系只是一种经验统计关系，只能说明静态的宏观模式，尚未涉及其中的机制。

岛屿生物学效应在自然保护区的设计中具有重要的指导意义。一般说来，保护区面积越大，越能支持或供养更多的物种；面积越小，所能支持的物种数也少。在同样面积下，一个大保护区好还是若干小保护区好，这决定于下列情况：①若每一小保护区内都是相同的一些种，那么大保护区能支持更多的种；②从传播流行病而言，隔离的小保护区有更好的防止传播作用；③如果在一个相当异质的区域中建立保护区，多个小保护区能提高空间的异质性，有利于保护物种多样性；④对于密度低、增长率慢的大型动物，为了保护其遗传性，较大的保护区是必需的。保护区过小，种群数量过低，可能由于近交使遗传特征退化，也易于因遗传改变而丢失优良物种的特征。

4. 生态位与生态幅

生态位描述了生物体或种群如何对资源和竞争对手的分布做出反应（例如，在资源丰富、捕食者、寄生虫、病原体稀少的时候生长），以及它如何反过来改变这些相同的因素（例如，限制其他生物获取资源，充当捕食者的食物来源和猎物的消费者）。生态位是一个物种与特定环境条件的匹配时，生态系统中每种生物生存所必需的生境最小阈值。

在自然界，由于长期自然选择的结果，每个种都适应于一定的环境，并有其特定的适应范围，其适应范围的上下限就是其生态位幅度，也简称为生态幅。它主要取决于物种的遗传特性和适应性。如果一生物种对某一生态因子的适应范围较宽，而对另一因子的适应范围较窄，此时生态幅度常常为后一生态因子所限制。在生物的不同发育时期，它对某些生态因子的耐性是不同的，物种的生态幅往往决定于它临界期的耐性。

不同的生物在某一生态位维度上的分布可以用正态的资源利用曲线表示（图6-2）。图6-2a 中3个物种的生态位较窄、资源利用的重叠度较少，它们之间的竞争强度就相对较低；而图6-2b 中3个物种的生态位较宽、资源利用的重叠度较大，种间竞争加剧，其结果有可能导致物种2的灭绝或者形成物种生态位的分离分化。一般生态位的分化包括栖息地分化（habitat differentiation）、领域地分化（territorial differentiation）、食性分化（feeding differentiation）、生理分化（physiological differentiation）、体型分化（body-size differentiation）等。

根据生态位理论和竞争排斥原理，可以得到以下的认识：一个稳定的群落中占据了相同生态位的两个物种，其中一个种终究要灭亡；一个稳定的群落中，由于各种群在群落中具有各自的生态位，种群间能避免直接的竞争，保证了群落的稳定；一个相互起作用的、生态位分化的种群系统，各种群在它们对群落的食物、空间和资源的利用方面，以及相互作用的可能类型方面，都趋向于互相补充而不是直接竞争。这样一来，由多个种群组成的生物群落，要比单一种群的群落更能有效地利用环境资源，维持长期较高的生产力、具有更大的稳定性。

生态位原理在生产中有着重要的应用价值。在濒危物种的保护中，可以通过分析该物种的生态位，制定针对性的保护措施；在野生动物栖息地的保护中，也需要考虑物种的生态位。农业生产中也可以利用生态位原理指导作物的种植和管理，在旱地种植中，可以通过分析作物的生态位，确定种植时间和地点，避免与其他作物竞争资源。森林砍伐后的恢复，可以根据树种的生态位，选择合适的树种进行种植，提高森林的恢复效果。如果忽视生态位原理，有意或无意将外来植物和动物引入一个新的环境中，它们有可能占据或侵入本土生物的生态位，且缺乏相应的限制因素，比原生物种更具竞争力，形成外来物种或入侵物种的生物污染。在我国，互花米草、加拿大一枝黄花、鳄雀鳝等外来物种的入侵导致了严重的生态环境问题。

图 6-2　动物在空间上的生态位分化

5. 复合种群与最小保护区面积

生物生存所依赖的是食物、空间和繁殖。然而，人类过度的乱砍滥伐、侵占生物领地，导致生物的栖息地不断地缩小以及碎片化，致使越来越多的生物种群趋于灭绝。在生物灭绝过程中，许多生物的灭绝过程都是栖息地先行破碎，连续分布的种群裂成斑块状种群，然后逐个斑块种群灭绝。也有种群在栖息地裂成斑块后，局部小种群因其他斑块个体的不断迁入而能长期生存；甚至局部种群灭绝后形成的空间也能被来自邻近斑块的迁入个体占领而得到恢复。生态学家 Levins 将这种经常由局部性灭绝，但又重新定居而再生的种群所组成的斑块状分布种群定义为复合种群（也叫玛他种群，Metapopulation）。与在一定时间内占据一定空间的同种生物的所有个体的传统种群不同，复合种群是指由多个互相独立的种群组成的整体，每个子种群都有自己的进化规律和遗传特征。种群中的个体并不是机械地集合在一起，而是彼此可以交配，并通过繁殖将各自的基因传给后代。如果有一个大种群和许多小的卫星种群所组成的复合种群，大种群的数量足够大或互相之间有一定的扩散率，那么对物种的保护十分有利。

栖息地破坏和碎片化是导致野生动植物灭绝的重要原因，因此一般认为自然保护区面积越大越好，但大面积的自然保护区会对当地的社会经济发展带来一定的影响，特别严重时还会引发自然保护区与当地之间的矛盾，从而影响社会的稳定。对于大型哺乳动物（如虎），单个个体的活动面积可能达到几百平方公里，而一些雉类可能只有几十公顷。野生动物类型自然保护区的面积的确定与动物个体所需的活动面积密切相关；对于野生植物，保护区的面积需要与完成植物生命周期的过程相关，因为某种植物可能需要一定的面积才能保证完成其生命周期。那么，合理的自然保护区面积如何设置？最小的保护区面积如何确定？

确定保护区的最小面积需要确定保护生态系统的目标种或关键种、确定这些种的最小可存活种群（最小可存活种群是指在遗传特性、环境因素和种群本身的随机变化存在的情况下，能够以 99% 的概率存活 1000 年的最小种群），然后根据种群密度和最小存活种群确定最小面积。对于一般的生态系统类型自然保护区，应足以维持生态系统的稳定性或完整性，可根据生态系统中关键种的有效种群大小来估测最小的保护区面积。在我国《自然保护区工程项目建设标准》中，不同类型自然保护区设置面积差异较大。对于森林类型自然保护区，小型为 10000 公顷以下，中型为 10000～50000 公顷，大型为 50000～150000 公顷，超大型为 150000 公顷以上。在全球尺度上，一些研究认为保护生物多样性需要关注的最低土地保护面积为 6470 万平方公里，约占陆地面积的 44%；其中 3510 万平方公里的生态完整区，2050 万平方公里的现有保护区，1160 万平方公里的关键生物多样性区域，以及 1240 万平方公里的额外土地，这些土地需要在保护物种分布最低比例的基础上促进物种的持续存在。由于自然保护区、关键生物多样性和生态完好区域的三方重叠面积只有 180 万平方公里，这是保护的重中之重。

但如何确定最合理的最小自然保护区面积大小的问题仍然没有标准答案。复合种群理论和景观生态学斑块理论在解决剩余斑块之间的联系和基因交流方面具有突出的优势，将传统的岛屿生物地理学与集合种群及景观生态学理论相结合，可能为自然保护区面积确定问题提供一个新的思路。

6. 领域

资源是指一定地域空间之内生命所需各种物质和能量的总称，特别是阳光、空气、水、土地、森林、草原、动物、矿藏等资源就是依附于地域空间的存在而存在。任何生命生存和发展都需要水、土、气、食物等生存资源，而这些资源就在特定的空间中，因此，空间就是一种资源。在生态学上，资源在空间中存在，空间中有用的东西就是资源，空间是资源的同一语，拥有空间就是拥有资源。很多生物具有强烈的空间意识，就是为了占领和获得生存所需的资源。

例如，在自然界生物个体、家庭个体、家庭或其他社群单位所占据的，并积极保卫不让同种其他成员侵入的空间，称为领域（territory）。动物的领域行为有利于减少同一社群内部成员之间或相邻社群间的争斗，维护社群稳定，并保证社群成员有一定的食物资源，及隐蔽和繁殖的场所，从而获得配偶和养育后代。动物领域空间的大小往往取决于占有者的体重、生活史等因素。当占有者体重越大，所占用的空间领域也就越大，以便能有足够的食物资源来保障其种群的正常生长与繁殖；同时，当处于繁殖期时，例如鸟类一般在营巢期领域行为表现最强烈，其领域空间也越大。

在人类社会中，空间作为一种潜在的或直接的资源，其空间内归属的资源可以被开发和利用来创造价值；空间作为有形的资源，可以被直接用来进行各种生产生活活动。这说明了空间的使用价值归根结底是人的价值。历史上，形成了地盘越大、发展空间就越大、国力越强的认识，各种血腥的战争就是围绕地盘扩大地域空间。然而，空间的扩大对于管理的要求增高，管理的成本急剧增加成为发展的负担，所占据的地域空间又开始缩小。传统的地缘政治通过分分合合形成了现代国家空间的布局，从陆地到海洋，从地下到天空，每一寸土地都是鲜血换来的。我们国家国土空间的形成是历史形成的必然，传承、利用和保护好这块土地是每个中国人的责任和义务。

五、时间尺度的柔性支撑

时间（time）是物质的永恒运动、变化的持续性、顺序性的表现，是人类用以描述物质运动过程或事件发生过程的一个参数，确定时间是靠不受外界影响的物质周期变化的规律。时间包含时刻和时段两个基本概念，目前人类使用的是以地球自转为基础的世界时间计量系统。

地球上的每一寸空间和土地，古往今来，沧海桑田，生命更替。时刻都在变化，星移斗转，演变进化，永无止境。本节从时间尺度阐述其生态学内涵、生态学意义，提示时间是最核心的资源。抓住当下，用好时间，在关键时发力当事半功倍。对于未来，珍爱生命系统，把一切交给时间，也许就是最好的安排。

1. 时间三要素

对于时间的本质内涵，不同的学科之间认识差异较大。物理学中时间是描述事件发生顺序和持续时间长度；相对论中时间是一个相对的概念，不同参考系下的时间可能会有所不同；哲学中认为时间是绝对存在的，是宇宙的基本结构之一；还有人认为时间只是人类感知和理解世界的方式，是一个相对的概念。但不管哪种，时间都有一个标度，用于表示过去、现在和未来的过程迁移，时候、时刻、时长是生态学成为描述时间效能的三要素。

时候，可以理解为某种与时间相关的状态。例如，到了冬天，当树叶落下的时候，鸟也飞走了。其英文为 In the winter, when the leaves fall off the trees, the birds also fly away。年年在这个时候天气都变化无常，The weather is very changeable at this time of year。很多动物只在一年的某个时候交配繁殖。Many animals breed only at certain times of the year。

时刻，可以理解为时间的一个特定点或瞬间，是时间的最小单位，用来描述事件发生的具体时间。时刻通常用来标识事件发生的某一特定的时间点，是时间的离散表示，可以精确到秒、毫秒甚至更小的单位。在日常生活中，时刻可以用来安排日程、记录事件发生的时间、进行时间上的测量等。时刻在科学研究、工程技术、交通运输等领域对时刻的精确性和准确性要求非常严格，因为它关乎到事件的发生顺序、持续时间和时间间隔等，具有重要的实际意义和应用价值。

时长，是指事件或过程持续的时间长度，通常用来标定时间段的长短。在生态现象中，时长的差异特别巨大，如蚍蜉卵孵化成幼虫需要 1～2 年的时间，一旦发育成成虫阶段蚍蜉的生命就变得非常短暂，通常情况下只有一天左右。弓头鲸（*Balaena mysticetus*）被认为是寿命最长的哺乳动物，其寿命可超过 200 岁。在日常生活中，时长也常用来描述活动、任务或事件的持续时间，比如一场电影的时长、一次旅行的时长、一次会议的时长等。时长的长短会影响人们的安排和计划，因此对于时间的合理利用和规划非常重要。

2. 时间是核心资源

时间自产生以来，它的供给量是固定不变的，在任何情况下不会增加、也不会减少，没有办法进行开源；时间不能像人力、财力、物力和技术那样被积蓄储藏，不论愿不愿意，时间在流逝，没有办法进行节流。但时间又是生态现象所不可或缺的因素，任何一项活动都有赖于时间的堆砌；时间一旦丧失，则会永远丧失，无力挽回。时间的这些特点，使它具备了资源的不平衡性、规律性、多功能性、系统性、有限性以及开发利用转化的无限性等资源特征，时间就是一种资源。

时间不仅是资源，还被生态学认为是核心资源。随着时间推移，在同一空间中形成的各种生态因子在变化，不同的生态要素重新配置，这将意味着新的资源的形成，可以为不同的生物提供资源；同一空间，不同的生物生态需求不同，因此不同时间利用由不同生物在同一空间利用资源，扩展了空间的资源容量。

生命及其生态系统的演变和稳定性均受时间的影响。时间是生物种群进行进化和适应的关键因素，在生态系统中扮演着重要的角色，生物种群需要时间来适应环境变化以及演变出更适应新环境的特征。生态系统中的各种相互作用和动态过程都受时间尺度的影响，许多生态过程，如植被生长、食物链的建立和破坏、种群的扩散等，都需要时间。生态系统需要时间来恢复受到干扰的平衡状态，长期稳定的生态系统有助于维持多样的生物群落。

对于人类，我们所谓的精力、努力的本质都是指对时间的投入比例和支出方式。人与人的差别很大程度上在于对待时间的态度，意识到时间的有限性、不可逆性以及它的机会成本和目标实现的关系，合理利用时间才能有所收获、有所成就。

3. 生态现象的发生和解决需要时间

生物种群数量的变化、生物多样性的变化、生态系统的演替和稳定、食物链和食物网的相互作用、生态系统的能量流和物质循环等各种生态现象的发生，均需要时间的作用。时间为生态现象的发生、生物的进化、生态系统支撑条件的建立提供了演化的空间和机会，也是生物种群适应环境、形成新物种的重要基础。

生物进化与时间之间有密切的关系，时间为生物进化提供了必要的演化空间。进化是生物种群在漫长的时间尺度上逐渐发生的变化，通过基因的遗传变异和自然选择逐渐积累和改变的，形成了新的物种多样性和适应性。同时，生物进化是为了适应不断变化的环境而发生的。随着时间的推移，环境会发生变化，而生物种群只有在漫长的时间尺度上才能逐渐适应这些变化，以维持其生存和繁衍。由于地理环境的隔离、生态位分化等因素，生物种群有可能会分化成不同的亚种或新种，只有经过时间的检验，才能确定物种能否繁殖生存下来，因此时间也是物种形成和分化的重要因素。以土壤为例，1万年的时间可将坚硬的岩石形成不同分化的程度和剖面的发育、能够生长万物的"成熟"土壤。

生态现象的形成需要时间，同样生态问题的解决也需要时间。一是由于生态系统是极其复杂的，需要对各种生态问题的形成、效应、因素进行长期的观察和研究，以便理解其发生的原因和机制，且生态问题解决措施的效果评价需要长时间检查才能评价。二是许多生态问题是长期积累而成的，例如土壤退化、水资源污染、气候变化等。这些问题的发生和恶化要一定时间之后环境才能发生响应，解决这些问题更需要长期的治理恢复。三是生态系统的恢复和调整也需要时间。即使采取了有效的保护和修复措施，生态系统也需要一定的时间来恢复平衡和稳定，因此解决生态问题需要耐心和持之以恒的努力。

认识生态现象的发生和解决需要时间是基于对生态系统复杂性、累积效应和生态系统响应时间的理解，需要以长期的视角来认识和解决生态问题，注重长期的观察、研究和持续的行动。这样，才可以更好地了解生态系统的运行规律和稳定机制，有助于制定保护和管理策略，维护生态系统的稳定和健康。

4. 时间与空间的转换

空间是相对不变的，而时间是流动的，用"不变"研究"变"是生态学研究问题的基本策略，用"变"的观点把"不变"的序列结合起来，是生态学研究问题的重要方法论。

空间代替时间是生态学研究常用的一种模式，指的是由原初条件相同或相近的不同空间在同一时间尺度下呈现的生命及其生态系统状态，在形式上可以看成是同一空间上的生物及其环境条件随时间推移而发生的状态，从而可以利用这种不同空间上的特征来认识生命及生态系统在时间上的变化过程与规律。人的寿命有限，一个人倾其一生能够持续开展研究的时间也不过六七十年，但借助这种方式，人们可以研究百年、千年，乃至亿万年前生命及生态变化。

"用空间换时间"可以利用空间梯度（如海拔、纬度等）来模拟时间尺度上的变化，这种特别在气候变化、物种分布、群落及生态系统演替的研究中应用很多。由于生态系统和物种分布对气候等环境因素的响应需要长时间尺度的观测数据，而这些数据往往难以获得，因此研究者可以利用空间上的差异（如不同海拔的气候差异）来推断时间上的变化。空间代替时间对于理解生态系统中的空间异质性和生物多样性分布有着重要的意义，它强调了空间上的差异如何影响生物群落的动态变化，以及生态系统中的生物群落如何在空间上进行适应和交互。不仅如此，在解决生态环境问题中，这种思路也是很重要的。如在生态应急管理和环境保护领域，"用空间换时间"也可以被理解为通过创造或利用空间来争取时间，以更有效地应对突发环境事件。例如，在处理水污染事件时，通过构建闸坝、桥梁、沟渠等空间设施，可以截流污染物，为应急处置争取时间，从而保护下游生态环境不受影响。

反过来，"用时间换空间"也是认识、解决生态环境问题的一种方略。如在受损的生态系统中，通过实施长期的恢复措施，如植树造林、湿地恢复等，来逐步改善生态系统的结构和功能。这些措施往往需要多年的时间才能见到显著成效，但它们为生命及生态系统提供了更多的生存空间和发展潜力。又如，为了保护生物多样性，防止生境破碎化，可以在不同生态系统之间建立生态廊道或缓冲区。这些区域的建设和维护需要时间，但它们为物种迁移、基因交流等提供了重要的空间支持。还如，在某些情况下，生态学家和管理者可能会选择尊重生态系统的自然演替过程，愿意等待更长的时间来观察生态系统的自然恢复和发展，从而换取更稳定、更可持续的生态系统状态。

需要注意的是，虽然"时空互换"在生态学研究中、在解决生态环境问题中具有重大价值和积极的意义，但在实际应用中也需要根据具体情况进行权衡和决策。在某些紧急情况下，可能需要采取更快速、更有效的措施来保护生态系统和生物多样性；在不少情况下，必须要根据特定区域的生态功能定位进行保护和修复，而这种修复更多的是一个自然过程，而不能简单粗暴地干扰或打断自然进程，出现欲速则不达的"破坏性"保护或修复。因此，在制定生态保护策略时，需要综合考虑多种因素并做出明智的决策。

六、调节反馈原则

反馈是指将系统的输出返回到输入端，并以此改变输入，从而调整系统结构、优化功能。反馈是自然界中常见的现象，系统中的信息传递和反馈过程，可帮助系统保持稳定状态或进行调整和优化，从而提高系统的性能和稳定性。反馈过程涉及因果关系构成的环路，可以是正反馈（增强输入信号）或负反馈（稳定放大并减少失真）。反馈就是一种重要的因果关系和调节手段，根据过去的情况来调整未来的行为，可以应用在许多领域。

1. 正反馈与负反馈

正反馈（positive feedback）指一系统的输出影响到输入，使得输出变动后会影响到输入，造成输出变动持续加大的情形。正反馈往往是远离起始或平衡状态的反馈形式，经常与"恶性循环"关联，会导致系统的快速发展和破坏。如多米诺骨牌的干扰传递、人口爆炸以及社会现象中的"马太效应"都是常见的正反馈现象。在生态环境领域，往往环境污染将引起生态退化，生态退化又削弱了生态系统净化污染的能力，又进一步加大了环境污染的扩大和延伸。阻断生态恶化与环境污染的恶性循环，是破解很多生态环境问题的关键。

负反馈（negative feedback）是相对正反馈而言，在系统的输入输出过程中，通过检测系统中的变化并采取相应的行动来维持系统的稳定性的调节系统。负反馈是一种自我调节的过程，可以让系统自动调整自身，以适应外部环境的变化。与正反馈相比，负反馈是大多数系统稳定的控制机制，通过纠正和削弱控制信息，从而维持系统的稳定性。负反馈在许多系统中都有应用，在电路中，它可以用来控制电压和电流的变化；在生物学中，它可以用来控制体温和血糖水平；在社会学中，它可以用来控制社会秩序。在自然界，大多数的生态学过程和机制都具有负反馈属性。如整个食物网及食物链过程都是负反馈，所有良性运转的生命过程和生态过程都是通过负反馈机制实现其稳定性和持续性。

反馈机制可以帮助识别、理解复杂生态环境问题并制定相应的解决方案，设计和使用有效的反馈系统，可以保证自然系统、社会系统稳定的运行。

2. 上行效应、下行效应

上行效应（bottom-up effect），又称上行控制效应。在生态学中，上行效应强调的是物理化学环境与低营养级生物对高营养级生物的具有决定性作用。上行效应描述了生态系统中物质生产和能量流动方向，能量和有机物质主要从生物底层（如植物）向生物上层（如食草动物和食肉动物）方向传递，这种传递是通过食物链或食物网中的捕食和食物摄取过程实现的，底层生物因此对上层生物具有调节、控制作用。如，植物的生产力决定了害虫种群密度，害虫的生产力决定了它们天敌的密度，营养盐的供给决定了浮游植物种群的数量；较低的营养阶层密度、生物量等形成资源限制决定较高营养阶层的种群结构。在海洋生态系统中，由于系统被上行效应所支配，鱼类将不会对藻类产生影响；反之贫营养化水体中，藻类可以决定鱼类可能达到的最大生物量。上行效应的另一个特点是，简单的或不成熟的生态系统主要受上行效应所控制；如北极圈地区，地衣、苔藓的数量决定了驯鹿种群的大小和发展速度。

上行效应影响着生物群落的结构和能量流动。这种效应使得植物能够将太阳能转化为有机物质，然后通过食物链传递给食草动物和食肉动物，从而维持了整个生态系统的能量流动和物质循环。在生态系统中，上行效应对于维持生态平衡和稳定性非常重要，它影响着生物群落中各种生物之间的相互作用，以及整个生态系统中能量和物质的流动。因此，了解和研究上行效应对于理解生态系统的结构和功能具有重要意义。

与上行效应相对的是下行效应（top-down effect），是指较低营养阶层的群落结构（多度、生物量、物种多样性）依赖于较高营养阶层的物种结构。在生态系统的食物链中，位于营养结构上层的生物对处于较低营养级的生物通过捕食者在食物链中对猎物的选择性捕食来实现，从而可改变被捕食生物的种类比例。如捕食者天敌的密度决定了害虫种群密度，选择性摄食对浮游生物群落结构和相对丰度产生了影响。下行效应使得食肉动物能够从捕食其他动物中获取能量，从而维持了自身的生存和生长，有机物质可以从食肉动物通过排泄物或死亡的方式返回到底层生物体中，为植物提供养分；下行效应通过控制食草动物和其他生物的数量，影响整个生态系统中各个生物种群的相互作用，从而影响生态系统中不同生物种群的数量和分布，对于维持生态系统的平衡和稳定性起着重要作用。下行效应在复杂的或成熟的生态系统中表现更为突出。如热带地区，很多植物在动物的取食过程中依赖动物传粉和散布繁殖体，以促进植物的发展和分布。

上行效应及下行效应反映了生态系统中各成分之间的反馈与负反馈机制，影响着生态系统中能量和物质的流动、生物群落的结构和稳定性，也正是这种机制决定了生态系统的稳定与平衡。下行效应和上行效应可以启发我们思考人际关系和社会结构。在人类社会中，上行效应可以用来描述权力和资源的传递，例如领导者向下层成员委派任务和资源；而下行效应则可以类比为信息、影响力或资源从高层到底层的传递，例如领导者的决策对下属的影响。这些概念可以帮助我们更好地理解组织、政治和社会中的权力结构和影响力传递，从而在人生中做出更明智的决策。

3. 生态系统恢复力

生态系统的稳定性是指生态系统在遭受干扰后，能够保持功能和结构的相对稳定状态，并具有抵御外部压力的能力。生态系统恢复力就是面对更大程度的干扰时，生态系统能够以可持续的方式逐渐恢复到稳定状态的能力，是生态系统稳定性的重要指标。生态系统恢复能力是由生命组分的基本属性决定的，即生物顽强的生命力和种群世代延续的基本特征所决定。生物组分（主要是初级生产者层次）生活世代越长、结构越复杂的生态系统，对外界破坏干扰的抵抗能力越强，一旦遭到破坏则长期难以恢复。而那些生物的生活世代短，结构比较简单，则恢复能力较强。如，常见杂草生态系统遭受破坏后恢复速度要比森林生态系统快得多。

生态系统的恢复力和抵抗力是一枚硬币的两个面，越复杂的系统抵抗力越强、越不容易遭到破坏；越简单的系统则抵抗力越弱，但具有较强的生态系统恢复力。当然，恢复力和抵抗力之间的关系并不能进行简单的对比。热带雨林大都具有很强的抵抗力稳定性，因为它们的物种组成十分丰富，结构比较复杂，但热带雨林受到一定强度的破坏后，也能较快地恢复。相反，对于极地苔原（冻原），由于其物种组分单一、结构简单，它的抵抗力稳定性很低，在遭到过度放牧、火灾等干扰后，恢复的时间也十分漫长。

生态系统的恢复力不仅取决于系统自身的结构和组成，还受到外部环境的影响和干扰，如气候变化、环境污染、人类活动等。对一个生态系统从抵抗力与恢复力两个方面分析其稳定性时，首先要考虑不同生态系统外界因素的影响程度，其次还要考虑不同生态系统所处的环境条件。为了维护和提升生态系统的恢复力，需要采取一系列的措施，如保护生物多样性、控制污染、合理利用资源等。

4. 生态平衡

生态平衡指生态系统通过发育和调节所达到的一种稳定状况，它包括结构上的稳定、功能上的稳定和能量输入、输出上的稳定，是一种动态的平衡。在自然条件下，生态系统总是朝着种类多样化、结构复杂化和功能完善化的方向发展，直到使生态系统达到成熟的最稳定状态为止。当生态系统达到动态平衡的最稳定状态时，它能够自我调节和维持自己的正常功能，并能在很大程度上克服和消除外来的干扰，保持自身的稳定性。当外界对生态系统的干扰超过一定的限度，生态系统自我调节功能本身就会受到损害，从而引起生态失调，甚至导致发生生态危机。大多数的生态危机是由于人类盲目活动而导致局部地区甚至整个生物圈结构和功能的失衡，从而威胁到自身的生存。生态平衡失调的初期往往不容易被人类所觉察，如果一旦发展到出现生态危机，就很难在短期内恢复平衡。图6-3展示了负反馈导致草地生态系统达到平衡。

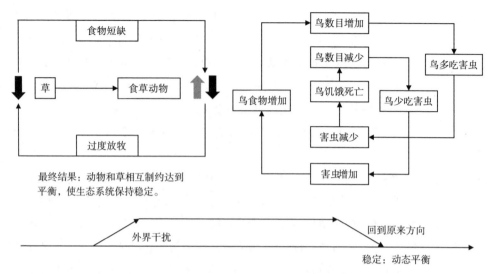

图 6-3　负反馈抑制或减弱了最初发生的变化，使草地生态学系统达到平衡或保持稳定

对于人类社会，也需要在经济、社会和环境之间寻求平衡，避免过度开发和消耗资源，保护环境，才能实现可持续的发展，满足人类当前需求的同时也满足未来世代的需求。生态平衡所强调的生物多样性和各种生物之间的相互依存关系，提醒我们珍惜和保护生物多样性，意识到人类与其他生物之间的互相依存关系。生态系统通过自我调节和适应在外部干扰下保持相对稳定，提醒人类需要具备自我调节能力和适应性，以便更好地应对变化和挑战。生态系统中各种生物之间的平衡与协调关系，启示我们在人际关系、社会组织、企业管理等方面需要平衡与协调，以实现和谐发展。为了正确处理人和自然的关系，我们必须认识到整个人类赖以生存的自然界和生物圈是一个高度复杂的具有自我调节功能的生态系统，保持这个生态系统结构和功能的稳定是人类生存和发展的基础。

七、承载力原则

承载力本意是指地基的强度对建筑物负重的能力，现已演变为阐述"条件支撑发展"规模、能力的常用思想和原则。对于一个生态系统，承载力是指群落及其生态系统能够容纳和支持的特定种群数量的最大值，也可以认为是指环境能够承受的最大生物种群数量或生物量。由于承载力思想的科学性、适用性、直观性、形象性，在生态、环境、经济和社会的各个领域都得到了延伸应用，成为生态环境与经济社会发展应该遵守的普适性原则，相应地，在资源一定的条件下，可通过适应性管理，优化产业结构和空间结构来提高资源的承载能力，也成为创新高质量发展的新路径。

1. 环境容量

环境容量是指在特定时间段内，环境系统能够容纳并承受人类活动所产生的废弃物、污染和资源消耗的能力，是环境系统自我调节和自净能力的上限。环境容量可以分为绝对容量和年容量。绝对容量为某一环境所能容纳某种污染物的最大负荷量，不受时间限制，与年限无关。年容量指某一环境在污染物的积累浓度不超过环境标准规定的最大允许值的情况下，每年所能容纳的某污染物的最大负荷量。在环境容量范围内，人类活动对环境的影响是可逆的，环境系统可以通过自我调节和自净作用恢复到原有状态。而一旦超出环境容量，环境系统就会遭到破坏，甚至无法恢复。从这个角度，环境容量可以认为是环境的承载力。

环境容量主要应用于环境质量控制及经济社会发展方式的调控手段，在环境政策制定和环境管理实践中具有重要的意义。政府部门可以根据环境容量指标制定污染物排放总量控制计划，企业可以根据环境容量指标调整生产规模和污染物排放，公众可以根据环境容量指标了解环境质量并参与环境保护。目前常用的环境容量指标有大气环境容量、水环境容量、土壤环境容量和生态环境容量。由于环境容量不仅受地形、气候、土壤、水文等自然因素的影响，还与人类活动的强度和频率等因素密切相关，因此在制定环境容量指标时需要综合考虑多种因素，如环境系统的自净能力、污染物的排放量和扩散特性等因子。鉴于环境容量成为人类可以影响干扰自然的红线，因此也成为优化和倒逼经济社会发展规模、速度的重要原则。

2. 资源承载力原则

资源承载力是指我们所生存的环境所能提供资源的可能性与合理性范围，当人类的活动在这个范围内时可以通过自我调节和完善来不断满足人的需求，一旦超过一定的限度时整个系统就会出现崩溃，这个最大限度就是资源承载力。资源承载力的核心是指一个国家或一个地区资源的数量和质量对该空间内人口的基本生存和发展的支撑力，是可持续发展的重要体现。当然，不同的社会形态，承载力也不同（图6-4），因此对资源承载力的认识，可以帮助人们意识到资源过度开发和利用可能对环境造成的负面影响，减少生态系统受到的压力和破坏。对资源承载力的评估，有助于了解一个地区或环境系统是否能够持续支持人类活动的发展，制定合理的资源利用规划，避免过度开发和消耗资源，从而实现可持续发展的目标。在资源承载力下进行的社会经济活动可以避免资源过度开发和消耗导致的社会不稳定和资源冲突。

资源承载力可由一系列相互制约又相互对应的发展变量和制约变量构成。其中的自然资源变量包括水资源、土地资源、矿产资源、生物资源的种类、数量和开发量；社会条件变量包括工业产值、能源、人口、交通、通信等，环境资源变量包括水、气、土壤的自净能力、生态系统的稳定性。

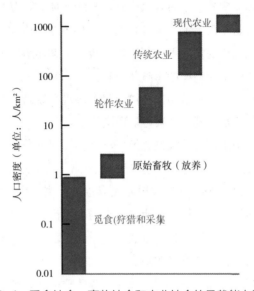

图 6-4　觅食社会、畜牧社会和农业社会的承载能力比较

我国人均耕地不足世界平均水平的 1/3，人均水资源量不足世界平均水平的 1/4，水土资源严重不足；随着我国经济总量和人口总量的不断增加，水土资源的承载力已经接近上限。通过对自然环境、人口资源和经济社会的综合评价，明确区域的资源承载力水平，可为区域的发展提供科学依据，确保资源的可持续利用。

3. 合理的人口规模

合理的人口规模是指按照合理的生活方式，保障健康的生活的水平，同时又不妨碍未来人口生活质量的前提下，一个国家或地区最适宜的人口数量。自 1950 年以来世界人口增长率快速增加（图 6-5），截止 2024 年，世界人口总数已达 79 亿多。与资源环境的人口承载力不同，合理的人口规模是根据合理的健康和生活水平标准来确定的人口数量，旨在寻求在保证可持续发展和合理健康生活水平的同时，人口数量的最佳平衡点。

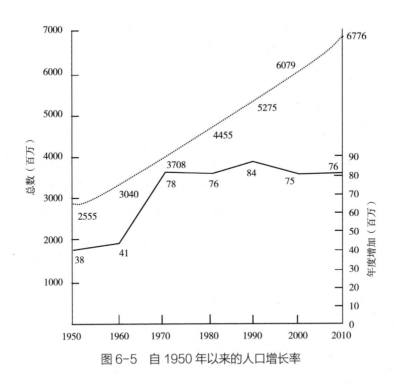

图 6-5 自 1950 年以来的人口增长率

显然,一个国家或地区合理的人口规模要小于其资源环境所能承载的人口容量,因为它考虑了更高的生活质量和未来的可持续发展需求。人口数量过多可能会导致资源短缺、环境污染、就业压力等问题,人口数量过少可能会导致劳动力短缺、人口老龄化、经济发展动力不足等问题。合理的人口规模是一个复杂的社会、经济与资源环境问题。

合理的人口规模的控制,对于制定一个地区或一个国家的人口战略和人口政策有着重要的意义。《中国土地资源生产能力及人口承载力研究》报告认为,我国的资源环境人口容量应该控制在 16 亿左右;也有一些研究认为,我国的土地最高承载能力约 15 亿～16 亿人,合理承载能力约为 9.5 亿人;截至 2021 年,中国总人口数量为 14.13 亿人。合理的人口规模不仅需要考虑人口数量,还必须考虑到人口的结构、教育水平,目前我国已经进入老龄化社会,老年人口比例不断增加,而年轻人口比例则不断下降,需要采取措施来调整人口结构,鼓励生育、提高年轻人口比例,同时加强对老年人口的保障和照顾。

在资源环境一定的条件下,科学技术的进步对合理的人口规模有重要的影响。技术进步可以提高生产力,使得更少的人口可以生产更多的产品和服务;但这可能会影响到人口规模的增长,因为更少的人口可以满足更多的需求。另一方面,技术进步也可能导致资源的更有效利用，从而支持更大规模的人口，如医疗技术的提高、现代的生育控制技术可以影响人口的增长速度。在考虑合理的人口规模时还必须考虑科技进步的影响、大国竞争与国际政治需要、国防安全等因素。

4. 合适经济体量和合理发展速度

（1）合适经济体量

经济体量是按市场价格计算的一个国家（或地区）所有常住单位在一定时期内生产活动的最终成果，反映了一国（或地区）的经济实力和市场规模，常用国内生产总值作为指标。现代社会的经济体量的大小决定了一个国家的影响力和地位，2022年中国的国内生产总值达到110万亿元，人均国内生产总值超过1.2万美元，经济体量已经超过欧盟各国之总和，达到美国的77%，成为世界最大的经济体之一。

大的经济体量并不一定是合适的经济体量，还必须考虑投入产出的效益、资源资金的利用效率以及经济效益的规模和社会的繁荣发展。合适的经济体量通常指，一个国家或地区经济发展的规模和水平，能够在可持续的情况下实现经济繁荣、社会稳定和资源有效利用的状态。

决定一个国家或地区合适的经济体量需要考虑到资源状况、人口规模和结构、环境容量、科技水平、社会制度和国际环境。一个地区的资源状况将直接影响其经济体量的合适性，资源丰富的地区可能支持更大规模的经济活动，而资源匮乏的地区可能更小规模的经济体量才合适。由于生产过程中还需考虑对污染的承受能力、自然资源的可持续利用，因此合适的经济体量需要考虑环境容量的限制。科技水平直接影响着生产率和效率的高低，高的科技水平可以支持更大规模的经济体量。不同的社会制度和政策对经济体量有不同的影响，合适的制度和政策可以促进经济的健康发展。人口规模过大或过小都可能对经济产生负面影响，只有合适的人口规模能够为经济提供劳动力和市场需求，推动经济增长。在日益全球化的今天，国际市场的需求竞争、国际贸易、国际关系等因素也会对一个国家或地区的经济体量产生影响。

（2）合理发展速度

骑过自行车的人都清楚，在速度特别快和特别慢的时候就容易摔倒，只有合理的速度下自行车才容易保持平衡，其核心原理就是运动的稳定性。运动稳定的关键，就是速率，只有合适的速率才能保证稳定和安全。经济发展也一样，过高的发展速率会导致通胀，过低的速率会导致通缩。

经济增长在一定程度上反映了经济的活跃程度和社会财富的增加，但它并不能全面地反映出一个国家或地区的发展水平。合理的经济发展速度应当能够在保障资源环境可持续的前提下实现经济增长。目前，中国经济正处于转型升级的阶段，由高速增长向高质量发展转变，经济发展的速度应当逐渐放缓以便更好地实现结构调整和升级。中国经济合理的发展速度，应当是结合国内外的经济形势，既能够实现经济增长又能够保障可持续发展、就业和社会稳定的速度。

5. 产业结构优化和空间布局优化

（1）产业结构优化

产业结构优化是指在追求国民经济效益最优的目标下，根据本地的环境、资源、科技水平等特点，通过对产业结构的调整，达到与已有条件相适应，各产业协调发展的状态，并且随着经济的发展，产业结构进行动态的合理调整，从而满足社会不断增长的需求的过程。

优化的产业结构有三个特点：①产业结构合理化，即在现有技术基础上实现各类产业之间的协调，包括各产业间在生产规模上比例关系的协调、产业间关联程度的提高、产值结构的协调、技术结构的协调、资产结构的协调和中间要素结构的协调等方面。②产业结构高度优化，即产业结构根据经济发展的历史和逻辑序列从低级水平向高级水平的发展，包括在整个产业结构中由第一产业占优势比重逐级向第二、第三产业占优势比重演进；由劳动密集型产业占优势比重逐级向资金密集型产业、技术知识密集型产业占优势比重演进；由制造初级产品的产业占优势比重逐级向制造中间产品、最终产品的产业占优势比重演进。③产业结构合理化和高度化的统一，产业结构合理化是产业结构高度化的基础，产业结构高度化是产业结构合理化的必然结果。由于我国的产业结构的不尽合理，对资源、能源的消耗强度比较高，很多依然处于全球化的国际价值链的低端，产出结构和就业结构存在错位，协调性差，使得我国经济在实现高速增长的同时也付出了高昂的代价。

当前，我国的"双碳战略"对于产业结构的调整有着重要的影响，有助于提升我国产业的技术水平和竞争力，推动产业结构向高端化、智能化方向发展。

（2）空间布局优化

任何经济社会发展都是在一定的空间上进行或实现的。在哪做、做什么、怎么做，都离不开研判所在区域空间尺度自然、经济、社会的属性和特点，尤其是要把如何保护和维护区域生态安全、环境健康放到突出位置上。优化国土空间的开发是生态文明建设的一项重要任务。

空间布局优化所考量的生态环境是指通过控制开发强度，调整空间结构，促进生产空间集约高效、生活空间宜居适度、生态空间山清水秀，给生态和环境留下更多修复空间，给农业留下更多良田，给子孙后代留下天蓝、地绿、水净的美好家园，实现人与自然和谐发展。其核心内容是，通过国土空间的规划管控，将国土空间开发从占用土地的外延扩张为主转向调整优化空间结构为主；以生态保护为前提，以水土资源承载能力和环境容量为基础，实现有度有序开发；引导人口相对集中分布、经济相对集中布局，提高空间利用效率，促进人口、经济、资源环境的空间均衡。在优化国土空间过程中，需要完善区域协调格局，保障农业发展空间、构建生态保护修复大格局，彰显特色融合城乡的协调发展，统筹海陆、协同地上地下空间，同时还需明确战略预留区，应对未来发展的不确定性。

空间布局优化，既是一个区域经济社会发展考虑的基础性问题，也是国家发展全局谋划的重大方略，即立足资源环境承载能力，发挥各地区比较优势，促进各类要素合理流动和高效集聚，推动形成主体功能明显、优势互补、高质量发展的国土空间开发保护新格局。通过优化国土空间格局，健全主体功能区战略和制度，细化主体功能区划分，制定差异化政策；推动新型城镇化战略和乡村振兴战略实施，构建大中小城市和小城镇协调发展、城乡融合的空间格局；推动陆海一体化发展，实施覆盖全域全类型、统一衔接的国土空间用途管制制度，构建陆海协调、人海和谐的国土空间新格局。这些将为实现人与自然和谐共生的中国式现代化，推动经济社会发展绿色化、低碳化的高质量发展做好空间保障，为美丽中国建设开创更加美好的未来。

6. 适应性管理

适应是生物生存的法则，生物的适应主要通过生理适应、形态或行为适应、遗传适应和学习适应来实现。这些适应机制使得生物能够在不同的环境中生存和繁衍，也为我们认识和保护自然、促进社会和谐发展提供了重要的参考。20世纪90年代，生态学家与管理学家创造了"可适应的生态系统管理"（adaptive ecosystem management，AEM）的思想。"可适应"在此意味可修改的，或可调整的。可适应的生态系统管理思想宣称，现有生态系统生态学的知识是十分不完全的，而对任何一次管理活动都应该视为是一种试验。换言之，可适应的生态系统管理是一个反复的过程，把每一次管理方案的实施活动视为试验过程，监测执行中的各种变化，并对其后果进行评估、比较，然后再设计，再进行新的试验……如此反复循环，不断地完善，螺旋式地前进。

生态系统的资源在开发利用的早期一般是很丰富充足的，调节措施几乎是没有的。随开发利用的加强，生态系统资源变得有限，调节措施逐渐变得更加复杂，新的难题也就相继产生。这个时期可能长达数年或数十年。管理的行政机构或许变得更加有效率，但同时也可能变得更加僵化和缺少灵活性，要改变政策措施也变得更加困难。如果行政管理机构逐渐变得目光短浅、态度僵化，而受管生态系统和社会依旧处于变化之中，最后，所采取的主要措施也就明显地成为不可接受的。当受管理生态系统不符合社会期望时，对于资源的利用政策可能会发生社会矛盾，或者两者兼有。于是，一个新的过程就开始了：事业管理人员、科学家、企业主等对于旧的政策措施、生态系统现状和社会需求进行再分析、再权衡；模型研究和试验工作可能有助于发现新的、有用的政策措施；创新性的科学、有革新精神的管理者就有可能出现，或通过再组织队伍，放弃旧的政策措施，并转变为新的利用制度。

适应性管理范围很大，在生态环境领域、经济社会领域，适应性管理主要针对的是全球变化条件下人们应该在经济社会发展中采取的应对方式。因此，这里的适应性管理指的是，借鉴生物的适应机制，通过科学管理、大数据监测和调控管理活动来提高区域经济社会发展适应当前自然、经济、社会发展的条件和支撑能力，以满足生态环境、生态系统容量和社会需求方面的变化。它围绕环境系统变化的不确定性展开一系列设计、规划、监测、管理资源等行动，目的在于实现生态经济系统稳定及资源可持续性。

> **知识框**
>
> ### 习近平新时代生态文明思想
>
> 习近平新时代生态文明思想进一步丰富了坚持和发展中国特色社会主义的总目标、总任务、总体布局、战略布局和发展理念、发展方式、发展动力等，深刻回答了"为什么建设生态文明""建设什么样的生态文明""怎样建设生态文明"等重大理论和实践问题。
>
> 1. "环境就是民生"的生态民生观
>
> 习近平总书记提出的"良好的生态环境是最公平的公共产品，是最普惠的民生福祉"的生态民生观，回应了广大人民群众的生态诉求和对美好生活的向往，用朴素的语言"还老百姓蓝天白云、繁星闪烁""还给老百姓清水绿岸、鱼翔浅底的景象""让老百姓吃得放心、住得安心""为老百姓留住鸟语花香田园风光"提出一系列生动形象的生态文明建设目标。

2. "绿水青山就是金山银山"的绿色发展观

习近平总书记指出,"我们既要绿水青山,也要金山银山。宁要绿水青山,不要金山银山,而且绿水青山就是金山银山",这就是著名的"两山"理论。"两山"理论强调了发展与保护的关系,当发展与保护出现矛盾时,我们宁要绿水青山而不要千疮百孔的金山银山,我们保护好的绿水青山也会转变为金山银山。"两山"理论从生态系统、敬畏自然出发,体现了生态环境的综合治理和民生福祉实现的路径。

3. "最严格的制度、最严密的法治"的生态法治观

"最严格的制度、最严密的法治"是中国生态文明建设的重要理念之一。其生态法治观强调了对生态环境保护的高度重视,通过健全的环境保护法律体系和法治机制来保护生态环境,实现可持续发展。

4. "内化于心、外化于行"的生态文化观

通过对生态环境价值的认识、对生态平衡的尊重、对可持续发展信念的信仰,形成一种内心深处的生态文化观念,这就是"内化于心、外化于行"的生态文化观。习近平总书记曾指出:"加强生态文化建设,在全社会确立起追求人与自然和谐相处的生态价值观,是生态建省得以顺利推进的重要前提。"

5. "山水林田湖是一个生命共同体、环境治理是一个系统工程"的生态系统观

山水林田湖是一个生命共同体,环境治理是一个系统工程。保护修复生态不能单纯按照土地、森林、河湖、湿地等资源种类由各部门分别实行用途管制、制定政策、安排项目和资金,必须按照自然生态的整体性、系统性及其内在规律,统筹考虑自然生态各要素,坚持山上山下、地上地下、陆地海洋以及流域上下游等联动,进行整体保护、系统修复、综合治理。

6. "共谋全球生态文明建设之路"的全球共赢观

习近平总书记指出,中国应该引导应对气候变化国际合作,成为全球生态文明建设的重要参与者、贡献者、引领者;共谋全球生态文明建设,深度参与全球环境治理,形成世界环境保护和可持续发展的解决方案,引导应对气候变化国际合作。

适应性管理强调灵活性、创新性和快速响应,以应对外部环境的动态变化。自然界是一个庞大复杂的组织体系,它形成的内稳定、自适应、快进化为特点的自

然"适应性管理机制"成为亿万年来养育亿万物种不断向前发展的不竭动力。人类社会每一个组织体系的健康发展，都应该师法自然。通过强调组织的灵活性和敏捷性，放弃僵化的管理结构和流程、注重快速决策和执行，快速调整和适应外部环境的变化。通过组织在产品、服务、业务模式、管理方式等方面的不断创新，以应对市场的变化和客户需求的不断演变。组织能够快速做出反应，及时调整战略、业务模式和运营方式，以适应市场变化和竞争压力实现快速响应。通过鼓励员工持续学习、适应新技术和新知识，从而提高组织的适应能力。同时还需要较强的系统性思维和风险意识，能够在不确定性和变化中及时发现风险并做出应对。

总体来说，适应性管理是一种适应快速变化和不确定性的管控方式，强调组织的灵活性、创新性和快速响应能力，以应对复杂多变的外界环境和多元需求。

生态学是探索包括人类在内的所有生命如何科学生存、智慧发展的科学体系，利用生态学原理和方法指导生态环境保护、经济社会发展及生态文明建设是美丽中国建设、实现人与自然和谐共生现代化的必然要求。本部分主要围绕污染治理、生态修复、生物多样性保护、生物安全与生态安全等生态环境问题，美丽乡村、生态城市、产业发展等经济建设问题，国家双碳目标、人与自然和谐共生现代化、保护地球生命共同体等社会发展问题，阐述、审视和破解其中难题的生态学视野和路径，为领导干部及读者们如何在高质量保护与高质量发展中进行综合协同提供参考。

第七篇 生态学在综合管理中的应用

一、污染治理

污染的本质是人类经济社会活动向自然生态系统投入过多物质和能量，超过了自然界可以分解转化的能力，从而影响生态系统的结构和功能，进而危及人类的生存和发展。污染治理的核心就是要减少对自然生态系统的压力，恢复生态系统的健康。

1. 大气圈与大气污染治理

大气圈又称大气层（Atmosphere），是地球最外部因重力关系而围绕着地球的混合气体圈层，包围着水圈、土壤圈、岩石圈和生物圈。大气圈在生物圈－水圈－土壤圈的动态交互平衡过程中发挥着重要调节作用，是保护地球环境内稳态的生态屏障。

英国是工业革命最早发端的国家，也是大气污染影响和危害最早显现的国家之一。1952年12月的英国伦敦"烟雾事件"，大雾持续了5天，因心脏衰竭、支气管炎、肺炎、肺癌、流感以及其他呼吸道疾病的死亡人数达5000多人，而后两个月内相继有8000多人因呼吸疾病死亡。这引起了英国政府的高度关注，便于1953年组织多部门专家学者调查了伦敦"烟雾事件"的起因。经各方面的研究和多部门的协同努力，1956年7月5日，英国政府颁布了世界上第一部大气污染防治法案——《清洁空气法》。美国大气污染治理行动源于20世纪50年代发生在洛杉矶的"光化学烟雾事件"，经详细调研后颁布了《空气污染控制法》《清洁空气法》以及《清洁空气州际法规》等以解决雨水酸化、温室气体浓度增加、臭氧层消散和空气悬浮颗粒物超标等大气污染问题。

西方发达国家通过持续地探索和深入实践，以生态学理论为指导思想之一，形成了一套系统的大气污染治理方案，为我国大气污染治理及生态文明建设提供了借鉴。相关治理方案主要借鉴了生态学中的局部与整体原则，即生态系统内不同尺度的组织层次之间相互关联和相互作用的原则，探索局部到整体互作关系的全过程以促进生态系统恢复的原理，即"从个体到整体"治理大气污染："企业污染－局域污染－城市污染－全国污染"。以下是他们在大气污染治理中的相关方略。

在认识上，必须清楚大气污染是全球范围内的长期性环境污染问题，治理大气污染需要做好打"持久战"的准备。首先必须从科学上研判大气污染形成的源头、发展过程、迁移动力、危害机制，尤其要按照区域或全域大气的生物地球化学循环过程探寻大气污染动态及自然与人类双向驱动机制。在此基础上，形成的治理手段和措施需要政府、企业、社会团体和个人的紧密合作，才能减少大气污染排放、改善空气质量、保护公共健康和生态环境。

在企业污染治理层面 ①改进生产技术,采用更清洁的生产技术和设备,以减少工业和能源生产过程中的污染气体排放,这包括使用低排放燃料、安装污染物控制设备和改进工艺流程等;②提高能源利用效率,鼓励节能设备的推广和应用,提高生产过程中的能源利用效率。

在局域污染治理层面 ①改造燃煤电厂,对老化的燃煤电厂进行改造或淘汰,选择更清洁的能源,如天然气、氢能、核能、风能和太阳能等;②规范垃圾处理和废物管理体系,采用更环保的垃圾处理和废物管理方法,减少垃圾填埋和焚烧对大气的污染。

在城市大气污染治理层面 ①控制汽车尾气排放,制定和实施严格的汽车排放标准,鼓励使用低排放或零排放车辆,推广公共交通和非机动出行方式;②加大公众环保的宣传与教育,提高公众对大气污染问题的认识,鼓励人们采取必要行动减少大气污染,例如多采用公共交通出行、无污染处理生活废物和节约能源等。

在国家大气污染整体治理层面 ①颁布法规和政策,政府和立法部门下沉一线进行实地调研后,颁布实施性高的法规和政策来规范工业、交通、农业和其他领域的大气污染物排放,这包括制定排放标准、建立排放许可制度、实施"排污"定价和鼓励使用可再生能源等。②构建协调协同的落实体制,制度政策如何落地是治理大气污染的关键,需要各部门突破利益藩篱,建立权力协调、协同的监管体制,完善社会动员机制以及公众参与机制。③全天候实时监测气象和空气质量。建立健全气象和空气质量监测体系,为政府决策提供科学依据。

需要注意的是,许多发达国家经过几个世纪的工业发展建成了相对稳定的产业体系后,就开始向发展中国家主张所谓的"排污权",以限制其社会经济发展。在如今的世界格局中,如何在发达国家的强势压力下快速减污、平稳发展成为各发展中国家亟待解决的难题。

2. 水圈与水污染治理

水圈(hydrosphere)是地球上表层所有水体的集合,包括地表水、地下水、冰川、湖泊、河流、海洋和大气水汽等。水圈在维持生态平衡、调节气候、稳定水资源循环和推动地质演化等过程中发挥着关键作用,保护和有效管理水圈资源是促进地球生态系统和人类社会可持续发展的重要一环。

随着城市化水平的提高,城市人口激增,大量污水废水未经无害化处理直排入水体,导致水体水质恶化、气味腥臭、浑浊,危害水生生态系统和人类生命健康。如中国珠江有机物污染、埃及尼罗河富营养化、美国科罗拉多河重金属污染和巴西亚马孙河原油污染等。水体污染的主要来源有：①工业排放，在工业生产和制造过程中，将有害废水和有毒化学物质排入水体，如重金属、有机溶剂、化学品和废水等；②农业排放，在农业生产过程中，化肥、农药、兽药和废水等通过径流进入水体；③城市排放，生活、餐饮和医疗污水中的细菌、病毒、化学物质和营养物质等经雨水冲刷、径流扩散流入水体；④土地利用变化，城市扩张、土地开发和森林砍伐等过程导致土壤被侵蚀，从而使泥沙、养分和有害物质流入水体；⑤油污和化学品泄漏，石油泄漏、化学品洒漏和危险废物堆放不当会导致有毒物质进入水体；⑥污水处理不当，污水处理设施不完整或废水管理制度不完善可能导致未经处理或不完全处理的废水排放到水体中；⑦地下储存设施泄漏，地下油罐和废物储存池中的有毒有害物质意外泄漏渗入地下水中；⑧放射性物质，核设施中的放射性污水经人类有意或无意地排入水体；⑨自然事件，火山喷发、洪水、地震等自然灾害会释放有害物质和元素到水体中。

水体污染的主要危害有以下几方面。①危害人类健康：污染水源中的有害细菌、病毒、寄生虫和化学物质等会引起人类腹泻、中毒和胎儿致畸等健康问题；②威胁水生生态系统：污染物破坏了水生生物的生存环境，导致物种多样性丧失，同时也会引发水体富营养化，形成水华，破坏生态平衡；③影响农产品质量：使用污染水源进行灌溉会对农业和食品安全构成威胁；④加剧水资源稀缺：水污染减少了可利用水源的数量，加剧了水资源短缺和分配不均的问题。

水体污染是一个全球普遍性问题，引起了各国政府和组织对水环境污染治理恢复的高度关注。1859 年，英国伦敦为治理泰晤士河的"大恶臭"污染，修建了污水处理厂及配套管网，并立法严格控制污染物向河中排放，减轻了主城区河流污染。1963 年颁布了《水资源法》，成立了泰晤士河管理局，实施从分散管理到综合管理的改革，统筹水源利用、水产养殖、航运、防洪等工作。在德国，鲁尔工业区的大量工业废水与生活污水直排入河，致使埃姆歇河曾一度成为欧洲最脏的河流之一。当地政府采取雨污分流、污水处理、"污水电梯"（是指在地下 45 米深处建设泵站，将河床内历史残余的垃圾及污水送到地表进行处理）、绿色堤岸、疏浚清淤和统筹管理水资源等方式对埃姆歇河进行了大规模治理修复，目前，污染区域已恢复至近自然状态。奥地利境内的多瑙河水污染问题也曾十分严重，当地政府结合许多国家的水污染治理实例提出了"生态为主"的原则，即恢复河岸植物群落和储水带构建拟自然状态、优化周边山地和森林的水资源配置使用，形成了一套现代化水污染生态治理的理念和体系。

通过总结归纳发达国家的水污染治理经验，发现生态学中的协调与平衡原理得到了充分体现，主要表现为多部门协调控制污染物入水、多方面统筹规划水资源管理，构建人类排污与水体自净间的动态平衡。实施的主要方略如下。

一是要协调控制　遵循科学合理的准则和指导方针，综合协调法律、技术、经济和社会等因素进行施策。①按照生态系统水的生物地球化学循环过程寻找水环境问题形成的过程、机制、污染形成的条件及其主控因素；②制定法律法规：政府和立法部门制定严格的水环境保护法律法规来限制管理排放污染物的行为，如水质标准、排放标准、处罚措施和监管体系等；③推动污水处理技术研发：研发有效的污水处理技术和设施，以确保能够高效去除水体中的污染物、病菌和有害物质；④优化工业生产流程：工业部门应在生产过程中优化工艺流程，如采用清洁的生产技术、减少使用有害化学物质和定期监测等；⑤加强农业管理：采取农业最佳生产管理方案，如精准施肥、推广有机农业、优化种植模式和农民知识培训等。

二是要统筹规划　统筹水资源、水环境、水生态的综合优化与可持续发展，以监控预防、综合管理、公众参与和区域合作为基础。①构建水资源－环境－生态管理智能网络，加强对水体污染源的追踪和监测，构建智能监测网络，定期取样分析，及时发现重点管控对象和过程；②推广城市雨污分流，建设绿色基础设施、雨水污水收集和处理系统，分离雨水和城市污水，精准治理；③增强公众意识，大力宣传水资源有效利用和水污染治理的重要性，鼓励人们减少污染行为；④推动区域合作，建立区域水资源管理合作机制，应对跨区域水污染事件。

3. 土壤圈与土壤污染治理

土壤圈（Pedosphere）是覆盖于地球陆地表面和水体底部的土壤集合，是岩石圈顶部经过漫长的物理风化、化学风化和生物风化作用的产物。土壤圈的主要功能是维持生物多样性、促进水循环、净化水资源、固持碳储存、调节气候、支持建筑和基础设施稳固等。

人类活动范围的不断扩张导致全球范围内的土壤污染程度日益恶化。造成土壤污染的主要原因有：①工业活动产生了大量含重金属元素和有毒有害物质的微固体废弃物，因管理失当、回收不当进入土壤；②农业生产中大规模采用大设施农业、过度使用化肥农药、畜禽养殖使用过量抗生素、各类添加剂等，导致大量农药、化肥、抗生素和微塑料等残留在土壤中；③生活垃圾堆放填埋导致有毒有害渗滤液进入土壤；④不合理的土地开发、城市扩张和森林砍伐等造成土地退化、水土流失和有害物质扩散；⑤矿产资源开采引起的土壤重金属污染；⑥现代信息产业和健康美容等产业形成的新型污染物。

治理土壤污染对维护生态系统平衡、保护人类健康、促进经济社会可持续发展等具有重要意义。在发达国家的土壤污染治理经验中，以德国鲁尔工业区的综合治理修复经验最具代表性。首先，他们通过长期的科学研究，精准掌握了该区域土壤主要污染物的种类、生物地球化学变化及转移过程，在此基础上进行产业结构调整，关闭转移了大量对生态环境有害的生产工厂，同时遗留下大批被有毒有害物质污染的土地。城市的不断扩展使土地资源显得尤为稀缺和宝贵，故政府决定对鲁尔工业区的污染废弃土地进行全面深入的治理恢复。主要对策是：①构建保护修复土壤的法律基础。自1998年以来，德国针对治理土壤污染制定了一系列法律法规，如《联邦土壤保护法》《土壤保护和工业污染场地处理条例》《循环经济与垃圾处理法》《肥料法》《土地整理法》和《矿山法》等，强调事前预防与事后控制并举，用于规范土壤污染的控制和管理。②组建监管土壤修复治理的部门。由德国联邦、州、市环保部门承担土壤污染监管工作，具体负责定期监测记录污染区域的土壤状况、调查土壤及地下水的污染情况、评估治理情况及工作安全保障等。③确定土壤修复治理的责任主体。实行"谁污染，谁付费"原则，土地权利人或使用人必须履行对所造成的土壤污染进行修复治理的责任义务，环境保护部门会通知检察机关一并介入督促执行。④清除污染源、铺设保护隔离层。把污染物清理转移、分类处理，再将污染土壤置换后铺设保护隔离层，防止污染扩散。⑤修复土壤功能。添加有机营养物质、调节土壤酸碱度后，采用植物-微生物协同修复技术恢复土壤功能和植被覆盖。⑥通过宣教结合增强公众意识。利用不同媒体渠道，宣传土壤污染的危害性和采取环保行动、减少污染源产生的必要性，以提高社会对土壤污染问题的认识。

土壤污染与水体大气污染的主要区别是，土壤的移动性较差，且对于全球大部分区域而言并不具备置换污染土壤的能力，而只能采取原位修复的方法。同时，联合国环境规划署提倡各国政府要以预防—减轻—修复相结合的理念开展土壤污染治理工作，这正好与生态学中的生态系统稳定性原理相契合。在修复土壤生态系统功能时需要充分关注其自身的稳定性、抵抗力和弹性，加以适当的精准调控可达到较好的效益。

4. 污染治理与人群健康

根据生态学中的物质循环原理，除碳、氮、磷等营养元素外，各类有毒有害物质会通过循环流动的方式在生态系统中迁移，最终转移到人体中而损伤生命健康。也就是说，人类活动造成的所有生态环境污染后果最终都会危及人类本身。生态学理念凸显着自然界运行的法则，重视生态学理念、顺应自然规律，才能形成社会发展的良好"因果"。换言之，政府和有关单位需要充分关注生态学在自然-经济-社会综合管理与决策中发挥的关键作用。

这涉及在提高发展效益的同时，如何保持生态系统的健康和可持续性，减少污染发生。例如，在城市发展规划时，生态学理念可以帮助决策者理解和评估不同发展方案对本地生态系统的影响，以及这些影响对社会福祉和经济发展的利弊。同时，生态学原理还可以在不污染环境的前提下指导农业生产，确保粮食安全和持续供应。此外，生态学理念在应对气候变化的策略制定中，有助于快速识别那些对气候变化最为敏感的过程，为决策提供基于自然的解决方案。总的来说，生态学在平衡自然资源利用、维护生态系统健康、促进经济增长和社会公平等方面发挥着重要作用，是确保实现现代化可持续发展和环境保护目标的有效推动力。

污染一旦发现影响到了人群健康，往往将会在很长时间付出巨大的社会经济代价，因此根据人类及环境健康风险的主要来源（图7-1），把污染控制在影响人群健康的范围内尤为重要。实施上，污染治理的核心矛盾是如何处理好社会经济发展与生态环境保护之间的关系，这种关系在不同区域和历史时期中都存在着强烈对立，尤其是发展初期往往经济发展依靠资源消耗，人地矛盾突出时，这时森林与牧场、湿地与农业、农村与城市、环境保护与工业发展、保护濒危物种与旅游建设等矛盾就尖锐。

图 7-1　人类及环境健康风险的主要来源

生态学主要关注生物与其生存环境之间的相互关系，基于生态学原理和理论进行生态环境管理决策可以缓和人类发展与环境保护之间的对立关系，而真正地从源头上预防环境污染问题、从根源上解决污染治理问题。结合生态学内涵管理保护生态环境的主要目标是：遵循"尊重自然、保护自然"的理念推动科技经济高质量发展，不是不发展，也不是不保护生态环境，而是在最有利于生态系统可持续运转的前提下科学发展，在充分保护地球生态的先决条件下创造更好的生活、医疗、教育和娱乐环境。利用生态学原理和理论进行污染治理以实现绿色可持续发展目标需要物理学、化学、生物学、地质学、美学和经济学等学科综合研究决策。而生态学在整个过程中扮演着重要桥梁角色，以期能找到平衡且长期有效的治理方案。通过生态学原理的不断实践应用，政府决策人员可以更好地理解自然环境与人类社会发展之间的相互关系，从而更好地管理资源利用，减少污染、保护环境、促进可持续发展。

二、生态修复与生态建设

生态破坏的本质是人类经济社会活动从自然生态系统中取走了过量的物质和能量，使生态系统难以更新维持自我发展，进而影响人类生存和发展所需资源环境的供给。因此，对破坏受损的环境进行生态修复就是保护和恢复生态系统的结构和功能，提高生态系统的服务能力，籍以支撑自然－经济－社会和谐共生和协同发展。

1. 森林修复

森林在维持生物多样性、调节气候等方面发挥着不可替代的作用。由于人类活动的干扰，全球森林面积持续减少，质量不断下降，生态系统服务功能受到严重威胁。开展森林生态修复，恢复森林生态系统的结构和功能，对于保护生物多样性和实现可持续发展具有重要意义。

森林生态系统由林木、灌木、草本植物、微生物、动物等生物组成，它们共同维持着水循环、气候调节、土壤保护、生物多样性维护等关键生态功能，是最完整且复杂的陆地生态系统之一。木本植被作为森林的主要组成部分，不仅为生物提供了栖息生境，还通过光合作用固碳释氧，调节气候和维持水循环，同时还能保护土壤免受侵蚀，维持了土壤的肥力和结构，有助于水质净化。而森林中丰富的野生动物，作为食物链的重要组成部分、植物的传粉者和种子传播者，共同维持了森林生态系统的平衡。此外，一些动物还参与了土壤形成和营养循环，如蚯蚓和甲壳类动物。因此，森林修复的目标是恢复这些要素的健康和平衡，以确保生态系统的可持续性和生态服务功能。

我国森林资源在长期的过度采伐利用中遭到严重破坏，加上林火、虫害等影响，造成大面积森林质量下降，生态系统的结构和功能退化。这将导致森林对气候的调节作用下降，对水源的涵养能力减弱，水土流失和洪涝灾害将增加。同时，许多野生动植物失去栖息地，生物多样性也会受到严重影响。而森林土壤质量下降、碳汇能力削弱，加剧温室效应，进而加剧气候变化。森林退化不仅影响生态环境，还会导致立地条件恶化，严重阻碍经济社会的可持续发展。

森林生态修复是一种人工干预策略，利用物理、化学和工程技术手段，将结构、功能、生物多样性、可持续性等方面已经遭受破坏的森林生态系统恢复到其原始或接近原始的状态。森林修复的总体目标是恢复森林生态系统的结构与功能，恢复或重建生物多样性，提高森林质量。具体来说，需要恢复多物种形成的森林植被对气候调节、水源涵养、土壤保持等功能，增强抵抗自然灾害的能力，同时还要提高森林资源的社会效益，为经济发展和人居环境提供支撑。因此，森林修复需要系统考虑生态、经济与社会效益的有机统一。

森林修复的主要方式分为自然修复和人工修复。一般而言，在大规模的生态建设与修复中，以自然恢复为主，辅以人工修复。自然修复技术主要包括封育、种子库、引入特定动物等。封育是通过设置围栏或警示牌，隔绝人畜对植被的破坏，让森林自然演替，但同时必须控制好封育强度，否则可能导致生物多样性下降。利用土壤种子库进行原地修复或异地表土移植，可接近原生态系统，但技术难度较大。引入动物等可以形成生态链，产生营养级联效应，提高植被更新，但必须细致评估引入种类与数量以及可能的生态风险。人工修复技术则以不同方式辅助树木生长，其中包括采伐、补植以及造林。采伐可调整林种结构但要控制好强度，补植可增加树种多样性但要注意适地适树，造林速度快且分布均匀但要防止物种单一。此外，人工修复采用整地工程可大幅调整立地条件，化学和生物技术可修复土壤，但后两者可能造成二次污染。综合而言，自然修复可获得更稳定的生态系统，但所需时间更长；人工修复见效快，但可能引入反馈问题。因此，必须因地制宜，评估所需时间和生态风险，自然修复与人工修复技术可以适度配合使用。同时，为了确定修复效果和生态变化，长期监测也是必不可少的。只有做到科学系统的修复策略，才能恢复健康的森林生态系统，发挥其多重生态效益。

我国已有不少森林生态修复的成功案例。①三北防护林工程。三北地区气候干旱，长期受风沙侵袭，生态环境脆弱。20世纪70年代开始，国家开展了大规模的三北防护林体系建设。东起黑龙江省的宾县，西至新疆维吾尔自治区乌孜别里山口，将人工造林与封山育林相结合。到21世纪初，三北防护林面积达到2203.72万公顷，显著增强了防风固沙能力，改善了生态环境，年森林生态系统服务功能价值达到2.34万亿元。同时，三北防护林也建设了一批材林、经济林、薪炭林和饲料林基地，促进了农村产业结构调整，实现了经济效益和生态效益的双赢。②长江中上游水源涵养林建设。长江中上游是重要的水源涵养区，但森林砍伐导致水土流失加剧。为了恢复水源涵养功能，我国以人工造林为主，同时结合飞播造林、封山育林和规划幼林等措施促进天然更新，取得明显成效。其一期工程在145个县内人工造林660万公顷。这表明根据本地树种特点和立地条件，采用合理的人工干预和自然修复，可以有效恢复森林水源涵养功能。③红树林修复。红树林是生长在热带、亚热带海岸潮间带的湿地木本植物群落，因其木材裸露氧化后变红而得名，在净化海水、防风消浪、维护生物多样性、固碳储碳以及调节气候等方面发挥着重要作用，被誉为"海岸卫士"和"海洋绿肺"。近年来，全球变暖和极端气候事件的增加使红树林在保护海岸线、调节气候等方面的生态价值更加突出。广东湛江红树林造林项目就是这种价值凸显的具体例证。该项目通过对现有植被保护、清退养殖池塘和滩涂并进行合理的人工造林等综合治理工程措施，逐步增加红树林面积，提升了该区域的生态系统稳定性和生物多样性。该项目还通过第三方核算碳汇量和市场交易机制，开发了碳汇项目，建立了生态产品价值实现机制。这一成功实践不仅优化了森林生态环境，还实现了碳汇的经济价值，为利用生态学思维与方法应对森林修复问题提供了具体而又行之有效的范例。

这些国家重大生态修复工程表明，森林修复需要因地制宜，充分考虑当地生态环境特征，然后选取适宜的修复技术或组合，才能取得最好效果。同时，也要兼顾经济效益，实现生态效益、社会效益和经济效益的统一。

2. 草地修复

草地是地球生态系统中面积最大、分布最广的一部分，占地球表面积的2/5左右。草地不仅为人类生活提供所需的肉、奶、皮、毛等产品，而且孕育着独特的草原文化。此外，草地还发挥着屏障作用，能为邻近区域保持水土、维系生物多样性、调节气候等。"林草兴则生态兴"，草地修复对于维持生物多样性和地球生态系统的物质循环有着至关重要的作用。

草地是我国重要的自然生态系统之一，我国草地生态系统也面临退化的威胁。草地退化是自然因素和人为因素共同作用的结果。自然因素包括气候变化导致的温度升高、降雨时空变化和长期干旱等。例如，大风干旱等会导致草地表层的土壤受损，进而损害草地植物的密度和生物量。此外，气候变化导致的草地害虫迁徙会破坏迁徙地的食物链，损害该区域的生物多样性。人为因素包括过度放牧、旅游开发以及围栏开垦等。随着人口的增长，人类对畜牧业的需要日益增长，过度的放牧导致草地的植物生物量和密度降低，进一步导致草地退化。人为开垦和旅游开发等也会加剧土壤养分流失，进而导致草地荒漠化和盐碱化。

对退化草地进行修复是生态建设的主要内容。草地修复采用的手段很多，主要包括放牧管理、植物群落改良、土壤改良、有害生物防治、植被重建等。由于草地退化程度的差异性，不同的修复技术也有各自的优势和不足。

（1）放牧管理

主要以围栏封育和合理放牧来修复退化草地，通过控制牛羊等牲畜的数量来稳定草地生态系统的物质循环和能量流动。适当放牧可以刺激草地植物的再生，控制植被的过度增长，能够高效地利用环境资源和生物资源，从而提高草地生产力和生物多样性。放牧管理操作较为简单，还可以提高种群有性繁殖的能力，但是长时间的禁牧会导致草地生态系统能量流动的失衡，并且大面积的围栏会对野生动物活动产生负面影响，影响野生动物的种群交流和自由活动。同时，通过放牧管理来修复退化草地所需要的时间较长。

（2）植物群落改良

主要通过播种的方式来修复中度和重度退化的草地生态系统。以人为添加优良草种资源的方式，改变退化草地地下和地上生物量的分布和组成，从而提高草地的生物多样性。该方法效率高，且不破坏原有的植被，对土壤的扰动较小，还能够改善土壤的微生物环境。但是该方法成本较高，且在不同退化程度的草地上的效果差异较大。

（3）土壤改良

主要通过人为划破草皮、浅翻松耙和施加肥料等方式来达到改善草地的作用。划破草地和浅翻松耙可以改良由于凋落物堆积和牲畜踩踏所导致的草根絮结层，增加土壤的含水量、氧气含量和土壤温度，改良土壤通气性和微生物环境，进而促进土壤的物质循环。人为添加氮肥等可以在提高草地植物的生产力的同时，干扰同植物之间的竞争，进而影响植物群落结构和生物多样性。然而，土壤改良技术存在一定局限性。划破草地和浅翻松耙破坏了土壤的物理结构，会破坏生态系统的平衡，且该方法效率较低成本较高。施加肥料也会对当地的土壤环境产生一定的负面影响。

（4）有害生物防治

技术包含对杂草、害草以及啮齿动物的防控，而该技术恢复所需要的时间较长，并且恢复下的草地在一段时间后容易再次退化。

（5）植被重建

主要被应用于重度、极度退化草地植被的恢复。但目前的植被重建技术对土壤结构破坏较大，改良土壤肥力活性效果较弱，并且不利于土壤水分和有机质的积累。

尽管退化草地的修复技术已经逐渐成熟，但目前许多草地难以实现草畜数量的平衡，牲畜的数量往往远大于草地资源所能供给的数量。在根据草地载畜量合理利用草地的基础上，保护与恢复草地本来生态结构十分迫切。①因地制宜。我国天然草地类型众多，草地退化程度和利用方式不同，草地修复的限制因子也存在差异。不匹配的管理策略和修复方法不仅会增加草地修复、资源管理的复杂性与投入成本，还会对草地造成二次破坏。尤其是要根除在草原、草地上植树造林，违背自然地带性植被规律随意改变本底植被类型。②完善草地的监测体系。由于影响草地退化的因素较多，因此需要定期对草地进行监测，包括草地生产力、草地压力和草地质量等。同时还需增加草地监测的样本量，定期掌握草地生态功能的变化。③保护与利用相结合。加强对草地生态修复的投入力度，保证草地区域的基础设施建设，将生态环境保护和草原开发利用、经济发展有效结合。

3. 水体修复

水体生态系统不仅为人类提供水资源，也为水生生物提供了栖息生境，对地球生态系统健康以及人类社会的可持续发展都至关重要。由于气候变化和人类活动的影响，全球水环境、水生态遭受重创，水资源面临严重的危机。在联合国颁布的《2030年可持续发展议程》中制定的17个可持续发展目标中就包括了对水资源问题的关切。此外，《2015—2030年仙台减少灾害风险框架》《亚的斯亚贝巴行动议程》以及《巴黎协定》等具有里程碑意义的计划与协定都强调了全球水资源安全的重要性，呼吁全球进行水体修复。

水体修复包括各种方式和手段，大体包括物理修复、化学修复和生态修复。物理修复是指利用物理手段来修复受污染的水体，包括底泥疏浚、引水冲污、曝气增氧等。虽然物理技术在短时间内能有效修复受污染的水体，但不能从根本上解决问题，且成本过高。化学修复通常是通过利用化学手段去除水体中污染物。例如向水体中添加杀藻剂来抑制大量繁殖的藻类，投放铁盐和铝盐等来去除水体中的磷等。化学修复技术虽然效果快，但存在费用高、容易造成二次污染等缺点。例如，向富营养化水体中投放铝盐等能够在短时间内显著降低水体中的磷元素，但被吸附的磷元素会随铝盐沉降到沉积物中。在一段时间后，风力扰动等外部作用容易导致沉积物中磷元素的再次释放。生态修复是近些年来越来越倡导的水体修复方式，它利用水体中特定的生物群落对污染物进行吸收、转化和降解，从而达到修复水体的作用。与传统的物理和化学处理方法相比，生物修复技术虽然耗时较长，但有以下优点：污染物能被植物、微生物等直接吸收和降解；操作简便，对周围环境干扰较小；所需费用较少，效益较高；减少人类直接暴露于污染物的风险。

  生态修复技术因其优势和独特性，近些年来被广泛应用于污染水体的修复。不同生物在水体修复过程中都发挥着自身独特的作用。挺水植物可通过阻挡水流和减小风浪扰动来缓解污染物的悬浮效果，并通过根系吸取沉积物中的养分。但挺水植物的根部残体在矿化分解后会污染水体，且水位变化影响挺水植物的生长，限制了其在净化水质中的作用，因此需要定期收割以去除其吸附在根系中的污染物。浮叶植物在一般浅水湖泊中有良好的净化效果，并且具有一定的经济和观赏效益，部分种群的耐污性很强，是良好的净化水质选择。但部分漂浮植物如凤眼莲生长快，容易在水面上大量堆积，影响航道运行，并且容易造成水体底部缺氧，破坏水体生态系统的稳定性。沉水植物是指根系生长于水体底泥中，植物体全部位于水面以下营固着生活的大型水生维管束植物，能够影响底层水和沉积物的物理化学性质，提高水体和沉积物的溶氧。其叶片、茎和根可以通过吸收水体和沉积物中的营养物质和金属离子，达到降低水体营养水平、改善水质的作用，并且也能降低附近水体的流速，减缓沉积物的再悬浮。此外，沉水植物还能够分泌抑藻物质，从而抑制藻类生长。除了水体中的植物，螺、蚌等底栖动物也可以通过过滤水体，摄食生物碎屑等功能来修复受损水体。

4. 矿山修复

  矿山开采会破坏地表植被，改变地形地貌，对土壤结构和营养循环造成破坏。同时，也会导致地下水系统破坏、地下水位降低、污染地表水体、大气粉尘污染、水土流失等危害。这些破坏主要体现在水资源、土壤、植被和大气等要素，而其中土壤和植被是最容易被破坏的生态要素。矿山生态系统功能的破坏会导致一系列负面后果：植被破坏会导致生物多样性降低，光合作用减少，固碳量下降；土壤肥力流失会影响植物正常生长；水土流失严重会加剧泥石流灾害风险；地下水污染会导致饮用水短缺；大气污染会危害人体健康。这些后果不仅影响矿区生态环境，也危害周边农业生产和人居环境。长此以往，会累积大量环境问题，阻碍社会经济可持续发展。因此，必须采取措施进行生态修复，以改善环境，保护生态系统。

矿山修复的基本目标是恢复被破坏的生态系统，重建生态环境。这需要修复土壤结构，恢复土壤肥力，改善土壤理化性质，进而恢复植被覆盖，重建动植物栖息生境；与此同时，还要防治地质灾害，确保人员和财产安全；另外还要美化环境，营造优美景观。修复后的矿山不仅环境功能得到恢复，也要提升其美学和文化价值。

矿山修复的本质是通过人工积极努力，创造条件，为自然植被的启动恢复创造条件，为矿区生态功能修复和重建奠定基础。根据修复的手段可分为物理修复、化学修复和生物修复，而三类修复手段分别针对土壤、水资源、植被以及人文景观又有具体的实施与应用。

土壤修复是矿山修复和恢复生态系统功能的关键之一，包括了地表土壤修复和边坡土壤修复，可以交叉使用达到协同效果：①物理性修复包括表土覆盖、客土回填、电动力学法和隔离法等，可改良土壤理化性质，为植被生长创造条件，同时边坡土壤利用坡度调整、锚固、植被种植等手段增强边坡稳定性，可防治地质灾害；②化学性修复是通过添加改性试剂和土壤淋洗等方式固定重金属，降低土壤重金属浓度以减少污染风险；③生物修复是利用土壤动物–微生物–植物联合作用，提高土壤肥力，富集重金属元素以降低重金属污染。

水资源修复主要使用物理和化学修复技术：①物理修复技术主要通过合理规划截水和排水系统进行清污分流，防止雨水冲刷和地表径流的二次污染，同时使用过滤材料净化污水，净化后循环利用；②化学修复技术主要将废水沉淀后进行除酚和消毒，再利用氧化还原反应通过曝气处理降低废水毒性。

植被修复根据修复地不同分为平地地表植被修复和边坡植被修复：①平地地表植被修复选择适应当地气候条件、生长迅速的树木草本植物，采用喷播和人工种植等方式恢复植被；②边坡植被修复则通过基材注浆、生态植被毯以及攀缘植物垂直绿化等特殊方式，在恢复植被的同时加固边坡土壤，一定程度上防止地质灾害。

景观修复技术根据本地生态特色和文化底蕴，进行生态景观规划和设计：采用植被配置、地形改造和文化景观打造等方式，将矿山打造成独特的文化景观园区。

这些关键技术相辅相成，针对具体情况，因地制宜选择最优方案，并且系统性协同应用可以全面提高矿山修复效果，使生态系统功能得到有效恢复。

矿山修复在我国也拥有较多成功案例，这里举两个例子。一是宁夏贺兰山东麓生态保护修复工程。在针对矿山修复时，采用山水林田湖草立体复合修复模式，遵循整体保护、系统修复、综合治理和自然恢复为主的原则，在充分调研的基础上，制定出修复设计方案。该方案集中实施废弃矿山整治，采用关闭矿山、地形重塑、土壤重构、修复水源以及植被恢复等治理措施，同时解决了因采矿而造成的生态廊道被破坏的问题。在生态逐步恢复的基础上，建立了葡萄产业及其文化长廊，实现了从采矿向绿色种植业的转型发展。二是江苏象山国家矿山公园。这是一座在废弃矿山基础上建设的公园。该公园原址已开采石材百年有余，通过失稳边坡整治、废弃矿渣清理、崖壁开槽植树、矿坑悬崖开凿和地质矿业遗迹保护等方面规划建设，形成了一个集观光游览、休闲度假和极限运动等多功能于一体的主题公园。该项目改善了本地生态环境，为民众提供了休闲场所，也成为产业转型、城市更新和矿山修复的成功范例。以上案例表明，矿山修复需要因地制宜，结合具体情况选择科学合理的技术方案，采取系统治理措施，才能达到既改善生态环境，又满足社会需求的目标。

矿山修复是利用生态学原理进行的立体复合修复模式，遵循自然生态演替原理，积极应对矿业活动留下的环境退化，通过生境改善、植被修复、恢复生物多样性和生态通道，逐步实现生态功能的恢复或重建。

5. 基础设施建设中的生态修复

基础设施涵盖了一个国家、地区或城市在经济、社会和文化领域中，保障人类社会正常运转和发展所必需的各类设施和设备，是现代化社会的重要标志。由于人类活动、经济发展和城市快速扩张，原有的森林、湿地等自然景观逐渐被各类基础设施取代，加速温室效应，进而引发了生态退化、水土环境变化，加大了气候变暖引起生态环境恶化的风险。图 7-2 展示了城市建设会出现地下水补给增加或减少两种结果，因此，解决基础设施管理和生态修复已经成为当下社会迫切需求。

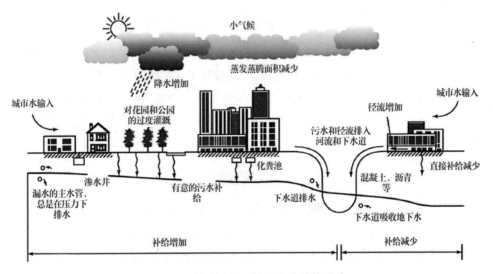

图 7-2　城市建设对地下水补给的影响

基础设施建设对生态环境的影响主要表现在前期建设过程中对生态环境的破坏，例如不合理的土地利用规划、水体污染、森林砍伐和城市中绿地减少等，需要通过生态环境修复来降低基础设施建设的不利影响，保护和恢复生态系统的功能和稳定性。在修复受损的生态系统的同时，也要进一步提高修复项目及工程的抗干扰能力和恢复能力。建设运行期，需制定合理的政策和管理措施，包括设立合适的法规、标准和监管，降低基础设施运行过程中引起的环境问题，如高速公路运行带来的陆域生态持续扰动、环境污染问题，动物迁徙通道受阻、人与动物冲突问题等。

基于生态视角的基础设施建设和修复应遵循生态学规划和科学方法，强调以自然为基础，同时平衡环境资源和人类社会经济利益。这在基础设施修复中是一种重要的方法论，旨在通过利用自然过程和生物多样性，以最大程度地模仿和恢复自然系统的功能，来修复受损的基础设施。该方法的核心理念是依靠自然机制和生态系统的力量，使修复工作更符合生态学原理，并与自然环境相融合。具体包括加强各类土地利用的生态修复协同治理，恢复并保护半自然景观，合理建设生态缓冲带和生态廊道等。基础设施管理和生态修复是保护生态环境、促进社会经济发展的重要举措，加强科学管理和提供先进科学技术支持，可以提高生态系统的抗干扰能力和恢复能力。在这一过程中，有必要采用多元化手段实现基础设施与生态修复的可持续发展，最大程度地模仿和利用自然过程。这种方法强调与自然共生，提高基础设施的可持续性、抗干扰能力和恢复能力，同时降低对环境的负面影响。

三、美丽乡村建设

乡村是我国自然环境的本底所在，是支持国家经济社会发展的大后方。随着我国经济的快速发展和长期以来农村环境管护的相对滞后，农村生态环境面临着越来越大的压力。保护和改善农村生态环境已成为实现乡村振兴和生态文明建设的重要任务，美丽乡村建设的一个关键工作就是保护和修复自然生态环境，提高自然生态系统的服务能力。

1. 农村是维护生态环境质量的关键堡垒

有别于城市的寸土寸金，农村拥有更为广阔丰饶的土地资源、水源储备、丰富的生物多样性以及传统的生态文化等。这些资源的保护和利用关乎周边农民的生产生活，也关系到国家整体的粮食安全、社会的和谐稳定，乃至全人类的可持续发展、共同繁荣。农村地区的自然资源和环境为维持生态系统的健康和稳定提供了基础，也为农业生产和生活提供了支持。在如今城市化及经济快速增长大肆破坏生态环境的大背景下，农村地区在保障生态环境质量方面具有独特的优势和责任，是生态环境质量的最后防线。

为了实现农村生态环境保护、生态环境改善及生态文明建设的目标，需要从法制建设、投入增加、教育宣传和监测评估等方面入手。首先，应当根据地方生态环境特点及文化特色，持续制定和完善相关的法律法规，规范和约束农村生产和建设活动，保障农民的生态权益，严惩破坏生态环境的行为。目前，《中华人民共和国环境保护法》等一系列法律法规有效地规范了农村生态环境保护和建设，并加强了对违法破坏生态环境行为的惩处力度，但仍需加大农村生态环境保护投入，提高农业科技水平，推广现代农业技术，提高资源利用效率，推进可回收资源的再利用等。例如，湖南省在推动"绿色湘农"行动中，投入资金用于推广生态农业技术，提高农民的生态环境保护意识和资源的利用效率。其次，在教育宣传方面，需要加强对农民的整体生态意识和责任感的培养，引导农民参与和支持生态环境保护和改善，形成良好的个人及家庭生态文明习惯。地方政府可通过举办农村生态环境保护知识培训班、开展宣传活动等方式，加深农民对生态环境重要性的认识，并激发他们保护自然资源的积极性。例如，广东省在农村地区开展"美丽乡村行动"，通过宣传教育引导农民参与支持生态环境保护。此外，应当建立健全农村生态环境信息系统，及时掌握农村生态环境状况和变化趋势，为科学制定和实施相关政策提供依据。部分地方政府在农村地区建立了健全的生态环境信息系统，以实现对农村生态环境状况和变化的及时监测和评估。例如，浙江省建立了"绿色浙江"农村生态环境信息系统，为科学制定和实施相关政策提供有力的数据支持。

农村生态文明建设不仅仅在生态环境保护工作中起到重要作用，同时也能弘扬中华民族传统的生态文化，提高农村居民的生态道德素养，推动践行社会主义核心价值观。为了实现这一目标，政府需要加大对农村文化建设的支持力度，鼓励农村生态文化的传承和创新，并结合当地乡土特色，积极开展生态文化节庆活动，提高农民参与农村生态文明建设的积极性和主动性。在推动农业生产方式转变方面，政府需要引导农民积极采用生态友好的农业生产方式，减少对化肥、农药和化学激素的使用。例如，江西省政府通过提供农村生态补贴和技术支持，鼓励农民采用有机农业、节水灌溉和绿色种植等现代农业技术，推动农产品生产方式向绿色、循环利用、可持续发展的方向转变。此外，政府应大力推进农村土地的合理利用和保护，加强农业产业结构调整，促进农村土地资源的合理配置和利用，提高农业资源的利用效率。例如，可以通过开展农村土地整治和更新改造，优化农田布局，提高土地利用率，推动农业生产向着高产、优质、高效、生态的方向发展。同时，还可以通过完善农田水利设施、推广轮作休耕等方式，增强农田生态系统的抗灾能力和稳定性，保障农产品的安全和稳定产量。通过以上的措施，可以更好地推动农村生态文明建设，促进农村生态环境保护工作的开展，实现农业生产方式的转变，推动农产品生产方式向绿色、循环利用、可持续的方向发展。

2. 乡村建设的生态规划

乡村建设中的生态规划是践行生态文明理念、实现美丽乡村建设的关键环节。我国在乡村振兴发展战略中提出了重点建设生态宜居的社会主义新农村的目标，党的十九大强调把建设美丽乡村概念融入到推进社会主义现代化建设中。乡村建设的生态规划主要立足于生态文明，挖掘并利用乡村现有的资源特色，参考国内外乡村生态建设成功案例，根据乡村生态保护所面临的问题制定适合乡村经济社会和文化特点的解决措施。

生态规划是以生态科学为基础理论指导，运用相关的生态学理论和方法，研究并解决人与环境变化过程中的问题，实现人类与生态环境和谐共生的目标。乡村的生态规划过程一方面应重点关注切实保护乡村的生态资源和周围环境，科学合理地规划当地自然环境。在大力发展乡村产业前期需认真考察当地资源，结合乡村特色资源，致力于多元化发展乡村产业，实现美丽乡村建设的可持续发展。另一方面，在乡村生态规划中要坚持以人为本原则，目前重点以农村发展规律和未来发展方向为规划目的，忽视了乡村居民的实际需求。在乡村建设过程中应首先将乡村居民的实际需求作为规划的基础，使建设美丽乡村更具现实意义。

因地制宜，挖掘乡村生态特色。乡村是我国乡镇体系的重要组成部分，是数量庞大的农业从业工作人员居住地。目前我国农村产业结构单一，环境保护意识不足，因此在乡村建设过程中不仅与城市的经济发展差异逐渐扩大，不合理的资源利用与开发会对环境造成一定程度的破坏。在开展乡村建设前应对周围环境进行充分的调查，重点保护当地特色自然景观。应符合自身资源特点和现实条件，根据具体情况进行乡村生态规划设计，包括乡村产业文化。不仅要考虑对自然资源的有效保护，同时也要考虑从自然资源中获取成果，以推进乡村建设的可持续发展。同时，应促进生态环境的保护以及农业的可持续发展，增加乡村就业机会，实现资源的合理利用与生产再分配，推动乡村的振兴与发展。

协调共生，重塑乡村生态格局。乡村生态规划过程中着眼乡村景观，重点凸显乡村的景观多样性和多功能性。乡村景观的多样性包括自然景观和人文景观的多样性，尤其是乡村因地域差异而形成的民风习俗、宗教信仰、文学艺术等。美丽乡村的建设不仅包括自然环境的生产功能、保护和维护生态环境功能，同时也包括了文化功能和休闲观光功能，在今后的美丽乡村建设过程中，以生态文明为基础将自然、文化、经济三方面融入乡村规划体系中。此外，应充分关注乡村农业中的多功能性，改建农田中的基本设施，在践行生态保护的理念下提升农田功能性。例如改造农田沟渠，提升排涝和消减环境污染；改造田间篱埂，增加农田景观中的生物多样性，实现生物防虫等。这一系列措施要基于能有效提高乡村景观的多功能性，构建乡村景观生态格局，保护和提高生物多样性。

3. 村落水污染治理

据统计，我国农村地区每天产生的生活污水约为2300万吨。村落水污染治理是农村生态环境保护的重要内容，关系到居民的生活品质和健康，是农村人居环境整治提升的重要内容，是建设美丽乡村的重要任务。

村落污水以有机污染为主，来源主要有四个方面：①生活污水。农村生活污水量大而广，包括以厕所污水为主的黑水和以洗涤污水、洗浴污水及厨房污水为主的废水。农村管网建设不完善，生活污水一般直接排往户外，是导致农村河流、池塘等大小水体普遍遭到污染的最直接原因。②农田面源污染。污染物来源主要为农田灌溉退水、降水径流泥沙、农田地下潜流（地下水）排水等携带的氮磷污染物。在农村地区普遍存在农药和化肥过量使用的问题，未被农作物吸收的一部分农药和化肥直接或被雨水冲刷进入水体，加剧水体富营养化等污染问题。③畜禽养殖污染。农村畜禽的养殖方式主要是小型养殖场，分布通常较为分散，缺少污水处理技术和措施，牲畜禽类产生的粪尿一般被随意堆放，粪尿中大量的病原体和高浓度有机物经雨水冲刷流入水体造成水环境问题，同时提高了人畜共患疾病的发病率。④水产养殖污染。在水产养殖发达的农村地区，水产养殖也是农村面源污染的一大重要来源，养殖池塘通常富含氮磷等营养物质，池塘底泥总氮和总磷占比分别约为60%和85%。养殖池塘污染一方面是过量投饵导致的饵料剩余对养殖水体的直接污染，另一方面是养殖污水直接排放导致下游受纳水体污染。⑤村镇工业生产对水体的污染。为促进村镇经济发展，农村周边的村镇企业大批涌现。这些乡镇企业因资金投入有限，生产技术相对落后，生产设备通常能耗高且污染严重，还有部分企业盲目追求经济效益，将未加处理的工业废水直接排入周边河流、田地等，对周边水环境造成严重污染。

农村污水的治理路径应基于现阶段我国农村地区生产主体分散、经济基础差的实际条件，当用低成本生态方式解决。由政府主导，统一部署，综合防控，可以概括为"三个坚持"：①坚持以小流域或集水区为基本单元开展综合防控措施的总体布局；②坚持应用以低成本、无动力和生态化为主的农村污染治理技术；③坚持农村污染物资源循环利用和强化工程后续管理的运行维护模式。

第二次全国污染源普查结果显示，与 10 年前相比，农业领域污染排放量有明显下降趋势，其中化学需氧量、总氮、总磷排放量分别下降了 19.4%、47.7% 和 25.5%。但总的来看，农村生活污水治理基础薄弱，任务依然艰巨，2016—2021 年我国农村污水治理率仅提高了 6% 左右。截至 2021 年，我国农村污水处理率仅为 28%，与城市污水处理率（98.1%）相比，农村污水处理率仍处于较低水平。全面解决农村水污染问题也还有很长的路要走，尚需社会各界的共同努力。

4. 农业生产污染防控

我国用世界 5% 淡水资源和 8% 可耕地为全国提供了粮食安全保障。我国已经成功实现了由"吃不饱"到"吃得饱"到"吃得好、吃得安全"的历史性转变，然而伴随而来的代价便是日益严峻的农业生产污染问题。在全球范围内，农业面源污染正在成为水体污染的主要原因。在中国水体污染严重的流域，农田、农村畜禽养殖和城乡结合部的生活排污对水体富营养化的贡献远远超出来自城市和工业点源的污染。2017 年我国农业面源污染产生的化学需氧量、总氮和总磷排放分别占地表水体污染总负荷的 49.8%、46.5% 和 67.2%。因此，控制农业面源污染成为水污染治理的重中之重，也是现代农业和社会可持续发展的重大课题。

种植业过量化肥使用　种植业中，作物对肥料的利用率十分有限（在我国经济发达的流域，菜、果、花农田中作物对氮肥的利用率仅为 10% 左右），农民常增加施肥量来保证粮食或经济作物产量。然而，过量施肥易引起土质恶化（土壤板结、盐碱化）、进一步降低肥料的利用率；未被作物吸收的肥料进入水体，造成水环境污染；多余的氮素还会进入大气，其中氧化亚氮是 $PM_{2.5}$ 的主要成因之一。对此，我国近年来在许多地区大力推广化肥减量增效技术，主要包括：①精准施肥技术。基于作物肥料需求、土壤供肥特征和肥料效应，科学测算出肥料最佳用量、比例、施用时期等。②有机肥部分替代技术。通过适度减少化肥用量，以有机肥部分替代化肥；将有机肥供肥时效长和化肥供肥速效性强的优点结合，在改善土壤和农作物根际微环境和提高农作物品质的同时减轻农业污染。③水肥一体化技术。将灌溉与施肥融为一体，利用管道压力系统，将水肥混合液定时定量输送到作物根系，实现节水节肥和增产增效。

养殖业的粪污问题 畜禽养殖业产生的畜禽粪污也是重要的农业污染源之一。随着我国畜、禽存栏量每 10 年增加 1～2 倍，畜禽粪便产生量也持续攀升，1988 年为 18.8 亿吨，1995 年达 24.9 亿吨，2000 年则高达 36.4 亿吨，相当于同期工业固废产生量（9.5 亿吨）的 3.8 倍。未经科学处理的畜禽养殖粪便大量渗入土地或伴随地表径流进入湖泊，严重破坏土壤环境和水环境的生态平衡。目前，畜禽养殖场清粪方式以干清粪为主，固体粪便处理普遍采用堆（沤）肥处理，占养殖场总数 89.44%；液体粪污处理主要采用厌氧发酵和贮存发酵等技术，分别占 41.59% 和 39.09%。粪污处理后还田是主要的利用方式，水果蔬菜等经济作物是主要利用粪肥的作物，占比可达 61.83%。

农药大量使用问题 中国是世界上农作物病、虫、草、鼠等生物灾害发生最严重的国家之一，常年发生 1700 余种，可造成严重危害的超过百余种。化学农药是我国目前防治农作物病虫害的主要手段，但农药的大量使用在控制有害生物的同时，也带来了农药残留超标、环境污染、害虫抗药性等一系列问题。针对农产品质量安全和环境安全的需求，欧美等发达国家研发了高效低风险化学农药及生物农药，运用各种技术手段精准控制农药的使用量，并结合对靶施药等技术提高农药的利用率。在过去几十年中，我国在农作物病虫害防控科技研发方面也取得了长足进步，农药减量控害技术如物理防治、昆虫性诱控、生物防治、农药助剂、高效农药机械等技术均得以逐步推广应用，但总体水平落后于欧美发达国家。近年来，在全球气候变化、经济一体化和农业产业结构调整等诸多因素的影响下，中国农作物病虫害问题趋于严重。因此，在病虫害防治问题上，我国在科技创新方面仍需努力。

地膜污染问题 为扩大作物种植适宜区，塑料地膜被广泛使用。然而，由于塑料地膜降解缓慢且我国回收工艺落后，大量塑料地膜残片残留在农田，造成土壤残膜和微塑料污染。塑料地膜造成的污染一方面改变了土壤物理结构、干扰土壤水分和养分运输，另一方面还会威胁土壤微生物、植物等的代谢和生存，微塑料还可能经由食物链威胁到人体健康。为缓解地膜污染，西方国家以德国为代表，主要采取了回收地膜、用法律手段对地膜使用者加以限定等措施；我国一方面施以法规管控，一方面在生物示范区投入使用生物降解膜，这在很大程度上减少了传统地膜带来的白色污染。然而，很多技术目前仅仅限于示范区使用，还需科学指导并进一步普及。

以上农业生产中产生的问题，在我国主要以面源污染的形式呈现，而我国这些农业面源污染引起的水域富营养化程度已经远超发达国家，而潜在的压力更是其他国家无法与之相比的。由于这一问题关乎农民收入、农村地区基础设施建设、农业产业政策，使得治理难度较高。因此，有必要构建"农业面源污染综合防治体系"。将科学家、农业生产者和政府三者同时纳入体系中，政府制定科学政策，科学家进行科学观测与技术研发，农业生产者进行科学性实践并反馈，在理论与实践中循环往复，推动农业面源污染综合防治体系升级。

面源污染具有"点多、面广、量小、分散"的特点，目前应该根据面源污染的特点，采取科学合理的防控策略和治理措施。

源头减量 从源头上最大程度地减少污染物排放量是污染防控最重要的环节，可以起到事半功倍的治污效果。从农村地区污染物来源的几个方面来看，生活污水源头减量技术主要包括黑灰水分离技术、四池净化技术、生活污水生态处理和资源化利用技术等；农田污染源头减量技术主要包括种植业化肥与农药减量技术、秸秆和包装品回收与资源化利用技术等；畜禽养殖污染源头减量技术主要包括饲料营养调控减排技术、栏舍管理减排技术、粪污水肥料化利用技术、利用养殖粪污生产动物蛋白技术；水产养殖污染源头减量技术主要包括水体立体养殖技术、水域分区样和水质原位净化技术等；村镇工业生产污染源头减量一方面依赖于地方政府加强对重污染企业监管力度，另一方面依赖于企业引进新型环保生产技术和设备并重视终端污水处理。

过程拦截 主要利用水流迁移路径中的沟渠和池塘系统，通过建设生态拦截沟、拦水坝、透水坝、挡水坎和微型生态池塘湿地等来延长地表径流的水力停留时间，经农田沟网与小河道系统中的水生植物和微生物的拦截、吸收、转化和沉淀等自然消纳作用，减少水体的氮磷等污染物向下游迁移输送。

末端消纳治理 在地表径流进入大型河道或湖库等大型水体之前，在集水区或小流域出口构建导流系统，将农区出来的地表径流导入附近面积较大的池塘或天然湿地系统或多级人工湿地系统，对出水作进一步净化。

资源循环利用 主要体现在两个方面，一是对环境氮磷污染物的资源化利用，比如对人畜粪污的肥料化利用；二是对治污过程的中间产物资源化利用，比如对生态拦截的植物生物质饲料化或肥料化利用，对治污工程（沟塘湿地）的底泥肥料化利用等。此外，利用畜禽固废养殖黑水虻和蚯蚓等动物蛋白转化技术、利用养殖粪污水生产新型能源物质或化工原料等技术也在深入研发中。

5. 生态农业

生态农业是用生态学为理论指导的农业生产方式，旨在以生态系统为模型，保护环境和资源为目标，提高农业生产效率和质量，实现农业可持续发展。与传统农业相比，生态农业注重农作物的产量和品质，同时强调农业生态系统的稳定性和多样性以及农民的健康和福祉。在实践中，生态农业具有以下几个主要特点。

首先，生态农业强调模仿自然界的循环机制，利用有机肥等提高土壤肥力，减少化肥、农药等化学物质的使用。该做法有助于保护土壤的生物活性和结构，减少对地下水和环境的污染，并且有利于保护生态系统的平衡和稳定。例如，云南省玉溪市红塔区生态农业示范基地采用有机肥、绿肥、秸秆等方法提高土壤肥力，减少了化肥、农药的使用。

其次，生态农业倡导多种经营、复合种植、轮作休耕等方式，通过增加作物的种类和数量来提高土地的利用率和产出率，增强作物的抗病虫害能力，并降低灾害风险。这种多样化的耕作方式有助于维持农田生态系统的稳定性，减少对某种作物的过度依赖，提高了农田生态系统的稳定性。在湖北省恩施土家族苗族自治州，农民倡导多种经营和复合种植等方式，发现农田生态系统的稳定性得到了提高，作物的抗病虫能力增强，农田产出率也得到了提升。

第三，生态农业重视保护和利用农业生态系统中的各种生物资源，采用生物方式控制病虫害的发生，减少人工干预。在江苏省盐城市大丰区，农民利用各种生物资源促进害虫的天敌和有益菌的繁殖，实现害虫的自然控制。经过长期的实践，这种做法有效促进了生态平衡，减少了对化学农药等的依赖，降低了生态系统的破坏和损害。

最后，生态农业尊重农民的传统知识和文化，鼓励农民参与农业技术的创新和改进，提高农民的技能和收入，改善农民的生活条件和社会地位。生态农业的实施需要农民的积极参与和支持，因此在推广和实施生态农业的过程中，需激发农民的创造力和生产热情，推动农业生产的科技化和现代化。在浙江省宁波市象山县，当地政府加强对农民的技术培训和资金支持，经过一段时间的实施，生态农业的推广使农民的收入得到了提高，农民的生活条件也得到了改善，同时农田生态系统的稳定性也得到了提升。

生态农业的发展对于农村生态环境的保护和改善有着积极的作用。生态农业的推广和实施，可以减少对化肥、农药、地膜等化学物质的使用，有助于减少对土壤、水源和生物多样性的破坏，推动农村生态系统的恢复与改善。同时，也有助于提高农产品的品质和安全，增加农民的收入，改善农民的生活条件，推动乡村振兴和可持续发展。然而，生态农业在实际推广和落地过程中也面临一些困难和挑战。例如，生态农业的技术需求较高，需要较长时间的技术积累和实践经验，农民的生产技能和观念也需要相应的转变和提升。另外，生态农业的成本相对较高，对于一些资源匮乏、技术水平较低的地区和农户来说，可能存在较大的障碍，且产量和效益也可能受到一定程度的影响。

要推动生态农业的发展，需要政府、科研机构和社会各界的共同努力，从不同方面着力。从技术上，科研机构要加强对生态农业技术的研发和创新，提高其适用性和可操作性，提供技术支持和培训服务；从政策上，政府要加大对生态农业的扶持力度和推广力度，建立完善的政策支持体系，提供补贴和财政支持等方式来推动生态农业的发展；从社会上，社会各界要加强对生态农业的宣传推广，增强公众对生态农业的理解和支持。通过推广生态农业，可以促进农业生产方式的转变，提升农产品的品质和安全，改善农民的生活条件，实现农村的可持续发展。

四、生态城市建设

城市是人类文明发展到一定阶段后的必然产物，伴随快速城市化进程，城市规模快速扩张，经济高速增长，人民生活水平不断提升。然而，城市发展独立于自然而扩张发展，与自然生态系统不平衡、不协调、不可持续问题也十分突出，建设生态城市，打造近自然生态系统，提升城市生态环境的宜居性，实现生态环境优美与宜居宜业的城市，正成为现阶段的重大社会需求。

1. 城市是人类社会的主要生活家园

现代城市带来方便、舒适、快捷、多元的工作和生活环境，自然成为人群涌入的地方。联合国人口基金会数据显示，截至2022年11月15日，世界人口达80亿。据估测，全球城市化率将从2021年的56%上升至2050年的68%，其中发达国家的城市化率将达到86%。我国在改革开放初始的1978年，城市化率仅为18.9%，此后每年以1%以上的速度增长，到2022年已达65.22%，预计到2025年将达到71.2%。不难看出，城市成为人类主要生活家园。

城市长期被视为是一个生产空间，而不是一个生活空间和生态空间，引发了包括水、气、土以及声、尘、光等众多生态环境问题，城市化的弊端日益凸显，除此等传统的生态环境类城市病之外，人们开始关注日渐突出的物价包括房价上涨、贫富分化、犯罪率上升、精神疾患增多、城市文脉丧失等社会经济类"新城市病"。在城市环境对人类健康、生存影响日益加剧，并影响城市自身健康发展的背景下，城市居民的需求也发生了极大变化，从对富足、便利的温饱"易居"，转向渴望生态环境改善以及人居环境提升的更高阶段，医治城市病、建设生态环境优美与宜居宜业的城市正成为现阶段的重大社会需求。

党的十八大以来,习近平总书记强调,要"使城市更健康、更安全、更宜居,成为人民群众高品质生活的空间"。党的二十大正式将"坚持人民城市人民建、人民城市为人民,提高城市规划、建设、治理水平,加快转变超大特大城市发展方式,实施城市更新行动,加强城市基础设施建设,打造宜居、韧性、智慧城市"写入报告,标志着我国新时代城市治理理论、实践与进程迈入新的高质量发展阶段。

2. 城市生命哲学观与都市演替论

城市是一个开放的复杂巨系统。生态学视角下的城市是一个以人为主体的生态系统,具有一般生态系统的基本特性,由人、动物、植物、微生物等生物要素以及各种物理、化学环境等非生物要素组成,具有物质代谢、能量流和信息流等功能,要素间的相互作用构成有内在联系的统一整体。

城市具有生命性、动态性和系统性的主要特征,可认为是城市生态哲学观。生命观表征城市的有机性及其生命的延续性,城市不可机械地被当作理化体、景观体,而是具有生命特征的生物体;动态观体现了城市发展的阶段性及其驱动性,城市的发展可比拟于植物群落的演替过程,也是由低级向高级、初级至顶极的动态发展过程;而系统观则强调城市的整体性和复合性,城市是由自然—经济—社会三个子系统构成的复合系统。

有学者提出了都市演替论,用于阐述社会经济发展过程中一种城市形态代替另一种城市形态的过程的理论。都市演替论认为,城市作为一种以人为中心的陆生人工生态系统,虽然长期受人类活动影响,但其发展过程可以类比为自然群落的演替,是一个在自然、社会、经济驱动力影响下,由低级到高级、由简单到复杂、由一个城市形态代替另一个城市形态,从初始相起,经过一至数个途中相,直到成为顶极相的过程。

城市发展最初简单融合了聚居与交易之地,即城市的初始相。在中国古代,城和市原本是两个不同的概念,随着社会发展与进步,两者从量变到质变,西周中期由各自独立分离的个体发展成合二为一的复合体,它所表现出的集合性特点与综合性功能最终构成了一种有别于乡村的独特生活环境与生活方式。

针对发展中存在的各类环境问题以及满足市民对卫生健康、景观美化、环境改善、低碳节能、智能易居、生态宜居等不同需求,相继开展了卫生城市、园林城市、森林城市、环境保护模范城市、资源节约型-环境友好型城市、循环型城市、低碳城市、易居城市(数字城市、智能城市、智慧城市)和生态型宜居城市的建设,这些城市形态均可视为都市演替的途中相。生态型宜居城市，作为一种新型的城市形态，旨在营造良好的居住和空间环境，人文社会环境，生态与自然环境和清洁高效的生产环境，经济、社会、文化、环境协调发展，能够满足居民物质和精神生活需求。生态型宜居城市可被视为现阶段可以预见的、处于都市演替最后期的城市形态，亦即顶极相。

推动城市演替的驱动力包括：①经济模式。城市最初的政治功能远大于经济功能，但在随后的发展过程中，经济扮演着日趋重要的作用，尤其到工业化时代，制造业从低端发展到高端，对人们生活和城市环境的影响尤甚。现已渐渐移出城市，被现代服务业取而代之。②生态环境。伴随着城市的发展，原本良好的自然环境不断被片段化、岛屿化和人工化，由于缺乏对自然的了解，这种人工化几乎等同于恶化，直到20世纪中后期，引发的环境问题才得到重视，人们开始考虑逆城市化和城市的再自然化来推动恶化的城市环境的改善。③决策需求和社会需求。作为城市生态系统的主体，人扮演着重要的角色。长期以来，政府决策一直是城市人工环境和自然环境的首要人为推动力。但随着社会发展，政府决策的影响力不断下降，政府开始以自然科学、社会科学的理论和结论引导、支撑决策。公众参与逐渐成为主流，社会需求成为继政府决策和学者建议之后新的驱动力。

3. 生态型宜居城市建设的误区及破解途径

近年来，"生态"一词成为社会上极为时髦的流行词汇，特别是党的十七大提出"生态文明"新理念以来，日益深入人心。但究其根本，"生态"是生物在一定的自然环境下生存及发展的状态。生命活动的基本意义在于维持个体的存活和延续种群的存在，而在城市生态系统中作为主体的人，其活动的基本意义可以理解为维持个体的生存与惠及子孙，符合"生态"的基本内涵，与可持续发展理念一脉相承。

对于宜居型城市，可从宏观的城市环境、中观的社区环境、微观的居室环境三个层面进行理解。宏观层面指包括自然生态环境、社会人文环境和人工建筑设施环境等在内的城市环境良好；中观层面指包括规划设计合理、生活设施齐备等在内的社区环境优美、和谐亲切；微观层面指包括居住面积适宜、房屋结构合理、卫生设施先进等在内的居室环境通风、采光和隔音功效良好。城市绿化作为城市生态系统的初级生产者，是唯一具有生命力的绿色基础设施，作为重要组成部分在宏观和中观尺度上制约和影响着城市生态系统中其他成分的存在和发展，进而成为生态型宜居城市建设的主要抓手和重要途径。

大力推动城市绿化,让城市再现绿水青山,持续提升了人民群众的获得感、幸福感。然而,也有不少城市在绿化建设中,存在一些苗头性、倾向性问题,在以"大树进城"为代表的急功近利式绿化屡禁不止,以指标为导向,绿化建设超常规推进,存在重数量、轻质量,快速成林,美化、亮化、洁化有余,而生态优先体现不足等突出问题,成为"生态形式主义"的典型,主要表现在以下几个方面。

地域特色不鲜明,存在高度同质化现象　绿化作为城市中唯一具有生命力的基础设施,应与地域紧密匹配。中国是全世界生物多样性最丰富的国家之一,被称为"世界园林之母",为全球园林绿化建设作出了巨大的贡献。但近年来,部分城市绿化建设片面追求"新""奇""特",营造异域风情,跨气候带种植明显,如亚热带城市为营造热带风情而大规模引进的棕榈科植物,与周边环境格格不入,城市绿化成了"伤疤"。一项关于长江流域城市绿化同质化研究中发现,11个大城市均出现的树木占比达29%~37%,同质化问题显著。

片面追求快速见效,凸显耐心不足问题　在各级政府等多方严格要求以及社会强烈反对下,大规模的"大树进城"现象得到一定程度的抑制。但一些城市仍然存在追求快速见效式的绿化建设,将一些大径级个体"化妆"为大苗、壮苗引入绿化建设中,"大树进城"屡禁不止。在大量的新建住宅小区、公园和道路绿化中,到处可见被成群支架包围、挂着营养袋的站桩树。为了加速促进这些树木的成长,它们需捆扎保温带,搭薄膜温室,喷洒生根剂、蒸腾抑制剂、保湿剂、促芽剂等,且难以脱离长期的人为管护。城市绿化树木并未参与城市本身的成长,与"十年树木"的自然规律背道而驰。

片面追求物种数量提升,对生物多样性内涵认识不足　习近平总书记在《生物多样性公约》第十五次缔约方大会领导人峰会视频讲话中提出:万物各得其和以生,各得其养以成。但近年来,大量非本地物种被引入城市绿化建设中,从数字上提升了物种的多样性,但并未从本质上提升生物多样性。大量绿地采用纯林种植模式,结构单一、物种丰富度低、自然度不高,容易遭受大规模病虫害,往往无法依靠其自身抵抗力和恢复力维持平衡,只能大量使用杀虫剂,导致二次污染,形成大片有绿无虫、有绿无鸟的"绿色沙漠"。一般认为,生物多样性是生物及其环境形成的生态复合体以及与此相关的各种生态过程的综合,包括动物、植物、微生物和它们所拥有的基因以及它们与其生存环境形成的复杂生态系统,因此,生物多样性应凸显鲜明的关联性、自然属性和区域特色。

美化力度过大,对绿化建设的风险识别不够　"四季有花""四季见景""美化彩化"等理念催生了花谷、花海、彩叶林等大面积发展,城市绿化求快求美,沦为化妆工程，大量未经风险评估的物种进入城市绿化。从未来的气候变化来看，城市增温效应将强于周边区域，草花植物的入侵可能性会进一步严重，一些亚热带城市彩叶植物的变色效果可能会因为日较差的减小而变弱，绿化植物的气候适应性评估亟待开展。

过度追求洁化、亮化，管理成本高昂 城市树木的枯枝落叶是营养循环的一个正常环节，但目前的管理是无差别收集，一方面增加了固废负荷，另一方面导致树木生长缺乏营养，施肥将进一步增加周边区域的污染负荷。每年投入大量的人力物力对草坪的杂草进行管理，不仅影响市民的使用而且影响依赖草花的昆虫多样性。一些天然植被被替换为人工绿化甚至完全硬化，成为劣质装修工程。一些以网红打卡为目的的绿地夜间灯光秀，大量耗费能源，且影响植物的生长周期和鸟类等活动行为。有关学者研究表明，夜间灯光会促进外来植物对本地群落的入侵，加剧本地群落内常见种对稀有物种的竞争排斥，从而对城市植物多样性造成重大影响。近年来迅猛增长的人工照明严重威胁到自然生态环境并造成众多生态灾难，其中候鸟是最典型的光污染高危物种之一。

"以人为本"理念考虑不周，服务意识有待提升 部分植物的花粉、飞絮和挥发性有机物是导致市民过敏的重要过敏原，"花粉过敏症"已成为城市居民的重要流行病。产生大量花粉和飞絮的悬铃木、柏木、杨树等植物仍在城市绿化中得到广泛的应用，尤其在一些老、幼敏感人群集中活动区域，如学校、小区、公园等。同时，老旧区域人、树争道（人行道窄而树木过大）、树木遮荫与透光（高大常绿树木影响低层住户采光）等已成为重要的关注点，树木"剃头"已成为潜在的冲突风险点，多次引发法律规范、道德规范和感情判断等大讨论。

城市绿化建设需遵循生态学理念与理论，以修复城市生态系统受损的结构、恢复其退化的功能为目标，重视与自然的拟合，形成可自循环、具自净力、富有生命力的健康生态系统。

真正树立尊重自然、顺应自然、保护自然的观念 习近平总书记指出，"许多城市提出生态城市口号，但思路却是大树进城、开山造地、人造景观、填湖填海等。这不是建设生态文明，而是破坏自然生态。"应用基于自然的解决方案，建设韧性城市，正成为城市发展的潮流。大量的绿化景观或者美观的环境并非"真生态"，自然是生命共同体，具有"自组织、自维持、自适应"特征。城市建设的决策者应深学细研习近平总书记的自然观，在城市规划建设中摸清家底，加强保护，分类修复，保护天然植被的完整性、增加自然地段的连通性、有意识地在保留一些自然进程主导的荒地，增加城市绿地种类组成和结构复杂性等，仔细考虑自然对每个城市建设细节的影响，切记不要打破自然系统。

关注生态系统的动态化建设，打造可持续的绿化建设　"十年树木""前人栽树，后人乘凉"是树木的正常生长规律。大树进城、密植树木带来的快速绿化效应，除了"见绿则喜"的短视效应外，并未提升城市绿化的生态效益。在绿化建设中，应充分考虑不同植物的生长周期、空间需求和种间关系，避免绿化泡沫、终生养护、简单堆砌、甚至互相挤压、争夺生长空间，应追求可持续的绿化。

强化统筹设计，"质""量"并举　充分利用区域生物多样性资源，从国土空间修复出发，解决"绿在哪里""用什么绿""如何绿"的问题。加强园林植物生态研究，构建区域适生、适宜绿化植物数据库，形成合理的绿化植物配置模式，政府引导苗圃建设，从根本上解决"苗圃领导绿化"和"大树进城"的问题，破除城市绿化同质化，建设一批生命地标，形成真正的地域特色，促进城市人群的健康生活。

构建多方参与机制，排除风险　注意"大树进城"、城市树木更换、树木修剪等引起的一系列舆情事件，尤其在老旧城市更新改造区域潜在着重大风险点。习近平总书记强调，"城市的核心是人，城市工作做得好不好，老百姓满意不满意、生活方便不方便，是重要评判标准。"城市绿化的主要目的是满足人民群众日益增长的美好生活需要，提供优质生态产品。在绿地规划、建设和运营管护中，应形成包括管理方、实施方、设计方、施工方、居民和专家等多方参与机制，平衡多方需求。

增强文化自信，敬畏生态　习近平总书记强调，文化是城市的灵魂。城市历史文化遗存是前人智慧的积淀，是城市内涵、品质、特色的重要标志。要妥善处理好保护和发展的关系，注重延续城市历史文脉，像对待老人一样尊重和善待城市中的老建筑，保留城市历史文化记忆，让人们记得住历史、记得住乡愁，坚定文化自信，增强家国情怀。中国具有悠久的城市发展和园林绿化建设历史，形成了丰富的生物文化和生态智慧。应充分挖掘古建、古园、古树等负载的文化要素，结合人与植物之间的文化和情感联结，以及人与植物共存的生态智慧，应用于绿化建设中，因地制宜、节俭务实，建设自然化、区域化、人性化的城市绿地。加强生态科普，提升生态美学素养，形成全社会爱绿、敬绿和护绿之风，自觉抵制绿化的形式主义之风。

4. 城市近自然生态建设实践

"近自然森林"建设理念源于日本生态学家宫胁昭教授提出的"环境保护林"建设，是植被恢复的一种新理念。它是以生态学群落演替和潜在自然植被理论为基础，选择当地乡土种，应用容器育苗等"模拟自然"的技术和手法，通过人工营造与植被自然生长相结合，超常速、低造价地建造以地带性森林类型为目标，群落结构完整、物种多样性丰富、生物量高、趋于稳定状态、后期完全遵循自然循环规律的"少人工管理型"森林。

近自然森林的优势首先体现在其低廉的造价上，苗木及种植等费用均低于现行绿化单价。其次是高成活率和健美的树形，因为不以种植大树为主，主要应用根系发育良好、有长成大树潜力的健康容器幼苗，故不需修枝、剪叶和去除大量根系，使得种植的幼苗形态自然健全，成活率高。同时，近自然森林种类丰富、结构完整、生物量高，因为使用多种类乡土种的组合，同时有其他植物的自然侵入，所以自然物种多样性高；乔木、灌木、草本层次结构完整；生物量高出草坪数十倍。此外，近自然森林属后期少养护管理型，由于多种类乡土种的组合，抗病虫害和自然灾害的能力强，群落相对稳定，不会出现种植单一品种而引发起的大面积的病虫害，可完全遵循自然生长规律，无需长期的人工管理（图7-3）。

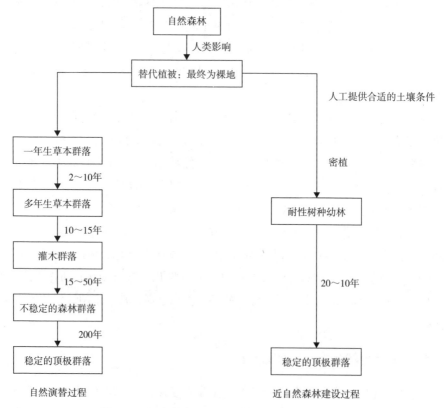

图7-3 近自然森林建设与自然恢复过程的比较

华东师范大学达良俊教授团队自 2000 年开始，在上海开展了一系列城市近自然森林建设实践。处于上海浦东和闵行的试验场地，1 年生苗木种植 6 年后，冠层即达到 10 米，逐步形成了异龄复层常绿落叶阔叶混交林，10 年即基本达到恢复目标，生态系统结构及功能接近于周边自然植被，已成为上海的生命地标，获得了大面积推广。

近年来，因大面积人工纯林导致的持续退化以及灌草丛等因为缺乏种源而难以恢复的现象，从近自然森林建设理念中发展出低质低效林分的近自然化改造技术，即在现有植被的基础上，通过对群落性质及结构的分析，以区域潜在自然植被为参照，通过特定目标树种的保留和抚育，创造一定的群落内环境，为顶极种的引入（自然定居或人工引入）创造条件，快速恢复为顶极群落（图 7-4）。

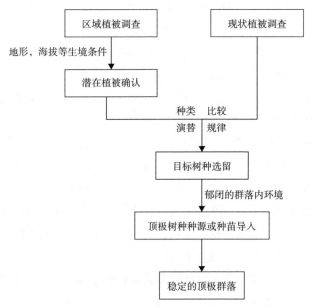

图 7-4 近自然森林改造路线图

五、生态经济与生态产业

地球是我们赖以生存的家园，而如今我们所面临的气候变化、资源枯竭、环境污染等问题日益严峻，迫切需要我们寻找更加可持续的经济增长方式和发展道路。生态经济作为把人类需求与大自然可接受性结合起来的一种方式，日益引起人们的关注和重视，其中生态产业作为一种新兴产业形式，也正方兴未艾。

1. 生态经济

20世纪60—70年代，随着西方世界环境问题、资源问题引发经济社会问题不断凸显，针对人类如何发展展开了积极的反思和讨论，生态经济学应运而生。

一般认为，生态经济学的概念在20世纪60年代后期由美国经济学家肯尼斯·鲍尔丁首次正式提出，全球各经济学派、环境保护组织纷纷加入到关于全球资源、环境、人口与发展的一场大辩论中，促成了生态经济学由概念到学科的诞生。1988年国际生态经济学学会的成立，次年 Ecological Economics 刊物的创办，成为生态经济学研究的一个重要里程碑。中国也在这一时期开始了生态经济学的研究，20世纪80年代初，最早由经济学家许涤新先生倡导在中国成立了全球第一个研究生态经济的学术团体，在昆明创立了第一份研究生态经济的学术期刊《生态经济学》，并在中国社会科学院搭建了第一个专门从事生态经济研究的学术机构，推动了生态经济的研究。近年来，中国的生态经济学扎根于生态文明建设的实践探索，推动该学科理论创建与社会实践。

所谓生态经济学，就是从经济学角度研究生态系统和经济系统所构成的复合系统——生态经济系统的结构、功能、行为及其规律性的学科，是生态学和经济学交叉形成的一门新兴学科。它的主要研究内容包括：生态经济系统的结构、功能和目标；经济平衡与生态平衡之间的关系及其内在规律；经济的再生产与自然的再生产之间的关系和规律等。生态经济学的核心目标是促进经济发展，同时保护和维持生态系统，为后代提供生存所需的自然资本（环境与资源）。生态经济学作为应用经济学的一个学科内容，有系统复杂的知识结构和理论体系，这里仅仅简单介绍它的基本内涵，尤其是与生态学的相关关系。

生态经济学强调顺应自然生态规律和原则构建或重构人类社会的经济发展架构 人类社会的经济生产应该建立和规范在自然生态系统的物质循环、能量流动的能力范围内，人类社会的经济系统的内部平衡应该基于生态系统的平衡进行优化，经济组织方式应该借鉴自然界的物质生产方式，在平衡、循环中实现物质重复利用、能量最大化利用，并以此建立起了可持续经济、资源经济、循环经济等经济或产业模式。

生态经济是一种系统解决发展与保护问题的方法论 生态经济学认为经济系统是嵌套在生态经济系统中的一个子系统，只有通过保护健康的生态系统、修复受损的生态系统，经济系统才有发展的支持条件；经济系统存在的问题，只有置身于更大的生态系统中去认知和解决，才能得到根本解决。因此，生态治理不仅是环境保护的系统工程，也是经济发展工程，以系统思维考量，顺应生态建设规律，取得生态治理的最优绩效；生态保护需要置身于整个经济社会条件下来考量，统筹考虑自然生态系统各要素以及不同地域空间，进行系统修复和整体保护，实行源头治理、协同治理、系统治理和综合治理并举；生态治理体系的建立，要树立大局观念和全局观念，加强顶层设计的系统性和科学性，构建统一规范的协调机制、共享机制、开放机制和融合机制，提升生态治理现代化水平。

生态经济是旨在平衡经济增长和环境保护的发展模式 它强调可持续发展、资源利用效率和环境友好，以此为基础建立起相对和谐的人与自然的关系。在生态经济的框架下，经济增长不仅仅关注经济规模的扩大，还注重减少环境破坏和生态系统崩溃的风险。生态经济鼓励创造绿色工作机会，支持生态友好的技术创新，促进资源的可持续利用，以此为基础实现人类和地球的可持续发展。生态经济的核心理念是以人为本，平衡经济增长和环境保护的关系。它认为经济活动应该追求社会福利和环境质量的双重目标，强调人类的健康、经济繁荣和环境的可持续性之间的相互关系。生态经济主张政府、企业和个人共同合作，采取可持续发展的策略和措施，以实现经济、社会和环境三方面的协调发展。

生态经济强调资源的有效利用和保护 在传统经济模式下，资源被看作是无限供应的，而在生态经济中，资源是受限的。生态经济鼓励将有限的资源用于最有价值的用途，并通过创新的技术和方法，实现资源的循环利用和节约。例如，通过推广循环经济，将废物转化为新的资源，减少资源的浪费和环境的污染。生态经济也强调环境友好的生产和消费方式。传统的工业生产模式往往伴随着大量的污染物排放和资源的浪费。生态经济鼓励绿色制造和绿色消费，通过使用清洁技术和环保产品，减少环境污染和资源消耗。同时，生态经济倡导人们转变消费观念，选择可持续、环保的商品和服务，推动绿色消费的发展。

生态经济还提倡社会公正和可持续发展 在传统的经济模式下，经济增长往往偏向于少数人的利益，导致资源和财富的不平等分配。生态经济强调社会和经济的包容性发展，关注弱势群体的权益保护，促进公平的资源分配和机会平等。此外，生态经济强调社会的可持续发展，将社会福利和环境质量作为评估经济绩效的重要指标，以此推动可持续发展的目标。在实践层面，生态经济需要政府、企业和公众的参与和支持。政府可以制定相关政策和法规，给予环保企业和技术创新以支持，引导市场实现绿色发展。企业可以主动调整经营战略，采用绿色生产方式，提供绿色产品和服务。公众可以增加环保意识，改变消费习惯，参与环保活动和公众参与过程，推动生态经济的实践与发展。

中国高度重视生态经济学的发展和应用，其原因在于，一是社会需求与环境问题发展的形势所需。随着工业化和人口增长，资源、能源、环境等问题日益凸显，如污染、资源枯竭、全球气候变暖等，这些问题促使生态学受到更多关注，也推动了生态经济学的发展。二是经济发展与生态保护矛盾的破解要求。传统的高投入、高消耗、高污染的发展模式已不可持续，需要转向低投入、低消耗、低排放、适度增长的发展范式，生态经济学为此提供了理论支持。三是中国特色生态经济学的创新。在习近平生态文明思想的指导下，"绿水青山就是金山银山"的发展理念正在推动生态经济学的创新发展，以适应新时代的社会主要矛盾，即人民日益增长的美好生活需要和不平衡不充分的发展之间的矛盾。不难看出，未来经济社会发展需要转换发展方式，这种方式的主要路径就需要生态经济作为理论来引导。

2. 生态产业

生态产业是以生态环境保护为导向的产业发展模式，它强调通过开发和应用环保技术、推广绿色产品和服务等方式，实现经济增长的同时减少对环境的负面影响。生态产业在现代经济中扮演着越来越重要的角色，直接关系到环境可持续发展和人类生活质量的提高。

首先，生态产业的基础是生态资源的合理利用和保护。生态产业包括了清洁能源、环保科技、生态农业、生态旅游等领域，它们致力于保护生态系统、减少污染物排放、提高资源利用效率，实现生态经济的可持续发展。其次，生态产业的发展需要政府的支持和政策引导。政府可以通过制定环保法规、提供财政支持、推动技术创新等方式，为生态产业的发展营造良好的政策环境和市场环境，促进生态产业的蓬勃发展。最后，生态产业的核心是提供环保产品和服务，满足人们对清洁环境和健康生活的需求。随着人们环保意识的提高和消费观念的转变，绿色产品和服务的需求不断增加，生态产业正成为引领经济发展的新动力。

生态产业是以环境保护为核心的经济活动，它与传统产业模式相比，更加注重环境友好和可持续发展。生态产业的发展不仅可以保护、改善环境，还可以促进经济增长、创造就业机会，为人们提供更加美好的生活。通过推动生态产业的发展，我们可以实现经济增长和环境保护的双赢，为人类的可持续发展开辟新的道路。因此，加强对生态产业的支持和发展，推动绿色技术创新和产业升级，是实现经济可持续发展和建设美丽中国的重要举措。

我国学者王金南提出的生态产品产业，暨第四产业，就是强调生态产品供给与消费对未来经济社会的重大改变力量。他认为，为实现人与自然和谐共生，以生态资源为核心要素,从事生态产品保护、生产、开发、经营、交易等经济活动的产业集合,即生态产品第四产业。这一产业形态以"绿水青山就是金山银山"理念为指引,旨在将可利用的生态产品和可供交易的生态系统服务转化为经济价值,实现生态系统服务增值。王金南认为,生态产品第四产业有狭义和广义之分,狭义指的是生态产品产业,广义指的是生态赋能产业。随着生态产品供给和价值实现形成的新产业、新业态、新模式不断涌现,生态产品第四产业已经初步形成,并有望成为推动经济实现绿色高质量发展的新动能。

3. 生态产业化与产业生态化

按照生态规律和原则组织人类社会的经济活动,已然成为未来经济和社会发展的端倪。党的十八大明确提出绿色发展道路和美丽中国建设,强调中国的现代化是人与自然和谐共生的现代化。这样,理顺了生态与经济的关系,在维护和修复生态环境的前提下,实现经济增长和人民生活质量提高,推动经济发展与生态环境保护的良性循环,将生态环境和经济发展视为相互依存、相互促进的关系。生态产业化、产业生态化成为生态文明建设中产业发展的主要方向。

(1) 生态产业化

所谓生态产业化,强调的是将生态资源及其衍生品,通过市场化经营、社会化生产、规模化运作等方式来提供生态产品和服务,以实现生态资源的保值增值。它依靠市场化手段推动生态要素向产业要素转换,生态价值向经济价值延伸。这种方式发展起来的产业基本上属于生态产业的范畴。

当前,生态产业主要以低碳、环保、可再生能源为基础,优先选择绿色产品和清洁生产技术,减少废弃物产生,实现资源的循环利用。这些产业包括清洁能源产业、环保产业、可再生能源产业等,它们是推动产业绿色升级、生态经济发展的重要支撑。伴随生态产业的兴起,经济发展的迭代升级必然提供了新的发展机遇和市场需求。对生态产品、生态服务的新需求,带来了一系列相关产业的发展机会,如环保技术和设备、清洁能源产品、可持续农业产品等。这些产业的发展不仅为经济增长提供了新的动力,也为创业者和投资者提供了新的机会。

在全球有效需求不足、发展乏力的经济社会条件下,我国率先提出生态产业化未来将是推动经济发展的重要方式和新发力量,主要体现在以下几个方面。

一是将生态资源转化为经济优势。人们对生态产品和服务的需求日益大众化、普及化,自然的生态环境中,尤其是农村、偏僻的荒野将成为提供生态资源及其衍生品的主要区域,通过市场化经营、社会化生产、规模化运作等方式,既有助于将资源优势、绿色优势转变为经济优势，还促进了生态环境的更好保护及保值增值，实现高质量保护推动高质量发展。

二是促进产业结构优化升级。通过生态产业化，可以引入环境友好型的新技术、新工艺和新设备，对传统产业进行生态化改造，提高资源利用效率和经济效益。同时，生态产业化还能催生更多新的生态产业业态，推动产业结构优化升级。

三是实现经济效益与生态效益双赢。生态产业化注重在经济发展的同时，保持良好的生态环境，这样更好地提高和实现大自然的价值水平，实现经济效益与生态效益的协同进步。这有助于破解经济发展与生态环境保护的"两难"悖论，推动经济可持续发展。

（2）产业生态化

所谓产业生态化，强调在自然系统承载能力范围内，对人类的生产制造全流程进行生态化改造，引入环境友好型的新技术、新工艺和新设备，对特定区域空间内的产业系统、生态系统和社会系统进行系统化的融合、协调和优化，在实现产出增加和利润增长的同时保持良好的生态环境。这种方式发展起来的产业基本上属于生态友好型产业的范畴。

在生产过程中注重环境的保护和资源的节约利用，是产业生态化的基本要求。所有产业如农业、制造业、服务业等，都需要采取相应的技术和措施，减少污染物排放、降低能源消耗、优化资源利用等，以减少对环境的破坏和压力。

生态友好型产业是要对传统产业进行产业结构调整。这就要求调整传统产业结构，减少高能耗、高排放和高污染的产业，向低碳、环保和可持续发展的产业转型。这不仅有利于环境的改善，也可以提高产业的竞争力，推动经济的持续健康发展。

生态经济与生态产业相辅相成，共同推动了经济的发展和环境的保护。在实施生态经济的过程中，我们要注重生态产业的环境效益，推动绿色产业的发展，促进产业结构的调整，为经济的可持续发展打下坚实的基础。同时，还需要加强法律法规的制定和执行，提高企业和个人的环保意识，共同构建可持续发展的生态经济体系。

4. 国外生态经济发展典型案例

这里介绍几个国外生态经济典型成功案例。

（1）丹麦风能产业

丹麦的风能产业是全球风能行业的领军者之一，其成功经验展现了生态思想、思路和经验在可再生能源领域的重要性和影响。

丹麦的风能产业始于 20 世纪 70 年代。政府认识到传统的化石能源开采和利用方式对环境造成的不利影响，因此提出了发展清洁能源的战略目标。这一思想为后来风能产业的发展奠定了基础。

为此，丹麦制定了一系列支持可再生能源发展的政策和法规，包括优惠的发电价格、税收减免、能源补贴等；还通过资金投入、科研项目支持等方式鼓励技术创新，不断提升风力发电技术水平和设备性能。同时，丹麦的风能产业不断进行产业升级和转型，从简单的风力发电设备制造向包括风电场规划、建设和运营管理等全产业链发展，实现了技术、产业和经济的良性循环。

通过发展风能产业，丹麦实现了对化石能源的依赖程度降低，减少了温室气体排放，改善了环境质量。与此同时，风能产业也为丹麦经济带来了可观的经济收益，提高了国家的能源安全性，为国家的可持续发展做出了重要贡献。丹麦还积极开展国际合作，与其他国家分享经验和技术，共同推动全球风能产业的发展。丹麦政府和企业不仅在技术输出、项目投资等方面开展合作，还通过举办国际会议、技术培训等方式促进了国际交流与合作。

（2）荷兰垂直农场

荷兰的垂直农场是一种创新性的农业模式，它旨在应对城市化进程中土地资源有限、粮食生产受限等挑战，通过在城市内部建设垂直层叠的农场，实现了农业生产的空间立体化和资源高效利用。

这种方式不仅节约了土地，还可以通过智能灌溉系统、新型光照系统等技术手段实现水资源和能源的高效利用，减少浪费。这种农场可以为城市提供新鲜的农产品供应，改善城市居民的生活质量。同时，垂直农场还可以利用城市中的有机废弃物进行有机肥料的生产，实现了资源的循环利用和城市生态系统的内部闭合，为城市的生态环境改善做出了贡献。

垂直农场在设计和运营过程中注重保护生态多样性。通过合理设计农场结构，营造适宜的生态环境，可以吸引各种生物在农场内繁衍生息，促进生态系统的平衡和稳定。例如，可以在农场周边种植花草树木，引入天敌昆虫控制害虫，实现自然生态系统的建立，减少对农药的依赖，保护生态环境。

垂直农场的成功离不开科技创新的应用。在建设和运营过程中，引入了智能化的种植管理系统、自动化的收获系统等先进技术，提高了农业生产的效率和质量。例如，利用无土栽培技术、智能灌溉系统和新型光照系统等先进技术，可以实现作物的全年生产，增加产量的同时降低了资源消耗，提高了农产品的质量和安全性。

垂直农场的建设和运营需要广泛的社会参与和支持。政府、企业和社会各界的合作共同推动了垂直农场的发展。在此过程中，注重培育农民技术、提高农业生产者的素质，促进农业从业者的可持续发展，实现了农业生产的经济效益和社会效益的双赢。

（3）以色列滴灌农业

以色列滴灌农业是一种在干旱地区实现高效农业生产、保护水资源和生态环境的成功范例。

以色列位于世界上水资源匮乏的地区之一，因此，资源高效利用成为其农业发展的核心思想之一。滴灌农业采用微量滴灌技术，将水滴直接送到植物根部，最大程度地减少了水资源的浪费。这种生态思想体现了对水资源的合理利用和保护，同时也为农业生产提供了可持续的水源保障。

以色列在滴灌农业技术方面处于世界领先地位，其成功经验主要得益于科技创新的应用。通过引入先进的灌溉技术、自动化控制系统和智能感知装备，实现农业生产的精准化管理和高效化运作。相比传统的喷灌和洪灌方式，滴灌农业减少了土壤侵蚀和水资源污染，有利于维护生态环境的稳定性和可持续性。此外，滴灌农业还可以减少化肥和农药的使用，降低土壤污染和农业面源污染的风险，保护生态系统的健康。

政府出台了一系列支持滴灌农业发展的政策和法规，提供了财政支持和技术指导；企业和农民积极响应政策号召，大力推广滴灌技术，提高了农业生产的效益和质量；社会组织和科研机构积极开展技术培训和科普宣传，提升了农民的技术水平和意识。这种广泛的社会参与和合作共同推动了滴灌农业的发展，实现了农业生产的可持续发展和社会经济效益的双赢。

以色列滴灌农业的经验对全球干旱地区的农业发展具有重要的借鉴意义。许多国家和地区也面临着水资源短缺和干旱的挑战，滴灌农业可以成为解决这些问题的有效途径。通过学习和借鉴以色列的经验，各国可以加强科技创新，推广先进的灌溉技术，实现农业生产的高效利用和生态环境的保护。

六、生物多样性保护

生物多样性是地球上生命经过几十亿年发展进化的结果，对人类生存和发展具有重要的生态、经济和文化价值。一方面，生物多样性为人类提供了丰富的食物、药物、燃料等生活必需品以及大量的工业原料，成为最关键的资源供给力量；另一方面，生物多样性在保持土壤肥力、保证水质以及调节气候等方面发挥了重要作用，成为人类难以创造的环境保障能力。生物多样性对于维持生态系统稳定性具有基础性地位，发挥核心作用，是人类赖以生存和发展的基础。因此，保护生物多样性，实现自然生态系统良性循环，就是保护包括人类在内的所有生命的现在和未来。

1. 生物多样性及其保护的内涵

（1）生物多样性保护的概念

生物多样性（biodiversity）一词最早于 1985 年提出，被定义为"生物组织各个层面的生命变化"。这包括遗传、物种和生态系统层面的变异。目前，在联合国和其他全球组织的环境保护工作中，保护世界各地的生物多样性和珍稀濒危动植物成为工作重点。

1992 年 6 月 1 日由联合国环境规划署发起的政府间谈判委员会第七次会议在内罗毕通过《生物多样性公约》(*Convention on Biological Diversity*)。鉴于公共教育和增强民众生态意识对在各层面执行《生物多样性公约》的重要性，联合国大会于 2000 年 12 月 20 日通过了第 55/201 号决议，宣布每年 5 月 22 日为国际生物多样性日，也称为生物多样性国际日。

（2）生物多样性保护的类型

按照保护主体的不同，生物多样性保护可以划分为两类。一类是以物种保护为中心，强调对濒危物种本身进行保护的传统保护途径；另一类是以生态系统保护为中心，针对景观和自然栖息地的整体进行保护。近年来，随着认知的加深，生物多样性保护策略逐渐由前者向后者进行转变，强调生物多样性及其生态系统的整体性保护。通过对景观和自然栖息地的整体保护，不仅使濒危物种受到相应的保护，也使得同区域分布的其他物种获得保护。同时，对生态系统的保护也为人类带来了相应的福祉。

生物多样性可通过就地保护、迁地保护、离体保护三种方式加以保护。

就地保护 世界上绝大多数的生物种类生活在自然界中，因此保护生物群落及其生境是生物多样性保护最有效的方法，甚至可以说是保护生物多样性的唯一方法。这种保护策略被称为就地保护，也叫原地保护。就地保护可以用相对较少的人力、经费、设施真正实现对生物多样性三个层次（种群遗传多样性、物种多样性和生态系统多样性）的长期保护。

迁地保护、离体保护 由于自然气候变化、土地利用方式改变等引起的生境丧失或栖息地质量下降，导致许多生物的生存空间和资源减少，在原有栖息地内受到极大的威胁。对许多珍稀濒危物种来说，它们赖以生存的自然生境往往遭到了极大的干扰和破坏，残余种群已经小到不能维持长期生存的状况，随时有濒临灭绝的危险。在这种条件下，无法进行有效的就地保护，迁地保护就成为重要的保护方式。迁地保护是指将生物多样性的组成部分移到它们的自然环境之外进行保护，即通过在植物园、动物园、遗传资源中心、繁殖基地等对种群样本进行保护和管理（既迁地保护），或通过种质库和基因资源库的形式，为种子、花粉、精液、卵细胞、细胞建立生物种质基因库，在原有生境以外的地区对物种资源进行保护（即离体保护）。这类保护是珍稀濒危物种保护的重要组成部分，可以对受威胁和稀有动植物物种及其繁殖体进行长期保存、分析、试验和增殖。

大多数的就地保护方式是建立合法的自然保护地。将自然保护地按生态价值和保护强度高低依次分为国家公园、自然保护区、自然公园3类，其中自然公园包括森林公园、地质公园、海洋公园、湿地公园等各类自然公园。

目前全球130多个国家共建保护区2万余处，总面积约占陆地表面的5%。在海洋保护方面，截至2019年年底，全球承诺、指定或建立的海洋保护区约17000个，总面积超过2800万平方公里，占全球海洋面积的7.9%。这些保护区涵盖了多种类型，包括海洋生态系统保护区、濒危珍稀物种保护区、自然历史遗迹保护区等，旨在保护物种多样性和生态系统，同时也为科研、教育、旅游等活动提供场所。通过这些保护区的建立和管理，人类表达了保护自然、改善生存环境的良好愿望，这些保护区是人类最值得珍惜的宝贵资源。

（3）生物多样性保护的内涵

地球上的每一种生物都生活在生命之网中，生物多样性影响着生命之网，而生命之网取决于生态系统和物种之间的相互联系。如果没有生物多样性，生命之网就会崩溃，物种就会灭绝。要保护生物多样性及其珍稀濒危生物，就必须保护生命之网，就是要做到对生物所在生态系统的全面保护。国家公园之所以成为全球推崇的生物多样性保护方式，就是因为强调原真性保护。生物多样性的保护实践表明，要保护好生物多样性，必须保护生物生存和发展依赖的环境，就是要进行综合全面、系统整体的保护。

党的十八大以来，习近平总书记提出"山水林田湖草沙是生命共同体"的论断，这不仅对生物多样性的有效保护将产生长远的指导作用，也为全面综合解决生态环境问题、提升生态环境质量提供了引领作用。从要素保护到"山水林田湖草是生命共同体"的系统性保护治理，把科学规律贯穿到国家环境治理的实践中，保护要尊重自然、顺应规律，为加快推进生态保护与修复工作提供了理论指导。

统筹推进山水林田湖草沙系统治理、综合治理、源头治理。调整优化保护范围和分区，完整性、原真性和生物多样性得到系统保护，实现生态全要素保护和一体化管理。积极探索统筹保护模式，系统谋划生态空间中并存的多元生态环境要素，一体推进国家生态综合补偿试点工作，推进山水林田湖草沙一体化保护修复，探索开展将碳汇纳入生态保护补偿核算范畴的研究。

坚持自然恢复为主、人工修复为辅，综合考虑自然生态系统的系统性、完整性，以江河湖流域、山体山脉等相对完整的自然地理单元为基础，结合行政区域划分，科学开展生态保护修复，遵循客观规律，坚持系统观念，增强各项举措的关联性和耦合性，更好统筹山水林田湖草沙系统治理。遵循"宜耕则耕、宜林则林、宜草则草、宜湿则湿、宜荒则荒、宜沙则沙"的原则，既不能一味放任、屈从生态系统的变化，也不能仅仅按照主观意志对生态系统进行人为干预。

统筹山水林田湖草沙系统治理是一项复杂的系统工程，必须充分发挥科技创新的驱动作用，不断强化生态环境治理、监测、修复等关键核心技术自主研发能力，可参考云南抚仙湖流域山水林田湖草生态修复工程案例、江西省赣州市寻乌县山水林田湖草综合治理案例。

2. 珍稀濒危生物的保护

珍稀濒危野生动物，是指生存于自然状态下、非人工驯养的、数量极其稀少和珍贵的、濒临灭绝或具有灭绝危险的野生动物物种。生物多样性是地球生态系统的重要组成部分，而珍稀濒危生物的保护也是生物多样性保护的重要组成部分。

为了加强珍稀濒危生物的保护，需要采取一系列有效的措施和政策。

确定珍稀濒危生物的名录 1963 年世界自然保护联盟（IUCN）成员会议通过《濒危野生动植物种国际贸易公约》(*The Convention on International Trade in Endangered Species of Wild Fauna and Flora*，简称 CITES)，截至 2019 年 11 月 26 日在《濒危野生动植物种国际贸易公约附录Ⅰ、附录Ⅱ和附录Ⅲ》中的物种的大致数量详见表 7-1。

根据《中国生态环境状况公报》，2022 年全国 39330 种高等植物（含种下单元）的评估结果显示，需要重点关注和保护的高等植物有 11715 种，占评估物种总数的 29.8%。其中受威胁的有 4088 种、近危等级的有 2875 种。4767 种脊椎动物（除海洋鱼类）的评估结果显示，需要重点关注和保护的脊椎动物有 2816 种，占评估物种总数的 59.1%，其中受威胁的有 1050 种、近危等级的有 774 种、数据缺乏等级的有 992 种。

表 7-1 《濒危野生动植物种国际贸易公约》附录物种数量表

		附录 I	附录 II	附录 III
动物	哺乳动物	325 种（包括 21 种群）+13 亚种（包括 1 种群）	523 种（包括 20 种群）+9 亚种（包括 4 种群）	46 种 +11 亚种
	鸟类	155 种（包括 2 种群）+7 亚种	1279 种（包括 1 种群）+5 亚种	27 种
	爬行动物	98 种（包括 7 种群）+5 亚种	777 种（包括 6 种群）	79 种
	两栖动物	24 种	173 种	4 种
	鱼类	16 种	114 种	24 种（包括 15 种群）
	无脊椎动物	69 种 +7 亚种	2190 种 +1 亚种	22 种 +3 亚种
	合计	687 种 +32 亚种	5056 种 +15 亚种	202 种 +14 亚种
植物		395 种 +4 亚种	32364 种（包括 109 种群）	9 种 +1 变种
总计		1082 种 +36 亚种	37420 种 +15 亚种	211 种 +14 亚种 +1 变种

制定珍稀濒危生物的保护法律和政策 当前我国野生动植物保护适用的法律法规主要包括《中华人民共和国野生动物保护法》《进出境动植物检疫法》《陆生野生动物保护实施条例》等。

加强珍稀濒危物种及其栖息地的监测 保护栖息地就是保护了生物的食物、住所和繁殖场所等，通过监测其栖息地变化和健康状况、迁徙路径，分析种群分布等，为珍稀濒危物种保护提供监测数据。

加强珍稀濒危生物的保护教育和宣传，提高公众的保护意识 由于环境污染、人类过度捕猎、栖息地减少等原因，世界上各个国家都出现了不同程度的珍稀动物灭绝的问题，为了提高公众保护珍稀濒危生物的意识，国际上将每年 4 月 8 日定为国际珍稀动物保护日。

加强科研，提高珍稀濒危生物保护水平和能力 大量开展珍稀濒危生物的人工繁育技术、扦插繁育技术等研发并示范应用。

3. 自然保护区与国家公园建设

建立自然保护区是保护生态环境、保护生物多样性最重要也是最有效的措施；国家公园是自然生态系统最重要、自然景观最独特、自然遗产最精华、生物多样性最富集的区域，支撑和引领我国自然保护地体系的建设和发展。

（1）自然保护区建设

自然保护区，是指对有代表性的自然生态系统、珍稀濒危野生动植物物种的天然集中分布区、有特殊意义的自然遗迹等保护对象所在的陆地、陆地水体或者海域，依法划出一定面积予以特殊保护和管理的区域。早在1956年，我国就成立了第一个自然保护区——鼎湖山国家级自然保护区。

自然保护区按照功能进行分区管理。根据《中华人民共和国自然保护区条例》及相关规定，自然保护区一般可以分为以下功能区。

核心区 是保护区内未经或很少经人为干扰过的自然生态系统的所在，或者是虽然遭受过破坏，但有希望逐步恢复成自然生态系统的地区。此区域禁止任何单位和个人进入，以保护其原生性生态系统类型和珍稀、濒危动植物。

缓冲区 位于核心区周围，可以防止核心区受到外界的影响和破坏，同时也可用于某些试验性或生产性的科学试验研究。

实验区 位于缓冲区外围，主要用作发展本地特有的生物资源，并允许进行科学试验、教学实习、参观考察等活动（图7-5）。

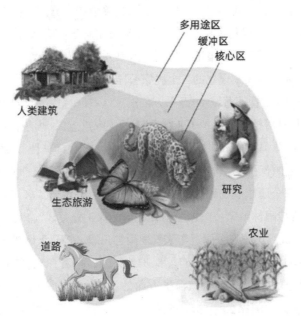

图7-5 生物圈保护区模型

根据《中国生态环境状况公报》，2021年，全国各级各类自然保护地总面积约占全国陆域国土面积的18%；2022年，全国共遴选出49个国家公园候选区（含三江源、大熊猫、东北虎豹、海南热带雨林和武夷山等5个正式设立的国家公园），总面积约 110 万平方千米。拥有世界自然遗产 14 处、世界自然与文化双遗产 4 处、世界地质公园 41 处。

（2）国家公园建设

国家公园是指由国家批准设立并主导管理，以保护具有国家代表性的自然生态系统、珍稀濒危物种、自然遗迹、自然景观为主要目的，依法划定的大面积特定陆域或者海域。世界上最早的国家公园为 1872 年美国建立的黄石国家公园。

中国保护区类型多样，但存在不同类型保护区空间重叠、功能定位不明确、管理部门多、职能交叉且缺乏各部门、各类型保护区的协调机制等问题，因此"整合自然保护体系，依法建设国家公园"势在必行。党的十八大以来，随着自然保护事业的发展和生态文明建设的需要，我国开始开展国家公园体制试点，推动建立以国家公园为主体、自然保护区为基础、各类自然公园为补充的自然保护地体系。为加强国家公园建设管理，保持重要自然生态系统的原真性和完整性，维护生物多样性和生态安全，促进人与自然和谐共生，中国国家林业和草原局制定了《国家公园管理暂行办法》。

2021 年 10 月 12 日，我国第一批国家公园名单公布，分别是：三江源国家公园、大熊猫国家公园、东北虎豹国家公园、海南热带雨林国家公园、武夷山国家公园。2023 年 8 月 2 日《光明日报》报道，根据《国家公园空间布局方案》，我国布局了 49 个国家公园候选区（含正式设立的 5 个国家公园），总面积约 110 万平方公里，占陆域国土面积的 10.3%，管辖海域 11 万平方公里。这些区域中分布着 5000 多种陆生脊椎动物和 2.9 万种高等植物，保护了 80% 以上的国家重点保护野生动植物物种及其栖息地。其中，三江源国家公园的林草覆盖率超过 74%，藏羚羊种群数量恢复到 7 万余只；大熊猫国家公园保护了 70% 以上的野生大熊猫，打通了 13 个局域种群的生态廊道；东北虎豹国家公园旗舰物种数量持续增加，野生东北虎、东北豹已经超过 50 只和 60 只；海南热带雨林国家公园加强雨林生境的保护修复，海南长臂猿种群数量恢复至 6 群 37 只；武夷山国家公园近年来发现雨神角蟾、福建天麻等 17 个新物种。

国家公园和自然保护区均属于自然保护地体系，两者存在异同之处。首先，都是重要的自然保护地类型，在自然保护方面的目标和方向一致，受到严格的保护、统一的管理；其次，国家公园体现在 6 个"更"，即"更高、更大、更上、更全、更新、更严"；自然保护区体现为 4 个"更"，更早、更多、更广、更难。

国家公园是自然保护地体系的主体。党的十九大提出建立以国家公园为主体的自然保护地体系，确立了国家公园的主体定位，也肯定了其他自然保护地的作用。在自然保护地体系中，国家公园处于"金字塔"的顶端，其次是自然保护区，再次就是各类自然公园，共同构成有机联系的自然保护地系统。

3. 生物种质安全与种质资源库建设

（1）生物种质安全

生物种质，作为一种不可替代的资源，具有十分重要的价值。一方面种质资源积累了极其丰富的遗传变异性状和信息，蕴藏着各种性状的遗传基因，对于突破性育种至关重要。二是种质资源为生物学基础理论研究提供了宝贵的实验材料。三是保障国家粮食安全的基础。种质资源一旦灭绝就很难恢复，因此保护种质资源对于确保国家粮食安全具有重要意义。四是农业及生物产业科技创新的源头，每次绿色革命的突破都源于种质资源的发掘利用。因此，生物种质资源对于人类社会生存与可持续发展、农业科技创新以及国家粮食安全等方面都具有不可估量的价值。

生物种质资源是我们所在这个星球上复杂多样生境条件下不同生物经过千万年适应自然环境，持续系统性地自然进化而形成的，每个物种及其不同的亚种、变种及人类繁育培育的品种，蕴藏着各种潜在可利用基因。这些基因有的控制着生物特殊的新陈代谢过程，有的调控生物适应特殊环境的能力，有的影响着生物特殊的产物数量和质量，而所有这些生物的性状可能是维持这些生物生存繁衍的遗传密码，保护好控制这些遗传信息的基因就可能保护或保存了这个物种。

种质基因安全是国家安全的重要组成部分，对于维护国家种业安全和粮食安全具有重大意义。当前，我国在种质基因安全方面面临多重挑战，包括种质资源保护不够、育种能力不强、扶持政策不精准等问题。为应对这些挑战，需要采取一系列措施，如加强种质资源保护、提高育种能力、精准扶持种业发展等。同时，随着转基因技术和基因编辑技术的发展，其在种业中的应用也越来越广泛，但这也带来了新的安全风险和挑战。因此，在推动种业科技创新的同时，也需要加强相关法律法规的制定和完善，以确保种质基因安全得到有效保障。

（2）种质资源库的建设

为了更加长久地、安全地保护和利用生物多样性，利用大型基础设施和仪器设备优化控制贮藏环境，长期保存具有重要生物学价值和开发利用前景的生物种质资源的区域，被称为种质资源库。鉴于种质资源库保护的主要目的是被保存物种特殊的种质基因，因此种质资源库也被称为种质基因库。

事实上，在当地球环境恶化一时难以修复的情况下，很多生物面临生存危机。全球处于第六次物种大灭绝的阶段，组织和动员国家甚至全球的力量把这些生物种质资源收集起来作为战略资源加以保存，以备子孙后代加以利用，对全球生物多样性的保护、人类的生存发展意义重大。

从20世纪80年代以后，伴随人们对生物多样性价值认识的提高，全球纷纷把种质资源库的建设作为生物多样性保护的重要手段，很多国家纷纷建立起来了各种各样的专业性、专一性的种质资源库。截至2020年年底，全球建成近1750个种子库，保存了超过600万份种质资源。

美国曾是一个植物种质资源极度贫乏的国家，经过多年的收集、考察、引进和交换，现已成为拥有43.5万多份植物种质的世界第一资源大国。这些资源通过种质资源信息网络（GRIN）进行管理，为美国国家植物种质体系的建设和运行提供了条件，促进了美国种质信息事业的发展，该网络也是世界上最大的种质资源信息网络之一。根据种质资源信息网络数据库管理组（DBMU）统计，它现已拥有437127份种质，这些种质来自184个科1509个属10182个种，其中长期保存的种质约为28万份，所有这些种质分别贮藏在26个种质库（圃）中。数据库管理组维护着一个大型的计算机网络——美国种质资源信息网络（http://www.ars-grin.gov）。该网络提供美国国家植物种质体系（National Plant Germplasm System，NPGS）中所有种质的信息，同时也提供美国农业部农业研究服务局（USDA-ARS）的动物、微生物等种质信息。据统计，美国国家种质体系保存了16162种约60万份农作物和野生植物的种子。

挪威斯瓦尔巴全球种子库（Svalbard Global Seed Vault，SGSV）是得到联合国粮农组织支持建设的、保存全世界农作物种子的贮藏库，是世界上最大的种子样本储备库，种子样本来自世界各地的基因库。该库坐落于北极圈内距离极点1000多公里的山体中，是挪威政府在北冰洋的斯瓦尔巴群岛建造的，独特的地理位置使它相对远离"天灾人祸"，被称为是全球农业的"诺亚方舟"。这座种子库2008年2月投入使用后，接纳了来自全球多地国家性、地区性和国际性种子库的种子备份，以防人类赖以生存的农作物因灾难而绝种。科学家对这座"植物诺亚方舟"将要应对的灾难的设定，包括自然灾害、疫病、战争，甚至世界末日。它是地球植物的最后"避难所"。斯瓦尔巴种子库粮仓总长120米，洞穴高于海平面130米左右，洞内面积约1000平方米，分为三座储藏室，每个储藏室能够存储150万个样本，而每个样本将保存约500粒种子。该库储存着来自全球各种规模基因银行超过4000个植物物种的86万份种子备份，包括豆类、小麦、稻米等人类赖以生存的农作物种子。

中国从20世纪80年代开始启动建设国家作物种质库，简称国家种质库，是中国最大的、以保存作物种质为特点的种质库，该库是全国作物种质资源长期保存中心，也是全国作物种质资源保存研究中心，负责全国作物种质资源的长期保存，以及粮食作物种质资源的中期保存与分发。该库在美国洛克菲勒基金会和国际植物遗传资源委员会的部分资助下，于1986年10月在中国农业科学院落成。至2019年2月新国家作物种质库项目在中国农业科学院正式开工建设。种质库设计容量为150万份，是现有种质库容量的近4倍。过去30多年，已经有43.5万份种子在国家种质库安家，保存数量位居世界第二。2022年，农业农村部公告第一批72个国家农作物种质资源库（圃）和19个国家农业微生物种质资源库名单。其中农作物种质资源库（圃）包括长期库1个、复份库1个、中期库15个、种质圃55个，基本构建了以长期库为核心，复份库、中期库、种质圃等为依托的我国农作物种质资源保护体系；农业微生物种质资源库包括长期库1个、专业性种质资源库18个，涉及食用菌、肥料微生物、植保微生物、饲料微生物等多个类别，初步建立了我国农业微生物种质资源保护体系。

中国国家基因库是目前为止世界最大的基因库。2011年国家发展改革委员会、财政部、工业和信息化部、国家卫生和计划生育委员会联合批复建设深圳基因库。2016年9月中国首个国家基因库宣布正式对外运营，并由华大基因最终负责承建运营。这是继美国国立生物技术信息中心（NCBI）、欧洲生物信息研究所（EMBL-EBI）、日本DNA数据库（DDBJ）全球三大国家级基因库后的第四个国家级基因库。

中国西南野生生物种质资源库是中国第一座国家级野生生物种质资源库，也是目前亚洲最大、世界第二大的野生植物种质资源库。位于中国昆明，由中国科学院与云南大学联合建成。这里保存着来自国内外的大量野生植物种子，3万多种植物以及丰富的动物种质资源在这里得以"多世同堂"。云南拥有中国50%以上的生物种类，是誉满全球的植物王国和动物王国，从科学角度来看，保护好云南及周边地区和青藏高原的生物种质资源，对中国生物多样性的保护至关重要。该资源库的建立不仅可以确保野生生物种质资源，特别是我国的特有物种、极度濒危物种、具有重要经济价值和科学研究价值物种的安全性，而且可以使得中国野生生物种质资源的研究和快速、高效、持续开发利用真正成为可能。同时这也是中国政府履行《生物多样性公约》、实施可持续发展战略的重要内容。

4. 入侵物种防控

外来物种入侵关系国家生物安全、生态安全和粮食安全，已经成为全球面临的生态安全与生物安全重大问题。

外来物种、外来入侵物种是不同的概念。外来物种是指在中华人民共和国境内无天然分布，经自然或人为途径传入的物种，包括该物种所有可能存活和繁殖的部分。外来入侵物种，是指传入定殖并对生态系统、生境、物种带来威胁或者危害，影响我国生态环境，损害农林牧渔业可持续发展和生物多样性的外来物种，比如鳄雀鳝、草地贪夜蛾、红火蚁等动物，紫茎泽兰、飞机草、大米草等植物。外来物种造成入侵危害的现象随着更加频繁和密集的人类活动越来越多，看得见的生物、看不见的微生物，给农业、林业、畜牧业、渔业、生物多样性等均造成了严重的威胁。

我国是全球遭遇外来入侵物种危害最严重的国家之一。为了防范外来入侵物种，维护生物安全，我国已经建立了预警监测、检测识别、阻截防控的链式防控体系。

出台一系列制度　中国自《生物安全法》实施以来，颁布《外来入侵物种管理办法》《进一步加强外来物种入侵防控方案的通知》，发布了《重点管理外来入侵物种名录》《中华人民共和国禁止携带、寄递进境的动植物及其产品和其他检疫物名录》，必将有利于推动外来入侵物种防控。

开展全国性外来物种普查　以重大外来入侵物种为重点布设监测站（点），组织开展常态化监测预警。以农业农村部牵头 2022 年启动外来入侵物种普查工作，全面开展农田、渔业水域、森林、草原、湿地、主要入境口岸等区域外业调查，摸清入侵物种种类与分布，以便做到"早发现、早预警、早治理"。

开展专项治理行动，严格防控外来物种入侵　比如：海关总署高度重视异类宠物防控工作，于 2022 年 10 月全面启动针对跨境电商寄递异类宠物的专项治理行动，强化对邮递、快件、跨境电商直购进口等渠道的异类宠物等外来入侵物种的监管，斩断购、运、销走私链条。实现风险防范、关口前移、源头治理，突出"治早、治小、治了、治好"的防控策略。

广泛开展科学普及与培训　宣传普及外来入侵物种管理和防控知识，提升公众识别能力和防控意识，并有针对性地加强防范外来物种入侵的警示教育和科普教育。

七、生物安全与生态安全

生态安全本质上是围绕人类社会的可持续发展，促进经济、社会和生态三者之间和谐统一。它既是可持续发展所追求的目标，又是一个不断发展的体系。具体来说，生态安全是一个由生物安全、环境安全和系统安全三方面组成的动态安全体系。考虑经济和社会因素对生态安全体系的影响，经济安全就构成了生态安全的动力和出发点，而生物安全、环境安全则构成了生态安全的基石。

1. 生物安全与国家安全

生物安全（biological security）是国家安全的重要组成部分，指国家有效防范和应对危险生物因子及相关因素威胁，让生物技术能够稳定健康发展，人民生命健康和生态系统相对处于没有危险和不受威胁的状态，生物领域具备维护国家安全和持续发展的能力。4月15日为全民国家安全教育日。

习近平总书记指出，国家安全是头等大事，做好新时代国家安全工作，必须坚持总体国家安全观。维护生物安全应当贯彻总体国家安全观，坚持以人为本、风险预防、分类管理、协同配合的原则。

2. 生态安全与国家安全

生态安全（ecological security）一词是20世纪后半期提出的概念，指一个国家赖以生存和发展的生态环境处于不受或少受破坏与威胁的状态。广义的生态安全是指在人的生活、健康、安乐、基本权利、生活保障来源、必要资源、社会秩序和人类适应环境变化的能力等方面不受威胁的状态，包括自然生态安全、经济生态安全和社会生态安全，组成一个复合人工生态安全系统。狭义的生态安全是指自然和人工自然复合生态系统的安全，是对生态系统完整性和健康的整体水平的反映。

现在被普遍认同的生态安全包含两重含义，一方面是生态系统自身的安全，即在外界因素作用下生态系统是否处于不受或少受损害或威胁的状态，并保持功能健康和结构完整；另一方面是生态系统对于人类的安全，即生态系统提供的服务是否满足人类生存和发展的需要。

目前进行生态安全评价研究主要有两个出发点，一是基于维持生态系统本身的安全，尤其是分析人类活动对其施加的压力是否超过了生态承载力；二是从保障人类生存和可持续发展的角度出发，分析生态系统对其满足的程度。实际上，前者是后者的基础，只有生态系统本身处于安全状态，才能持续提供服务以满足人类社会的需求。

根据2015年颁布实施的《国家安全法》，明确生态安全与政治安全、军事安全和经济安全一样，都是事关大局、对国家安全具有重大影响的组成部分。作为维护国家安全的重要任务，提出"国家完善生态环境保护制度体系，加大生态建设和环境保护力度，划定生态保护红线，强化生态风险的预警和防控，妥善处置突发环境事件，保障人民赖以生存发展的大气、水、土壤等自然环境和条件不受威胁和破坏，促进人与自然和谐发展"。生态安全具有整体性、综合性、区域性、动态性及战略性等多重特征。

习近平总书记强调，坚持节约优先、保护优先、自然恢复为主的方针，着力树立生态观念、完善生态制度、维护生态安全、优化生态环境。因此，应加强国家生态安全法治建设、体制机制建设，建立国家生态安全评估预警体系，保障重大工程等，全力维护生态安全。

3. 微生物与病毒的公共卫生安全

微生物包括细菌、真菌和病毒。细菌和真菌细胞与病毒的主要区别在于它们的大小和繁殖方式。首先，病毒（$0.02 \sim 0.3 \mu m$）比细菌（$0.15 \sim 2.0 \mu m$）和真菌（霉菌 $10 \sim 40 \mu m$；酵母菌 $5 \sim 8 \mu m$）小；其次，病毒通过感染活的宿主细胞进行大量繁殖，并可能导致严重的疾病。

病毒是由一个核酸分子 (DNA 或 RNA) 与蛋白质构成的非细胞形态，靠寄生生活的介于生命体及非生命体之间的有机物种，它既不是生物亦不是非生物，目前不把它归于五界 (原核生物、原生生物、真菌、植物和动物) 之中。它是由一个保护性外壳包裹着的一段 DNA 或者 RNA，这些简单的有机体可以利用宿主的细胞系统进行自我复制，但无法独立生长和复制。病毒可以感染几乎所有具有细胞结构的生命体。

对于人类而言，病毒基因片段占据了人类基因组的 8%，没有这些病毒基因片段，人类细胞将无法正常工作；对于大自然来说，病毒是生命进化的推动者，也是整个生态系统正常运转的支撑者。可见，病毒在生态系统的平衡中起着举足轻重的作用。

当然，病毒对人类健康的危害很大，主要包括有传染性、免疫系统攻击、增加疾病风险、损害神经系统等，严重时甚至致命。下面介绍近年来的几个案例。

严重急性呼吸综合征（Severe Acute Respiratory Syndrome，SARS） 严重急性呼吸综合征事件是 2002—2003 年由非典型肺炎相关冠状病毒（SARS-associated coronavirus，SCV）引起的全球性传染病。

新型冠状病毒感染（Corona Virus Disease 2019，COVID-19） 新型冠状病毒感染是 2019—2023 年由 2019 新型冠状病毒感染导致的肺炎，此次事件对全球经济发展、人群健康及生活方式、行为习惯等造成重大影响。2023 年 5 月 5 日，世界卫生组织宣布，新冠疫情不再构成"国际关注的突发公共卫生事件"。

埃博拉病毒（Ebola virus） 1976 年在苏丹南部和刚果（金）（旧称扎伊尔）

的埃博拉河地区发现的能引起人类和其他灵长类动物产生埃博拉出血热（Ebola hemorrhagic fever，EBHF）的烈性传染病病毒，也是世界上最高级别的病毒之一。目前为止，埃博拉出血热主要呈现地方性流行，局限在中非热带雨林和东南非洲热带大草原，也就是说仅在个别国家、地区间歇性流行，在时空上有一定的局限性。

艾滋病病毒（human immunodeficiencyvirus） 又称人类免疫缺陷病毒。人类免疫缺陷病毒是造成人类免疫系统缺陷的一种逆转录病毒，会攻击并逐渐破坏人类的免疫系统，致使宿主在被感染时得不到保护。分为HIV-1和HIV-2两型，会通过性接触、血液和母婴三种方式传播。

公共卫生安全是国家安全的重要组成部分。当今全球化的社会，病毒性疾病的爆发和传播成为了世界性的重要公共卫生问题。这些病毒不仅给人类健康造成极大威胁，而且对全球经济和社会稳定造成不利影响。因此如何应对病毒传播与防控成为各国政府亟需解决的难题，立法和政策的制定就应运而生了。

从生态学来看，任何生物的爆发都需要外界环境的支持。如何阻断病毒产生和传播的路径，既是公共卫生体系研究的重大课题，也是生态学的一个新领域——传染病生态学的研究对象。这就是要提高重大疫情早发现能力，加强重大疫情防控救治体系和应急能力建设，遏制重大传染性疾病传播。公共卫生安全的保障需要每一个人养成好习惯，所以，每一个人都要做公共卫生安全的践行者、守护者。良好的生态环境能够有效遏制某类生物快速繁殖和传播，因此保护好生态环境，维护生态平衡和健康，也成为公共卫生安全不可忽视的重要环节，有待强化和重视。

4. 转基因的生物安全

转基因是指利用分子生物学手段将人工分离和修饰过的基因导入受体生物基因组中，以改善生物体的特定性状。而将外源基因通过体外重组后导入受体细胞内，使这个基因能在受体细胞内复制、转录、翻译表达的操作，称为基因工程（gene engineering）。

由于基因工程可以使远缘类群间发生基因交换，使生物发生定向变异。大大超越了常规的有性杂交范围，其产品是历史上用任何技术都未曾产生过的，因此，人们不禁会问：转基因食品是否安全？抗性目的基因会不会水平扩展？抗生素抗性基因会不会造成抗生素医疗无效而对人及动物健康造成威胁？转基因生物会不会给生态环境带来潜在的不良影响？转基因生物的长期效应如何？特别是在斑蝶事件和Pusztai事件发生之后，在全世界范围内又引发了新一轮对转基因食品安全性的激烈争论。

> **资料框**
>
> **引起对转基因生物较大争议的两大事件**
>
> ① Pusztai 事件：1998 年 8 月，英国罗威特研究所普兹泰教授发现老鼠食用转基因马铃薯之后免疫系统受到破坏，由此普兹泰推论消费者食用未经过严格验证的转基因食品也可能会出现类似的问题。
>
> ② 斑蝶事件：1999 年，美国约翰·罗西教授在英国的权威科学杂志《Nature》上刊登了一篇论文，指出黑脉金斑蝶幼虫吃了撒有转抗虫基因的玉米花粉的菜叶后发育不良，死亡率提高。

国内外对于转基因生物的安全性分析主要有两类：一类是以靶基因的核酸为基础的 PCR 监测方法，如监测特异插入功能基因 DNA 的聚合酶链反应（PCR）方法、巢式 PCR 方法、核酸杂交法等，检测基因的作用和行为；另一类是监测外源基因的表达产物蛋白质的方法，如：酶免疫吸附测定（ELISA）、免疫色谱试纸条方法等。

目前，相关国际组织和部分国家政府尝试建立了针对转基因生物的安全评价法规制度，来科学规范转基因生物及其产品的生产和发展，使人类健康风险降到最低，确保转基因生物及其产品的安全性，让转基因生物技术更好地造福于人类。为了保障转基因作物（Genetically Modified Crops，GMC）的安全，中国发放农作物的转基因生物安全证书。

（1）转基因生物受体的潜在风险

将目的基因转入转基因生物的受体细胞并表达，但外来基因对于转基因生物受体来说存在潜在风险，具体表现如下。

转基因沉默的潜在风险性　人为地向动物、植物、微生物转入目的基因，以期改善这些生物的性质，但是由于生物技术的手段还相当有限，常常不能达到预期的目标。插入突变或基因沉默等众多现象的发生，不但使转入目的基因不能正常表达，还影响了内源基因的正常表达。出现这种情况时，不但目的基因不能表达，而且生物的内源基因表达也受到抑制，这样当受到抑制的基因具有重要功能时，生物就失去了这些功能，甚至不能正常生长发育。

插入突变的潜在风险性　转移目的基因是随机插入的，位点及拷贝数也都是不确定的，因此可能出现插入突变，使原有基因表达改变甚至失活。另外，多拷贝形式的重复序列插入也会造成 DNA 及染色体高级结构的变异。例如，当抗除草剂转基因作物在田间试验发生基因沉默而不能稳定表达时，作物失去或降低了对除草剂的抗性，这样在喷施除草剂时，便会使作物同时受害造成损失。

转基因扩散的潜在风险性 转基因作物在大田种植时，作物会通过花粉散布与周围可杂交的物种发生杂交，使得基因发生漂移，改变其他植物体的遗传组成，近缘植物遗传组成的改变会影响其自身的适应性，从而使它可能替代当地的某些物种进而改变群落结构。例如，在大田中，抗除草剂转基因作物可能与目的基因的靶生物杂草进行杂交，从而把目的基因转入杂草而提高杂草的抗药性，形成超级杂草，进一步加重了农业上的危害性。

病虫草害的抗药性可能导致难以预测的农业生态灾害 例如 1992—1993 年由于棉铃虫对常规农药产生抗药性所引起的 1992—1993 年大爆发，仅北方棉区就损失达 100 亿元。而据我国棉花育种界透露，抗虫棉对第三代棉铃虫抗性开始下降，对第四代棉铃虫抗性下降更明显，高代抗性表现受环境影响较大。因此有专家进行了研究并预测：棉铃虫对转基因抗虫棉的抗性在首次大面积种植后 3～5 内就可能爆发。一旦这种现象发生，则同样带来巨大的经济损失和严重的生态后果。

（2）转基因生物对人体健康的风险

目前转基因技术重要功能是生产食品、人用药物及器官等，无一不与人的健康密切相关。其中食品安全是最基本的，影响范围也最广。

食品的安全性评价 经济发展合作组织提出的"实质等同性原则"（substantial equivalence）为目前普遍公认的对转基因食品的安全性进行分析的原则，即通过生物技术产生的食品及食品成分与目前市场上销售的食品是否具有等同性。通常包括营养成分比较、毒性分析、过敏性分析与标记及报告基因的安全性研究四个方面的评价。因此要保证转入基因本身及其表达产物、插入基因后作物的全部组成尤其是可食部位的组成与未转基因作物体具有实质等同性，才能够保证安全食用。

针对重组转基因微生物安全性，联合国粮农组织和世界卫生组织的第一届生物技术与食品开发专家咨询明确要求：第一，转基因克隆载体需要修饰，以减少转入其他微生物的可能性；第二，重组微生物食品中不能有活菌，不应该使用目前在治疗中比较有效的抗生素标记。

基因药物的安全性评价 一般来说，基因工程药物在正式上市之前要经过基础研究、应用研究、临床前动物试验、临床Ⅰ、Ⅱ期的人体观察实验、试生产Ⅲ期临床、正式生产 7 个阶段。即检测目的基因表达稳定与否、产品的生物学活性及药理实验，以确保基因药物的可靠性。

（3）转基因生物对生态环境的风险

转基因生物的大范围出现可能对环境质量、生态系统或生态平衡产生不利的影响，具体表现如下。

转基因对生物多样性的风险 对于一些转入抗性基因的生物在有相应选择压力时会表现出一定的优越性，并且替代所在群落乃至当地的原有物种成为优势种，从而在自然选择中占据优势，淘汰了其他原有物种，造成遗传多样性的减少。例如转入抗虫基因的作物，在大田中则会表现出一定的优越性，杀死部分昆虫，并且影响了昆虫天敌的生存，从而减少了昆虫的多样性。

对于转基因水生生物也存在着类似的问题，尤其是水体流动性极强，水中藻类、贝类、鱼类等类群间捕食、种内甚至种间杂交等经常出现，更容易造成基因漂移，降低遗传多样性。

转基因对生态系统功能的风险 前面已经提到过转基因作物接受转入基因后会发生组成上的变化，从而影响其制成品及以其为食的其他生物的取食过程。例如抗病毒转基因作物在大田种植时，作物体内的抗病毒基因表达虽然能使它减少病毒的侵染，但不能保证它在食物链中的安全性，包括对其他昆虫、动物以及人食用的影响。

农作物是在特定环境下生长的，而转基因农作物在生产中，虽然暂时利用基因表达减少了化肥、农药和激素等的使用量，但是随着植物适应性的增强，出现新的生理小种，又需要开发新的化肥、农药等，最终加深了环境污染，甚至影响其他生物生长以至于绿色产品的生产。

任何一种转基因生物在上市之前都要经过严格的评估才能够投入生产，目前常用的转基因生物的环境释放风险评估一般都由危险识别、风险估算和风险评价3个连续过程组成，常常把转基因生物划分为高度危险性、中度危险性、低度危险性和几乎不可能4个等级。并且这个体系还要依据具体案例具体应用，要逐步完善。

综上，基因工程从本质上改变生物体的构造，这是科学史上的重大进步，但同样也可能会给人类社会带来某种程度的隐患。虽然世界主要国家均制定了较为严格的转基因安全管理法律或规定，但是转基因生物的潜在的食品安全和环境安全等问题，需要及时发现并努力解决，应该进行科学而全面的分析，在生物安全评估的基础上和法律法规的约束下，制定完善的规范和标准，引导转基因生物的健康、有序地发展。

八、国家"双碳"目标与生态固碳

国家"双碳"目标是指中国制定的国家削减导致温室效应的二氧化碳气体的时

间表，包括一是碳达峰目标，即承诺在 2030 年前实现二氧化碳排放达到峰值，之后不再增长并逐步回落，这是二氧化碳排放量由增转降的历史拐点，标志着碳排放与经济发展实现脱钩；二是碳中和目标，即力争在 2060 年前实现"碳中和"——排放的碳与吸收的碳相等，达到二氧化碳零排放的目标。实现"碳达峰、碳中和"是以习近平主席为核心的党中央统筹国内国际两个大局和经济社会发展全局作出的重大战略决策，是我国实现可持续发展、高质量发展的内在要求。

现代经济社会的发展离不开能源的基础性支持，目前主要来自化石能源，因此"双碳"目标的关键之一是减少化石燃料的碳排放；另外，只有结构健康、功能良好的自然生态是可以持续地吸收二氧化碳的，为此，修复大自然、增强自然固碳是双碳目标的另外一个关键方略。不难看出，"双碳"目标的背后是减少资源消耗、保护修复自然生态系统，这是一场广泛而深刻的经济社会系统性变革，是美丽中国建设与生态文明建设的根本保障，需要科技创新、能源结构调整、产业结构优化等多方面的努力。

1. 全球气候变化的共同行动

由于人类活动，特别是工业化进程中大量排放二氧化碳等温室气体，导致温室效应不断增强，进而引发全球气候变化。这种变化表现为全球平均气温上升、极端天气事件频发、冰川融化加速、海平面上升等一系列严重问题。这些问题不仅影响自然生态系统，还对人类社会经济发展构成威胁。因此，减缓温室效应、应对全球气候变化已成为国际社会普遍关注的重大议题。地球是人类共同的、唯一的家园。在全球气候变化挑战面前，人类命运与共，需要全球共同行动。

习近平主席在 2020 年 12 月 12 日气候峰会上指出，"在气候变化挑战面前，人类命运与共，单边主义没有出路"。联合国秘书长古特雷斯在 2022 年 11 月的《联合国气候变化框架公约》第二十七次缔约方大会（COP27）上指出，气候变化是当今时代的"根本性问题"，其呼吁各国承诺逐步淘汰化石燃料，共同应对气候变化。《中国应对气候变化的政策与行动 2021 年度报告》明确表示："地球是人类唯一赖以生存的家园，面对全球气候挑战，人类是一荣俱荣、一损俱损的命运共同体，没有哪个国家能独善其身。世界各国应该加强团结、推进合作，携手共建人类命运共同体。"

应对气候变化，亟需地球公民共同努力，共同付出，共同行动。为了应对全球气候变化，联合国特设立了"政府间气候变化纲要公约谈判委员会"，即"联合国气候变化框架公约"（UNFCC）。自 1994 年生效至今，全球共有包括欧盟在内的 197 个国家成为该公约的缔约方，并于每年召开缔约方会议（Conference of the Parties，

COP）来讨论如何共同应对气候变化问题。2015年联合国气候变化框架公约会议通过了《巴黎协定》，确定的目标是将全球平均气温较前工业化时期上升幅度控制在2℃以内，并努力将温度上升幅度限制在1.5℃以内。世界各国纷纷设立了符合本国国情的"双碳"目标，谋求绿色低碳转型发展。截至2023年年底，已有150多个国家作出了"碳中和"承诺，覆盖全球80%以上的二氧化碳排放量、国内生产总值和人口。世界主要国家和经济体也规划制定了实现碳中和的预计时间（表7-2）。

表7-2　全球主要国家/经济体双碳目标（碳达峰、碳中和）时间表

序号	国家/地区	碳达峰时间（年）	碳中和时间（年）
1	德国	1970	2045
2	英国	1970	2050
3	欧盟	1990	2050
4	澳大利亚	2006	2040
5	美国	2007	2050
6	加拿大	2007	2050
7	巴西	2012	2050
8	日本	2013	2050
9	韩国	2030	2050
10	中国	2030	2060
11	印度	2030	2070

2. 中国"双碳"目标及实现的主要路径

2020年9月22日，习近平主席在第七十五届联合国大会一般性辩论上郑重宣布"中国将提高国家自主贡献力度，采取更加有力的政策和措施，力争2030年前二氧化碳排放达到峰值，努力争取2060年前实现碳中和"。此后在二十国集团领导人利雅得峰会、联合国生物多样性峰会、金砖国家领导人第十二次会晤、气候雄心峰会、中央财经委员会第九次会议等国内外重要场合和会议上都多次强调碳达峰、碳中和目标（以下简称"双碳"目标）。

2021年3月15日，习近平总书记主持召开中央财经委员会第九次会议，强调："实现碳达峰、碳中和是一场广泛而深刻的经济社会系统性变革，要把碳达峰、碳中和纳入生态文明建设整体布局，拿出抓铁有痕的劲头，如期实现2030年前碳达峰、2060年前碳中和的目标。"这次会议明确了碳达峰、碳中和工作的定位，为

"十四五"做好碳达峰工作谋划了清晰的蓝图，明确把碳达峰、碳中和纳入构建人类命运共同体的生态文明建设整体布局，把"双碳"目标定位为国家战略部署。可见，"双碳"工作将会是一场广泛而深远的改变我们生产、生活及消费方式的全民参与战，是一场科学研究、科技创新与成果转化的持久攻坚战，也是一场人类自我救赎、构建美丽地球与我国生态文明建设的核心工作。

中国现在是全球最大的碳排放国，碳排放总量大（占全球的30%左右）、排放强度高，碳达峰至碳中和减排量大，减排时间紧迫（30年），故实现"双碳"目标，面临着空前巨大的挑战。借鉴国内外减污降碳绿色发展经验，并结合国内外最新研究成果，针对我国国情［自然资源情况、能源结构（化石能源消费占比近70%）］、温室气体排放总量目前占全球1/3等实际情况，需要明晰我国实现"双碳"目标的基本途径和措施。

2022年生态环境部等国家七部委联合印发《减污降碳协同增效实施方案》，同年，科技部等九部门于2022年8月18日联合印发了《科技支撑碳达峰碳中和实施方案（2022—2030年）》。这些方案提出了实现我国"双碳"目标的具体行动。

《减污降碳协同增效实施方案》强调要优化环境治理模式，以实现减污降碳的协同效应为核心，推动环境治理从末端治理向源头防控转变。方案提出的关键点：一是推动产业结构、能源结构、交通运输结构等优化调整，以降低碳排放和污染物排放；二是强化生态环境分区管控，实施差异化生态环境准入要求，以更科学地管理环境污染；三是加强生态环境准入管理，坚决遏制"两高"项目盲目发展，以促进绿色低碳发展。这一方案的实施将有助于我国实现碳达峰、碳中和目标，同时推动生态环境质量的持续改善。

《科技支撑碳达峰碳中和实施方案（2022—2030年）》明确了支持"双碳"目标的科技创新要求，一是确定了重点任务：聚焦能源、工业、交通、建筑等重点领域，推动绿色低碳技术的研发与应用，以实现关键核心技术的突破；二是强化创新体系：强调要完善科技创新体制机制，加强创新能力建设，构建低碳技术创新体系，为碳达峰碳中和目标提供有力支撑；三是推动成果转化：鼓励企业、高校和科研机构加强合作，推动绿色低碳技术的产业化进程。

3. "双碳"目标中的生态"加减法"

傅伯杰、丁仲礼、方精云、于贵瑞、朴世龙等我国一批知名学者对中国如何应对气候变化，实现"双碳"目标，推进美丽中国建设，提出了一系列的举措，指出坚持山水林田湖草沙一体化保护和系统治理，统筹产业结构调整、污染治理与生态保护，协同推进降碳、减污、扩绿、增长，推进生态优先、节约集约、绿色低碳发展，即统筹"减排、保碳、增汇、封存"4个技术途径的宏观布局。其中，碳减排的核心是节能、增效、调结构和发展清洁能源，这就是做好"减污降碳"的减法；碳增汇的核心是生态保护、建设和管理，这就是"保碳增汇"的加法。这里主要就后者进行介绍。

（1）生态加法：基于自然解决方案，巩固和提升生态系统碳汇功能

生态系统具有巩固和提升碳汇的功能，是实现"双碳"目标的重要途径之一。研究表明，森林生态系统是陆地生态系统固碳的主体，在调节全球碳循环及减缓气候变化等方面具有重要作用。在我国，森林生态系统是固碳的主力军，贡献了约80%的陆地生态系统固碳总量，碳汇潜力巨大。据国家林业和草原局2021年3月12日发布的"中国森林资源核算"三期研究结果显示，我国森林生态系统碳汇量达4.34亿吨/年，相当于每年吸收15.91亿吨的二氧化碳，占全国二氧化碳排放量的15.9%。可见森林生态系统固碳对实现我国碳达峰、碳中和中长期目标举足轻重。

发挥自然生态系统保碳增汇的功能，关键是要保护修复森林、草原、湿地等具有重要碳汇功能的生态系统的面积、结构，增加其对二氧化碳的吸收，提升陆地和水域生态系统整体固碳增汇能力。为此，一是强化国土空间规划和用途管控，严守生态保护红线，稳固现有森林、草原、湿地、农田等生态系统的碳储量，巩固森林生态系统碳汇能力，发挥森林固碳效益；二是实施自然保护工程与生态修复工程，提升生态系统质量及碳汇功能；三是统筹现有天然生态系统、自然恢复的次生生态系统、人工恢复重建的生态系统等，综合提升碳汇能力；四是通过新型生物或生态碳捕集、利用与封存途径（Bio-CCUS或Eco-CCUS）提升生态系统碳汇功能；五是统筹制定国家、地区层面生态系统增汇布局方案，加强生态系统碳汇、喀斯特岩溶碳汇巩固和提升的观测认证，研发生态工程增汇技术，提升全省生态碳汇。

为了有效地增强生态系统的固碳能力，做好"加法"，方精云院士提出的"三优"生态建设和管理原则(增汇原则)，即"最优的生态系统布局、最优的物种配置、最优的生态系统管理"，以实现"宜林(草)则林(草)、适地适树(草)、最优管理"的碳汇最大化目的。与此同时，还要加强不同类型碳汇项目方法学的开发研究，完善碳汇的计量和监测体系建设，测准算清碳汇，为"双碳"目标提供理论与数据支撑。

碳捕集、利用与封存（CCUS）也很重要。研发与推进绿色低碳的CCUS技术，提升主要温室气体（CO_2、CH_4、N_2O等）源头管控、过程削减与末端的捕集、利用与封存。探索实施碳捕获、利用与封存示范工程，有序开展煤炭地下气化、规模化

碳捕获利用和岩溶地质碳捕获封存等试点。

（2）生态减法：提质增效减污降碳

碳减排的核心是开源节流、提质增效，通过节能增效、调整能源结构和发展清洁能源等新技术新方法来削减温室气体的排放量，也是一个实现"双碳"目标的重要路径。一是调整能源结构，削减煤炭和石油使用比例，开发风能、太阳能、水电、生物质能等低碳清洁能源代替传统化石能源。二是通过新技术、新方法、新材料提升能源（包括化石能源及可再生能源）的转化与使用效率，促进固体废弃物的资源化、循环化、生态化与经济化，从而提高能源利用效率。三是在钢铁、水泥、化工、有色等关键行业建设规模富氢气体冶炼、生物质燃料、氢能、可再生能源电力替代、可再生能源生产化学品、高性能惰性阳极和全新流程再造等技术集成示范，引领高碳工业流程的零碳和低碳再造转型，减少工业碳排放。四是针对交通、运输、农业等重点行业，通过研发、构建与深度融合大数据、人工智能、第五代移动通信等低碳零碳负碳技术创新体系和数字化体系。五是通过优化城市功能和空间布局，鼓励编制城市低碳发展规划，引导生活用能低碳型转变，加强城乡低碳化建设和管理。

当然，任何经济社会的发展都是为了满足人的需要，推进全民绿色低碳行动是工作基础。应建立应对气候变化公众参与机制，倡导文明、节约、绿色、低碳的消费模式和生活方式，树立绿色低碳的价值观和消费观，弘扬以低碳为荣的社会新风尚，营造积极应对气候变化的良好社会氛围。

九、美丽中国和人与自然和谐共生现代化

经济上富足、生态上宜居、社会上和谐是人民感到幸福的基本要素。

1. 生态文明的内涵及其初心

生态文明是我们这个时代的热词，那到底什么是生态文明呢？我们现在无法准确定义，这里介绍其内涵。

生态文明是以人与自然、人与人、人与社会和谐共生、良性循环、全面发展、持续繁荣为根本目的的社会形态；

生态文明是人类文明发展的新阶段，即工业文明之后的文明形态，反映了一个社会文明进步的状况；

生态文明是人类遵循人与自然、社会和谐发展的客观规律所取得的物质成果和精神成果的总和；

生态文明是人类为保护和建设优美生态环境所取得的物质成果、精神成果和制度成果的总和，是贯穿于经济建设、政治建设、文化建设、社会建设各方面和全过程的系统工程。

中国率先在全球倡导构建生态文明，习近平生态文明思想的提出充分体现了对中国进入新时代社会经济发展与环境资源关系表现出的新特点、新形势的科学判断，是对全球人类文明发展的新创造、新贡献。

生态文明的自然基础是各种生态系统的结构良好、功能齐备、良性循环、有序发展，自然生态系统往往具有这种特征；只有尊重自然、顺应自然、保护自然，才能在基础上、本质上与生态文明理念相向而行；生态文明的初心就是要求人们尊重自然、顺应自然、保护自然。

2. 尊重自然、顺应自然、保护自然

尊重自然、顺应自然、保护自然，是实现人与自然的和谐共生的根本，也是理顺人类与自然关系的重点，它要求我们在发展经济的同时，充分考虑自然的承载能力，实现可持续发展。

尊重自然是人与自然相处时应秉持的首要态度。要求人类对自然怀有敬畏之心、感恩之情和报恩之意，人类应该认识到自然界物种多样性和生态平衡的重要性。尊重自然的创造和存在，绝不凌驾于自然之上。敬畏自然，就是要尊重自然规律，尊重生态系统。规律是客观的，不以人的意志为转移，要按规律办事。珍视人类的命运和未来发展的机会。保护自然也是保护人类自身，人与自然的命运息息相关。恩格斯在《自然辩证法》中说："我们不要过分陶醉于我们人类对自然界的胜利。对于每一次这样的胜利，自然界都对我们进行报复。每一次胜利，起初确实取得了我们预期的结果，但是往后和再往后却发生完全不同的出乎预料的影响，常常把最初的结果又取消了。"

顺应自然，就是要顺应自然的节奏和规律。其深层含义是探索规律、发现规律、熟悉规律、顺应规律、运用规律。人类应该根据自然界的变化来安排自己的生产和生活，避免过度开发和过度消费。我们应该尊重季节的变化，在不违背自然规律的前提下，适时种植和收获农作物。此外，我们还应遵循节约能源资源的自然规律，倡导绿色低碳的生活方式。人类可以利用自然、改造自然，但归根结底是自然的一部分，必须呵护自然，不能凌驾于自然之上。当人类合理利用自然、友好保护自然时，自然的回报往往是慷慨的；当人类无节制地利用自然、粗暴掠夺自然时，自然的惩罚必然是无情的。人与自然的关系是人类社会最基本的关系。自然是生命

之母，人因自然而生，人与自然是生命共同体。

即使我们开展生态环境修复和改善，也要顺应自然，充分理解它是一个需要付出长期艰苦努力的过程，不可能一蹴而就，必须坚持不懈、奋发有为。

保护自然，意味着我们要承担起保护地球家园的责任，采取有效措施来保护和修复生态系统。我们要加强环境保护法律法规的建设和执行，加大对破坏环境行为的惩处力度。同时，我们也要积极推动绿色发展、循环发展、低碳发展，减少对自然资源的消耗和污染物的排放。此外，我们还应该尊重循环利用和节约的自然原则，避免浪费和环境污染。

保护自然是在我们尊重自然和顺应自然的基础上，通过制定法律法规，将生态文明思想从主观意识转化为行动，承担起保护环境的责任，通过倡导可持续发展的理念，推动绿色经济的发展，减少环境污染和资源浪费。实践表明，生态环境保护和经济发展是辩证统一、相辅相成的，建设生态文明、推动绿色低碳循环发展，不仅可以满足人民日益增长的优美生态环境需要，而且可以推动实现更高质量、更有效率、更加公平、更可持续、更为安全的发展，走出一条生产发展、生活富裕、生态良好的文明发展道路。

"尊重自然、顺应自然、保护自然"是生态文明初心，核心是人与自然的和谐相处，主要目标是实现生态效益、经济效益和社会效益的最大化，改善和优化人与自然、人与社会、人与人之间的关系，实现生态、经济和社会的可持续发展。加快传统工业文明向现代生态文明转变，是全人类的当务之急和共同责任。

3. 生态文明建设的突出地位

党的十八大以来，我们党深刻把握生态文明建设在新时代中国特色社会主义事业中的重要地位和战略意义，大力推进生态文明理论创新、实践创新、制度创新，创造性地提出了一系列新理念新思想新战略。党的十八大把生态文明建设纳入中国特色社会主义事业"五位一体"总体布局，将"中国共产党领导人民建设社会主义生态文明"写入党章，明确大力推进生态文明建设，努力建设美丽中国，实现中华民族永续发展。党的十九大报告更是明确提出"我们要建设的现代化是人与自然和谐共生的现代化"，同时在党章增加了"增强绿水青山就是金山银山的意识"内容，2018年3月通过宪法修订案将生态文明写入宪法。可以说，在新的历史时期，中国的生态文明建设的推进，与中国式现代化的进程是完全一致的。将生态文明建设放在突出地位，并将其融入经济建设、政治建设、文化建设、社会建设各方面和全过程，是我国应对资源约束趋紧、环境污染严重、生态系统退化等严峻形势的重要举措,也是实现中华民族永续发展的必要路径。

如何真正体现"五位一体",即将生态文明建设融入经济、政治、文化、社会建设各方面和全过程,具体表现为以下几方面。

融入经济建设 就是要改变以 GDP 增长率论英雄的发展观,更加注重经济发展的质量和效益,使经济发展建立在资源能支撑、环境能容纳、生态受保护的基础上,与生态文明建设相协调。生态文明建设推动可持续发展和生态效益,注重物质资源的合理利用和循环利用,促进产业结构升级和创新创业。这不仅有助于解决环境问题,也为经济发展提供了新动力和新方向。

融入政治建设 就是要将生态文明建设作为各级党委政府的政治责任,建立完善体现生态文明建设要求的政绩考核和责任追究制度。生态文明建设规范了社会主义政治文明建设的方向,生态问题逐渐进入政治结构,形成生态政治学,影响政党和政府的行为。生态环境状况直接关系到国家的生存和发展,因此,生态文明建设也成为政治生活中的重要议题。

融入文化建设 将培育生态文化作为推进生态文明建设的重要支撑,确立人与自然和谐相处的生态伦理道德观,纳入社会主义核心价值体系,提高全社会生态文明意识。建设尊重自然、人与自然和谐相处的文化。

融入社会建设 就是要完善公众参与制度,引导各类社会组织健康有序发展,形成政府、企业、民间组织、公众共同推动的工作格局。生态文明建设促进社会公平正义,创造良好的生态环境,提升全民素质。通过改善民生、治理教育和卫生环境等工作,实现社会的和谐稳定和可持续发展。

作为领导干部,需要强化对生态文明突出地位的再认识。把生态文明建设放到现代化建设全局的突出地位,把生态文明理念深刻融入经济建设、政治建设、文化建设、社会建设各方面和全过程,从根本上扭转生态环境恶化趋势,确保中华民族永续发展。在"五位一体"总体布局中,生态文明建设是其中一位;在新时代坚持和发展中国特色社会主义的基本方略中,坚持人与自然和谐共生是其中一条;在新发展理念中,绿色是其中一项;在三大攻坚战中,污染防治是其中一战;在到 21 世纪中叶建成社会主义现代化强国目标中,美丽中国是其中一个。这些都体现了我们对生态文明建设重要性的认识,明确了生态文明建设在党和国家事业发展全局中的重要地位。

4. 人与自然和谐共生,人与自然和谐发展

从比较现代化的视角来看,西方现代化模式的基础是对科技进步和物质增长的

显性张扬，以及对生态环境的隐性遮蔽。从本质上讲，西方现代化的合法性叙事宣扬的是人类对自然的征服和剥夺，这就不可避免地陷入了生态困境。西方社会在经过破坏环境的痛苦，开始寻求保护自然、可持续发展的新路子。虽然西方在保护生态环境方面最早开始全面启蒙，但在落实全面行动方面似乎步履艰难。中国近十年来全面推进生态文明建设，实现人与自然和谐共生的现代化，是中国式现代化的鲜明特征，体现了人类的共同价值理想。

建设人与自然和谐共生的现代化是人类文明发展的历史趋势，不仅为实现中华民族永续发展标定了前进方向，而且为创造人类文明新形态提供了中国智慧。生态文明是一种人类文明新形态，它强调人类与自然环境的和谐共生，以及在生态文明建设中实现可持续发展。生态文明建设需要我们树立尊重自然、顺应自然、保护自然的生态文明理念，通过节约资源、保护环境、改善生态等措施，实现经济、社会和环境的协调发展。

要实现人与自然和谐共生、人与自然和谐发展，必须深入理解党对生态文明建设、建设社会主义现代化重要内容一以贯之的要求。党的十八大以来，强调我国现代化是人与自然和谐共生的现代化，注重同步推进物质文明建设和生态文明建设。"十四五"时期，我国生态文明建设进入了以降碳为重点战略方向、推动减污降碳协同增效、促进经济社会发展全面绿色转型、实现生态环境质量改善由量变到质变的关键时期。要完整、准确、全面贯彻新发展理念，保持战略定力，站在人与自然和谐共生的高度来谋划经济社会发展，坚持节约资源和保护环境的基本国策，坚持节约优先、保护优先、自然恢复为主的方针，形成节约资源和保护环境的空间格局、产业结构、生产方式、生活方式，统筹污染治理、生态保护、应对气候变化，促进生态环境持续改善，努力建设人与自然和谐共生的现代化。

要实现人与自然和谐共生、人与自然和谐发展，必须牢牢把握人与自然是一个生命共同体。人与自然相互作用、相互制约，是不可分割的生命共同体。生态兴则文明兴，生态衰则文明衰，必须尊重自然、顺应自然、保护自然，在尊重自然规律的前提下修复和利用自然，把人类活动限制在生态环境能够承受的范围之内，把握好时机、把握好度。坚定不移走生产发展、生活富裕、生态良好的文明发展道路。

要实现人与自然和谐共生、人与自然和谐发展，要深刻理解绿水青山就是金山银山。良好的生态本身就蕴含着无限的经济价值。青山绿水既是自然财富、生态财富、社会财富、经济财富，还是水库、粮库、钱库、碳库。保护生态环境，就是保护自然价值、自然资本的增值，就是保护生产力；改善生态环境，就是发展生产力。发展不能以破坏生态环境为代价，保护好生态环境，生态也会回报我们，生态本身就是经济。推动经济社会发展绿色化、低碳化，是实现高质量发展的关键环节，也是解决我国生态环境问题的根本出路。我们要坚定不移地走生态优先、绿色发展之路，加快形成绿色低碳的生产方式和生活方式，以高质量的生态环境支撑高质量的发展。

要实现人与自然和谐共生、人与自然和谐发展，必须统筹山水林田湖草沙系统治理。山水林田湖草是一个生命共同体，是各自然要素相互依存、紧密联系的有机整体。坚持系统理念，按照生态系统的整体性及其内在规律，从系统工程和全局的高度，推进山水林田湖草沙的综合保护和系统治理，更加注重综合治理、系统治理、源头治理，更加注重算大账、算长远账、算整体账、算好综合账，不头痛医头、脚痛医脚，不因小失大、因大失小，切实改善生态环境，切实增强生态系统的多样性、稳定性和可持续性，筑牢美丽中国的生态根基。

生态学作为研究生态文明建设的学理基础，也是我们理解习近平生态文明思想的重要科学内涵。人与自然是生命共同体，生态兴衰关乎文明兴衰，如何实现人与自然和谐共生是人类文明发展的根本问题。直面中国之问、世界之问、人民之问、时代之问，习近平生态文明思想围绕人与自然和谐共生这一主题，深刻阐述了人与自然和谐共生的内在规律和本质要求、深刻揭示和系统回答了为什么要建设生态文明、建设什么样的生态文明、怎样建设生态文明等重大理论和实践问题，为实现中华民族伟大复兴和永续发展提供了强大思想武器。在积淀数百年的现代生态学的透视下，以新视野、新认识、新理念领会生态文明建设理论新的时代内涵和科学原则，可以发展这一思想植根于中华优秀传统生态文化，继承"天人合一""道法自然""取之有度"等生态智慧和文化传统，并对其应用现代科学精髓进行创造性转化和创新性发展，体现中华文化精髓和中国时代精神，为人类可持续发展贡献中国智慧和中国方案。

十、打造人类命运共同体，保护地球生命共同体

地球是人类赖以生存的共同家园。面对气候变化、生物多样性丧失、荒漠化加剧、极端天气频发等全球性生态挑战，人类是一荣俱荣、一损俱损的命运共同体，任何国家都不能独善其身。要实现人与自然和谐共生、人与自然和谐发展，必须倡导人类命运共同体，共谋全球生态文明建设的全球生态治理观，通过打造人类命运共同体保护地球生命共同体。

1. 全球资源危机

由于人口的不断增加和工业化的快速发展，各种资源的消耗速度远远超过了其再生速度，导致资源供应紧张。这种资源危机不仅对人类的生存和发展造成严重的威胁，而且对环境造成了巨大的破坏。

资源危机主要包括矿产资源危机、水资源危机和粮食危机。矿产是现代社会运转的基础，但矿产资源的消耗速度正随着工业建设的速度急剧增加，很多矿产的储量在近数年迅速减少，这将对全球经济和社会带来巨大的影响。

水资源是人类生存和发展所必需的，但由于全球水资源的不均衡分布和人类活动对水资源的过度利用，导致了水资源供应不足的危机。随着全球人口的不断增长和工业化的加速推进，水资源的供应将会越来越紧张，可能会引发全球性的水危机。我国人均水资源占有量仅为世界人均占有量的1/4，加上水资源在时间和空间上分布的不均匀性，水资源短缺的矛盾十分突出。

粮食是人类生活的基本需求之一，受人口增长、全球气候变化、土地退化等因素影响，全球粮食产量增长缓慢，而人口增长和经济发展则导致粮食需求刚性增加。全球气候变化、土地退化导致干旱、洪灾等自然灾害的加剧，进而影响全球的粮食生产。

地球上的很多资源是不可再生的，尤其是矿产资源，用一点就少一点。虽然物质不灭，科技发展能够带来新的资源、利用低品位的资源、减少资源的使用量，但技术进步的速度能否赶上持续不断增大的消耗、库存减少的状况，目前还不得而知。多项研究报告指出，如果地球比作一个巨型的仓库，那么这个仓库里的资源还够人类使用多少年？这个结果很不乐观（见图7-6）。可以看出，绝大多数不可再生资源能够维持的时间不多了，工业金属的剩余储量尤为紧缺，在未来20～30年很快将面临短缺，如果我们在此之前不能找到解决问题的根本办法，人类加速攫取这些资源，未来我们的孩子们恐怕不得不去外太空开辟生存空间了。

2. 环境危机及其全球性影响

一部世界文明史告诉我们，凡是对自然进行疯狂掠夺的文明最后都遭到了自然的报复，凡是与自然和谐发展的文明都得以延续发展。200多年的工业革命，人类社会的发展超过了以往几千年的农业历史时期。但工业社会的发展严重依赖于资源的大规模消耗，建立在依靠消耗以化石资源为主的不可再生资源基础上的工业化，以对大自然进行野蛮地开发掠夺、牺牲生态环境换来的经济增长，使得世界环境迅

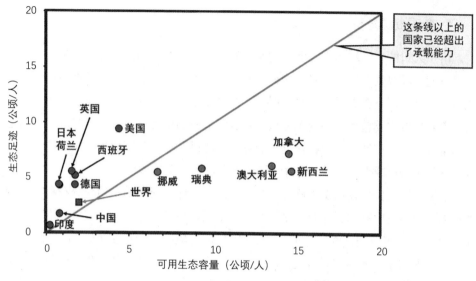

图 7-6 2003 年多个国家生态足迹与可用生态容量的关系

速恶化,自然资源的急剧消耗,生态环境的日益恶化,人与自然的关系空前紧张。

目前人类面临着全球气候变暖、臭氧层减薄,大气、水、土壤污染严重,物种灭绝加速,土地荒漠化严重,洪灾泛滥等重大环境危机,其具有全球化、综合化、高技术化、代际化、持久化、极限化等主要特征。

环境危机的全球化 早期,环境危机的影响范围、危害对象及后果,主要集中于污染源附近或特定的生态环境里,呈现局部性和区域性特征。而当前环境危机则超越国界,表现为全球化的特征。备受关注的温室效应、臭氧层破坏、酸雨等,其影响范围不但集中于人类居住的地球陆地表面和低层大气空间,还涉及高空、海洋。

环境危机的综合化 20 世纪 50 年代以来,人们最关心的环境危机还是"三废"污染及其对健康的危害。但是,当前环境危机已经远远超出了这一范畴,涉及人类生存环境的各个方面,包括森林锐减、草原退化、生物多样性丧失、沙漠扩展、土壤侵蚀、城市拥挤等诸多领域,呈现综合化的特征。

环境危机的迭代化 与 20 世纪上半叶的环境危机相比,现在的环境问题呈现出新趋势。环境破坏从第一代环境问题扩展到第二代环境问题,从宏观损害扩展到微观损害。第一代环境问题主要指区域性小范围的环境污染;第二代环境问题主要指全球环境问题。同时,污染物本身也在不断发生变化,随着工业快速发展和各类化学品的大量生产使用,一些新污染物,包括持久性有机污染物、内分泌干扰物、抗生素和微塑料，对公众健康和生态环境的危害正逐步显现。

环境危机的风险化 原子弹、导弹试验，核反应堆事故等对环境都会产生严重影响。苏联切尔诺贝利核电站发生爆炸，造成核污染，事故产生的放射性尘埃随风飘散，使欧洲许多国家受害，估计受害人数不少于30万人。日本福岛核电站发生的核泄漏事故，短期内对日本政治、经济、社会产生严重影响，长期性影响不可估量。核能发电是现代技术服务人类的集中体现，但是技术越高级，发生预想外风险的概率就越高。

环境危机的持久化 历史上不同阶段产生的环境问题，在当今地球上依然存在。同时，现代社会又滋生出一系列新的环境问题，形成人类社会出现以来各种环境问题在地球上的积累、组合、集中爆发的复杂局面。所有这些环境问题都需要很长时间才可能解决，有的甚至是永远无法解决。

环境危机的极限化 当前人类生存的环境已达到地球支持生命能力的极限。环境污染加剧，各种有害化学物质对大气、水体、土壤、植物的污染，造成不健康影响，二氧化碳等物质的肆意排放，造成温室效应、臭氧层破坏等全球性环境危机，可再生资源受到破坏，不可再生资源已过度使用。当前的环境危机都从不同层次，通过不同途径，互相促进着形成一股推进环境恶化的合力，把环境承载容量推向边沿，使当前环境危机呈现出极限化特征。

3. 全球问题需要整个人类社会共同行动

马克思认为，"劳动的目的是为了维持各个所有者及其家庭以及整个共同体的生存。"这种认为劳动的目的是为了"共同体生存"的思想，揭示出一个深刻的道理，即人类的命运首先取决于个体、家庭和整个共同体的存在。作为一种类存在、作为一个共同体，人类如何才能延续下去？正如马克思所说，劳动和自然界一起构成一切财富的源泉。而要想让劳动持续得到回报、维持人类的生存和发展，又必须有良好的生态环境，这是基础和根本。要谈人与人的关系就得先谈人与自然的关系；要谈人类命运共同体，就得先谈生命共同体。在打好生态基础的前提下谈论人类命运共同体之建构，才不是空谈；否则生态破坏了，人类的生存和发展也就失去了根基。

随着全球生态环境问题日益突出，特别是全球气候变暖、生物多样性锐减、臭氧层耗竭、水资源状况恶化等问题对人类的生存与可持续发展构成严重威胁，加强生态环境治理、守护绿色地球家园正成为越来越多国家的共识。然而，全球生态治理中存在亟待破解的公正价值诉求缺失、治理主体之间的利益冲突、生态治理存在责任"赤字"等现实困境。因此，厘清不同民族国家在全球生态治理中的责任和义务、促进治理责任与发展能力的匹配原则贯彻各个环节是实现全球生态治理体系公正合理的必由之路。

鉴于中国本身的人口规模和经济社会发展状况，中国与世界已经形成日益复杂的复合生态关系，一方面，中国巨大的能源资源消费以及占比较大的温室气体排放，都表明中国已经成为影响全球生态环境状况的重要因素；另一方面，中国日益增强的经济和科技实力，也预示着中国正在成为应对和解决全球生态环境问题不可或缺的关键力量。这种复合生态关系对中国而言既是机遇也是挑战，同时也包含着重大的国际责任。正是在这个意义上，构建人类命运共同体既是中国发展道路的自然延展，更是中国为应对日益严峻的全球性生态危机而作出的积极回应和庄严承诺。

美国曾经是世界生态环境保护的先锋，但近几十年来在生态环境问题上过于自私、过于自我中心、保护主义抬头，使解决全球环境问题走向了倒退。在本世纪初，美国发生了金融危机乃至经济危机，时任美国总统奥巴马认为，如果中国 14 亿人口都过上像美国那样高消耗的生活方式，将对地球资源造成巨大压力，甚至可能导致资源枯竭和环境破坏。这种态度，一方面反映了他对全球资源有限性和环境保护重要性的认识；另一方面他把世界资源环境问题的黑锅甩给了中国，中国人口众多、快速发展可能带来全球性的资源消耗和环境压力。更为滑稽的是，他把解决资源环境问题的方式聚焦在遏制中国发展上——中国不发展，才能让美国薅世界的羊毛，过上好日子。无论出于对资源环境问题的忧虑，还是出于对世界发展、对美国发展的考量，这属于典型的"发现了病情，误诊了病因，开错了药方"。显然，通过遏制别人的发展、谋求自己的发展是不可能的，共同的问题需要全人类共同面对，一起寻找解决问题的路径，才是解决全球问题的良方。

4. 构建人类命运共同体是保护地球生命共同体的行动基础

共同维护全球生态安全、提升全球生态治理能力是世界各国义不容辞的责任。习近平总书记提出构建人类命运共同体的伟大倡议，呼吁各国携手共建"清洁美丽的世界"超越地域、种族、民族、文化和制度等差异，重塑生态价值观，凝聚生态共识：重构生态利益观，实现利益共享；重建生态责任观，彰显责任担当，实现人与自然和谐共生的美好愿景，为实现生态正义提供了价值遵循和实践指向。

在百年变局下，构建人类命运共同体理念深刻反映了中国面对这种大变局的自信与担当，也反映了中国的全球视野和大国胸怀。人类命运共同体有着多重含义，至少应该具有以下三种内涵：一是对当前全球化时代世界现状和性质的界定与描述。就是在全球化深入发展的今天，世界各国已经形成一种你中有我、我中有你、休戚与共、不可分割的命运共同体。二是作为一种看待和处理国际关系的方法和意识，也就是中国传统文化中的"推己及人"。是一种命运与共的"大家好才是真的好"的关系意识。三是对未来世界的一种美好理想和愿景。也就是通过推动构建新型国际关系，各国携手合作，共同应对人类面临的各种全球性挑战，最终建立一个持久和平、普遍安全、共同繁荣、开放包容、清洁美丽的"五位一体"的理想世界。这将是一个长期的未来愿景，也是人类社会努力前进的方向。

人类命运共同体理念植根于中华优秀传统文化基因，也蕴含着引导世界走向和平与发展的丰富智慧与行动方案，承载着中华文明独特基因和鲜明民族特色，是能够造福中国和世界人民的现代化之路。中华优秀传统文化蕴藏着丰富的思想智慧与理论资源，有利于解决当代人类面临的时代难题。人类命运共同体理念植根于厚重的五千年中华优秀传统文化之中，是中华文化和中国精神的时代精华。人类命运共同体理念的文化基因包括以下几个要素：

人类命运共同体理念创新发展了"天人合一"的自然观 "天人合一"思想是中国古人的基本宇宙观，是遵从宇宙演化规律的重要理念。"天"为自然之天，"人"泛指人类，古人强调实现人与自然和谐完善的内在关系，如《老子》中所述："人法地，地法天，天法道，道法自然"；荀子则在《天论》中更进一步地指出，"万物各得其和以生，各得其养以成"。当前，全球生态环境恶化已经成为人类必须面对的问题。中国共产党充分汲取中华优秀传统文化"天人合一"的精神养分，着眼全球可持续发展问题，强调"必须树立和践行绿水青山就是金山银山的理念，坚持节约资源和保护环境的基本国策，像对待生命一样对待生态环境"，呼吁全球共同致力于实现人类与自然和谐共生，以促进可持续发展和生态平衡，传承了传统文化中"天人合一"的文化基因，超越了西方国家短视功利的生态观。

人类命运共同体理念融会贯通了"协和万邦"的天下观 传统文化中蕴含的天下为公、协和万邦的天下观，表达了对于大同世界的美好向往。《礼记》提出，"大道之行，天下为公……是谓大同"，在大同社会中没有剥削和压迫，人民生活和谐而幸福，"修身、治国、平天下"也成为古代士大夫的最高理想。这种对大同社会的追求虽然带有理想的乌托邦色彩，但是古代文人"以天下为己任"的胸襟与气度超越了民族与国家界限，深深扎根于中华民族的血液之中。当今全球面临诸如安全、卫生、贫穷等关乎全人类发展的严峻挑战，中国秉承"大同社会"的理想与信念，将"天下为公""心系天下"的精神融入人类命运共同体的构建，站在全人类角度主张世界上所有国家一律平等，在坚持始终维护世界和平的长期发展原则时，积极推进"一带一路"建设，实现世界各国经济发展合作共赢，与世界人民一道共同建设更加美好的世界，为维护全球和平、实现全球治理做出中国的重要贡献，凝聚了人类文明新共识。

人类命运共同体理念吸收了"和而不同"的社会观 "和"是将多元的事物和观念有机地融合在一起，形成一种协调统一的发展态势；它不仅表现在不同领域中，也表现为同一领域内多种关系的相互渗透与交融；"同"之所指即为事物和观念在本质上的完全契合。史伯指出"夫和实生物，同则不继"，强调矛盾和差异推动事物向前发展，孔子对其进一步深化和补充，强调"君子和而不同，小人同而不和"。总之，"和而不同"即凡事不必保持完全一致，而是要正视事物的差异性，在和谐中实现发展。在世界多极化、经济全球化、文化多元化的大潮下，相互融合、互惠共赢的全球一体化发展格局正在逐步形成，人类命运共同体理念承继了"和而不同"社会观的精髓，强调"既要把握各种文明交流互鉴的大势，又要重视不同思想文化相互激荡的现实"，把握人类社会发展规律，尊重各国文明的多样性与差异性，在平等协商的前提下，共同构建以合作共赢为核心的新型国际关系，形塑了人类文明新形态。

总之，地球是人类唯一的生存家园，地球上每种生物、每个生态系统及其组分，都是维护地球生态安全不可或缺的部分，要真正保护好地球，就是要保护好地球生命共同体；人类的文明史已经表明，凡是对自然进行疯狂掠夺的文明最后都遭到了自然的报复，凡是与自然和谐发展的文明都得以延续发展。共同保护地球生命共同体，维护全球生态安全、提升全球生态治理能力是世界各国义不容辞的责任，构建人类命运共同体，维护全球生命共同体是当今世界所面临的重大任务。只有通过共同努力，加强合作与协调，才能保护和改善全球生态环境，确保人类的可持续发展。生态文明是人类文明发展的历史潮流，建设美丽家园是人类共同的梦想。我们要秉持人类命运共同体理念，推动落实全球发展倡议、全球安全倡议、全球文明倡议，深度参与全球生态环境治理，维护公平合理的全球环境治理体系，共同构建地球生命共同体，建设清洁美丽的世界。

参考文献

BRADY N C, WEIL R R, 2019. 土壤学与生活[M]. 李保国, 徐建鹏, 等, 译. 北京: 科学出版社.

CARSON R. 2007. 寂静的春天[M]. 吴国盛, 评点, 译. 北京: 科学出版社.

MICHAEL B, COLIN R T, JOHN L H, 2016. 生态学: 从个体到生态系统[M]. 4版. 李博, 张大勇, 王德华, 等, 译. 北京: 高等教育出版社.

MITCHELL M, 2011. Complexity: a guided tour[M]. 唐璐, 译. 长沙: 湖南科学技术出版社.

RICHARD B. P, 马克平, 蒋志刚, 2014. 保护生物学[M]. 北京: 科学出版社.

S. E. 约恩森, 2017. 生态系统生态学[M]. 曹建军, 赵斌, 张剑, 等, 译. 北京: 科学出版社.

安康, 2013. 以色列资源节约型农业模式对中国农业发展的启示[J]. 中国农业信息(19): 36-38.

包晴, 2007. 对我国环境污染转移问题的理性思考[J]. 甘肃社会科学(4): 242-245.

保罗·劳伦斯·法伯, 2017. 探寻自然的秩序: 从林奈到E. O. 威尔逊的博物学传统[M]. 上海: 商务印书馆.

蔡昆争, 骆世明, 段舜山, 2005. 生命系统的功能冗余[C]//中国生态学会农业生态学专业委员会. 农业生态学与我国农业可持续发展——教学、科研与推广. 广州: 华南农业大学: 381-384.

蔡晓明, 2000. 生态系统生态学[M]. 北京: 科学出版社.

查尔斯·J·克雷布斯, 2021. 生态学通识[M]. 何鑫, 程翊欣, 译. 北京: 北京大学出版社.

查尔斯·达尔文, 2020. 物种起源[M]. 南京: 译林出版社.

柴艳萍, 2023. 构建人类命运共同体的逻辑脉络和实践路径[J]. 科学社会主义(2): 47-52.

柴之芳, 2012. 从宇宙大爆炸谈起[M]. 长沙: 湖南教育出版社.

陈波, 2022. 北欧国家能源转型及对中国的启示[D]. 上海: 上海社会科学院.

陈德昌, 2003. 生态经济学[M]. 上海: 上海科学技术文献出版社.

陈丰, 李雄耀, 王世杰, 2010. 太阳系行星系统的形成和演化[J]. 矿物岩石地球化学通报, 29(1): 67-73.

陈海嵩, 2015. "生态红线"制度体系建设的路线图[J]. 中国人口·资源与环境, 25(9): 52-59.

陈竑, 田雷, 陈琪, 等, 2000. 强化景观生态过程与格局的连续性与完整性, 促进城市可持续发展[J]. 广西师院学报(自然科学版)(1): 50-53.

陈坤明, 曾文先, 赵立群, 2022. 细胞生物学[M]. 北京: 科学出版社.

达良俊, 2013. 生态型宜居城市离我们有多远[J]. 新华文摘, (9)5: 114-116.

达良俊, 郭雪艳, 2017. 生态宜居与城市近自然森林：基于生态哲学思想的城市生命地标建构[J]. 中国城市林业, 15(4): 1–5.

达良俊, 宋坤, 2023. 快速城市化下的生态环境危机与城市的自然回归[J]. 科学, 75(6): 1–5.

段昌群, 2006. 生态约束与生态支撑[M]. 北京: 科学出版社.

段昌群, 2023. 环境生物学[M]. 3版. 北京: 高等教育出版社.

段昌群, 盛连喜, 2017. 资源生态学[M]. 北京: 高等教育出版社.

段昌群, 苏文华, 杨树华, 等, 2020. 植物生态学[M]. 3版. 北京: 高等教育出版社

方精云, 2021. 碳中和的生态学透视[J]. 植物生态学报, 45(11): 1173–1176.

方精云, 2000. 全球生态学: 气候变化与生态响应[M]. 北京: 高等教育出版社

方精云, 刘玲莉, 2021. 生态系统生态学——回顾与展望[M]. 北京: 高等教育出版社.

高飞雨, 2022. 转基因技术生物安全管理机制发展的对策与建议[J]. 农学学报, 12(7): 89–93.

耿飒, 2024. 实施绿色生态农业产业链"链长制"的思考——以山东省为例[J]. 中华环境(Z1): 85–87.

龚群, 2023. 构建人与自然生命共同体的思想背景与路径[J]. 华中科技大学学报(社会科学版), 37(6): 1–7.

郭华东, 2021. 地球大数据支撑可持续发展目标报告(2020): 中国篇[M]. 北京: 科学出版社.

郭兆颖, 王喆, 2023. 生态产品价值对区域经济增长的空间溢出效应探究[J]. 金融理论与教学(5): 82–85.

郝清杰, 杨瑞, 韩秋明, 2016. 中国特色社会主义生态文明建设研究[M]. 北京: 中国人民大学出版社.

贺金生, 韩兴国, 2010. 生态化学计量学: 探索从个体到生态系统的统一化理论[J]. 植物生态学报, 34(1): 2–6.

侯焱臻, 赵文武, 刘焱序, 2019. 自然衰退"史无前例", 物种灭绝率"加速"——IPBES全球评估报告简述[J]. 生态学报, 39(18): 6943–6949.

胡巍巍, 王根绪, 邓伟, 2008. 景观格局与生态过程相互关系研究进展[J]. 地理科学进展(1): 18–24.

胡咏君, 谷树忠, 2015. "绿水青山就是金山银山": 生态资产的价值化与市场化[J]. 湖州师范学院学报, 37(11): 22–25.

黄迪, 任毅华, 杨守志, 2023. 藏东南察隅县针阔混交林乔木树种种群结构特征[J]. 西北林学院学报, 38(5): 79–85.

霍金, 1992. 时间简史[M]. 许明贤, 吴忠超, 译. 长沙: 湖南科学技术出版社.

卡尔·齐默, 2011. 演化: 跨越40亿年的生命记录[M]. 上海: 上海人民出版社.

李包庚, 耿可欣, 2022. 人类命运共同体视域下的全球生态治理[J]. 治理研究(1): 28–39.

李博, 2000. 生态学[M]. 北京: 高等教育出版社.

李德志, 刘科轶, 臧润国, 等, 2006. 现代生态位理论的发展及其主要代表流派[J]. 林业科学,

42(8): 88-94.

李慧明, 王敏, 2022. 生态向度在构建人类命运共同体中的价值及其路径选择[J]. 人文杂志(7): 23-34.

李家祥, 2019. 习近平生态文明思想与生态学马克思主义比较研究[D]. 杭州: 浙江理工大学.

李进华, 2022. 现代动物学[M]. 北京: 高等教育出版社.

李猛, 2016. 滇池流域富磷区土壤磷淋失风险[D]. 北京: 中国科学院大学.

李淑娟, 郑鑫, 隋玉正, 2021. 国内外生态修复效果评价研究进展[J]. 生态学报, 41(10): 4240-4249.

李裕元, 李希, 孟岑, 等, 2021. 我国农村水体面源污染问题解析与综合防控技术及实施路径[J]. 农业现代化研究, 42(2): 185-197.

李元, 祖艳群, 2023. 环境生态学导论[M]. 北京: 科学出版社.

李长春, 王永, 姚国新, 等, 2018. 镉在果蝇体内的积累及对其生长发育的影响[J]. 河南农业科学, 47(8): 83-87.

李振基, 陈圣宾, 2011. 群落生态学[M]. 北京: 气象出版社.

李振基, 陈小麟, 郑海雷, 2023. 生态学[M]. 4版, 北京: 科学出版社

林涵, 李正山, 张晔, 等, 2001. 可持续发展: 人类的未来之路[M]. 北京: 中国环境科学出版社.

刘诗古, 2023. "沧海桑田": 近代长江中游的沙洲变迁与滩地开垦[J]. 近代史研究(1): 49-64+160.

刘腾, 刘祖云, 2024. 生态乡村建设: "生态产业化"与"产业生态化"双向互构的逻辑——基于南京市竹镇的个案分析[J]. 南京农业大学学报(社会科学版), 24(2): 51-62.

刘玉升, 2019. 生态植物保护学: 原理与实践[M]. 北京: 中国农业科学技术出版社.

吕一河, 陈利顶, 傅伯杰, 2007. 景观格局与生态过程的耦合途径分析[J]. 地理科学进展(3): 1-10.

马克平, 钱迎倩, 1994. 《生物多样性公约》的起草过程与主要内容[J]. 生物多样性, 2(1): 54-57.

马世骏, 王如松, 1984. 社会-经济-自然复合生态系统[J]. 生态学报, 4(1): 1-9.

聂华林, 1992. 非平衡系统生态学[M]. 兰州: 兰州大学出版社.

牛翠娟, 娄安如, 孙儒泳, 等, 2023. 基础生态学[M]. 4版. 北京: 高等教育出版社.

朴世龙, 岳超, 丁金枝, 等, 2022. 试论陆地生态系统碳汇在"碳中和"目标中的作用[J]. 中国科学: 地球科学, 52(7): 1419-1426.

漆信贤, 黄贤金, 赖力, 2018. 基于Meta分析的中国森林生态系统生态服务功能价值转移研究[J]. 地理科学, 38(4): 522-530.

沈满洪, 谢慧明, 王颖, 2022. 生态经济学[M]. 北京: 中国环境出版集团.

石辉, 2022. 达尔文进化论中被忽视的前提与几个核心问题[J]. 生物多样性(30): 22543.

孙百亮, 2023. 人与自然和谐共生的价值理想及其实践逻辑[J]. 人文杂志(10): 11–20.

孙然好, 孙龙, 苏旭坤, 等, 2021. 景观格局与生态过程的耦合研究: 传承与创新[J]. 生态学报, 41(1): 415–421.

孙儒泳, 2001. 动物生态学原理[M]. 3版. 北京: 北京师范大学出版社.

唐海萍, 陈姣, 薛海丽, 2015. 生态阈值: 概念、方法与研究展望[J]. 植物生态学报, 39(9): 932–940.

唐晓东, 李阔昂, 2019. 宇宙中元素的起源[J]. 物理, 48(10): 633–639.

汪品先, 田军, 黄恩清, 等, 2018. 地球系统与演变[M]. 北京: 科学出版社.

王丹萱, 2022. 浅谈荷兰高效生态农业的发展对我国的启示[J]. 上海农业科技(6): 4–6.

王如松, 2013. 生态整合与文明发展[J]. 生态学报, 33(1): 1–11.

王瑞武, 2021. 理性与自私的终结[M]. 北京: 商务印书馆.

王文轩, 2023. 人与自然和谐共生的现代化: 历史选择、理论依据与实践路径[J]. 科学社会主义(3): 17–24.

王希华, 宋永昌, 2001. 马尾松林恢复为常绿阔叶林的研究[J]. 生态学杂志, 20(1): 30–32.

王振南, 杨慧敏, 2013. 植物碳氮磷生态化学计量对非生物因子的响应[J]. 草业科学, 30(6): 927–934.

温丹丹, 解洲胜, 鹿腾, 2018. 国外工业污染场地土壤修复治理与再利用——以德国鲁尔区为例[J]. 中国国土资源经济, 31(5): 52–58.

温学发, 张心昱, 魏杰, 等, 2019. 地球关键带视角理解生态系统碳生物地球化学过程与机制[J]. 地球科学进展, 34(5): 471–479.

邬建国, 2007. 景观生态学: 格局、过程、尺度与等级[M]. 2版. 北京: 高等教育出版社.

吴振斌, 邱东茹, 贺锋, 等, 2001. 水生植物对富营养水体水质净化作用研究[J]. 武汉植物学研究, 19(4): 299–303.

谢平, 2006. 水生动物体内的微囊藻毒素及其对人类健康的潜在威胁[M]. 北京: 科学出版社.

谢平, 2016. 生态文明的自然本原[J]. 湖泊科学, 28(1): 1–8.

谢强, 卜文俊, 2010. 进化生物学[M]. 北京: 高等教育出版社.

项春哲, 2017. 中国环境污染空间转移及对策[J]. 科教导刊(5): 153–154.

徐驰, 王海军, 刘权兴, 等, 2020. 生态系统的多稳态与突变[J]. 生物多样性, 28(11): 1417–1430.

徐昔保, 马晓武, 杨桂山, 2020. 基于生态系统完整性与连通性的生态保护红线优化探讨——以长三角为例[J]. 中国土地科学, 34(5): 94–103.

杨持, 2023. 生态学[M]. 4版. 北京: 高等教育出版社.

杨瑞, 鲁长安, 2019. 生态文明建设新篇章[M]. 北京: 中国人民大学出版社.

杨文进, 2001. 生态经济学的现状及发展对策[J]. 生态经济(3): 7–9.

姚杰, 丁易, 黄继红, 等, 2023. 海南霸王岭热带山地雨林6hm²森林动态监测样地物种组成与群落特征[J]. 陆地生态系统与保护学报, 3(3): 1–12.

叶清, 2022. 沧海桑田曾厝垵——厦门岛地理环境变迁之一[J]. 厦门科技(4): 48–51.

于法稳, 2021. 中国生态经济研究: 历史脉络、理论梳理及未来展望[J]. 生态经济, 37(8): 13–20+27.

于贵瑞, 郝天象, 朱剑兴. 2022. 中国碳达峰、碳中和行动方略之探讨[J]. 中国科学院院刊, 37(4): 423–434.

于贵瑞, 杨萌, 郝天象. 2022. 统筹生态系统五库功能, 筑牢国家生态基础设施[J]. 科学观察, 37(22): 1534–1538.

于贵瑞, 朱剑兴, 徐丽, 等, 2022. 中国生态系统碳汇功能提升的技术途径: 基于自然解决方案[J]. 中国科学院院刊, 37(4): 490–501.

于洋, 2024. 人类命运共同体理念的建构历程及理论价值[J]. 西北师大学报（社会科学版）, 61(2): 14–22.

袁鑫奇, 俞乃琪, 郭兆来, 等, 2022. 会泽铅锌矿区废弃地优势草本植物的重金属富集特征[J]. 生态与农村环境学报(3): 399–408.

张昌顺, 肖玉, 马姜明, 等, 2023. 漓江流域生态系统服务时空格局与演变[M]. 北京: 中国水利水电出版社.

张城, 李晶, 周自翔, 等, 2021. 生态系统服务级联效应研究进展[J]. 应用生态学报, 32(5): 1633–1642.

张虎, 贲成恺, 祖凯伟, 等, 2023. 江苏近海辐射沙脊群及邻近海域生态系统营养结构和能量流动研究[J]. 海洋渔业, 45(1): 60–72.

张辉, 2018. 良好生态环境是最公平的公共产品, 是最普惠的民生福祉——保护湖泊, 做大盛水的"盆"[J]. 湖北政协(3): 20–21.

张添佑, 陈智, 温仲明, 等, 2022. 陆地生态系统临界转换理论及其生态学机制研究进展[J]. 应用生态学报, 33(3): 613–622.

张文博, 2022. 生态文明建设视域下城市绿色转型的路径研究[M]. 上海: 上海社会科学院出版社.

张知彬, 2019. 森林生态系统鼠类与植物种子关系研究: 探索对抗者之间合作的秘密[M]. 北京: 科学出版社.

赵慧霞, 吴绍洪, 姜鲁光, 2007. 生态阈值研究进展[J]. 生态学报(1): 338–345.

赵建军, 2017. 我国生态文明建设的理论创新与实践探索[M]. 宁波: 宁波出版社.

赵萌琪, 孟凡坤, 2023. 习近平关于城市治理重要论述研究[J]. 教学与研究(8): 18–29.

赵思佳, 张媛媛, 余克服, 等, 2022. 南海珊瑚礁区棘冠海星重金属含量及其生物积累特征分析[J]. 海洋环境科学(4): 579–585.

赵雪雁, 杜昱璇, 李花, 等, 2021. 黄河中游城镇化与生态系统服务耦合关系的时空变化[J]. 自然资源学报, 36(1): 131–147.

郑少华, 彭璞, 2023. 论地球生命共同体理念的逻辑构造[J]. 太平洋学报, 31(10): 97–106.

郑昭佩, 2011. 恢复生态学概论[M]. 北京: 科学出版社.

周密, 2022. 推进"绿水青山就是金山银山"生态价值转换研究[J]. 商展经济(12): 149–152.

周生贤, 2012. 中国特色生态文明建设的理论创新和实践[J]. 中国环境监测, 28(6): 1–3.

卓正大, 张宏建, 1991. 生态系统[M]. 广州: 广东高等教育出版社.

ALEWELL C, RINGEVAL B, BALLABIO C, et al, 2020. Global phosphorus shortage will be aggravated by soil erosion[J]. Nature Communication, 11: 4546.

ALLAN J R, POSSINGHAM H P, ATKINSON S C, et al, 2022. The minimum land area requiring conservation attention to safeguard biodiversity[J]. Science, 376: 1094–1101

ANDREW G, 2006. The Human Impact on the Natural environment[M]. New Jersey: Wiley–Blackwell.

BAHARGAVA R N, RAJARAM V, OLSON K, et al, 2019. Ecology and Environment[M]. New York: CRC Press.

BEGON M, TOWNSEND C R, HARPER J L, 2006. Ecology: From Individuals to Ecosystems[M]. 4th edition. New Jersey: Wiley–Blackwell.

BOYCE R, HERDMAN W, 1897. On a green leucocytosis in oysters associated with the presence of copper in the leucocytes[J]. Proceedings of the Royal Society of London, 62(1): 30–38.

BRIAN W, DAVID S, WALTER V R, 2006. Resilience Thinking: Sustaining Ecosystems and People in a Changing World[M]. California: Island Press.

BROWN J H & MAURER B A, 1986. Body size, ecological dominance, and Cope's rule[J]. Nature, 324: 248–250.

CHEN J, ZHANG D W, XIE P, et al, 2009. Simultaneous determination of microcystin contaminations in various vertebrates (fish, turtle, duck and waterbird) from a large eutrophic Chinese lake, Lake Taihu, with toxic Microcystis blooms[J]. Science of the total environment, 407: 317–332.

CHEN X, HU Y, XIA Y, et al, 2021. Contrasting pathways of carbon sequestration in paddy and upland soils[J]. Globbal change biology, 27: 2478–2490.

CHEN X, LUPI F, VINA A, et al, 2009. Factors affecting land reconversion plans following a payment for ecosystem service program[J]. Biological conservation, 142(8): 1740–1747.

CHOUDHURY C, GIRI S, MAZUMDER R, et al, 2023. Heavy metal bioaccumulation triggers oxystress, genotoxicity and immunomodulation in head kidney macrophages of Channa punctatus Bloch[J]. Ecotoxicology, 32: 553–568.

COLIN R T, MICHAEL B, JOHN L H, et al, 2006. Introduction to Ecology[M]. Hoboken: Wiley Press.

COSTANZA R, 1991. Ecological economics: a research agenda[J]. Structural change and economic dynamics, 2(2): 335-357.

CUI J, ZHANG X, REIS S, et al, 2023. Nitrogen cycles in global croplands altered by elevated CO_2[J]. Nature sustainability, 6: 1166-1176.

DENG C, LIU J, LIU Y, et al, 2021. Spatiotemporal dislocation of urbanization and ecological construction increased the ecosystem service supply and demand imbalance[J]. Journal of environmental management, 288: 112478.

FANG J, YU G, LIU L, et al. 2018. Climate change, human impacts, and carbon sequestration in China[J]. Proceedings of the national academy of sciences, 115(16): 4015-4020.

FENG T, SUN Y C, SHI Y T, 2024. Air pollution control policies and impacts: A review[J]. Renewable and sustainable energy reviews, 19: 114071.

FIERER N, SCHIMEL J P, HOLDENB P A, 2003. Variations in microbial community composition through two soil depth profiles[J]. Soil biology & biochemisry, 35: 167-176.

FOUCHIER R A M, KUIKEN T, Schutten M, et al, 2003. Aetiology: Koch's postulates fulfilled for SARS virus[J]. Nature, 423(6937): 240.

GEORGE C W, 1966. Adaptation and natural selection[M]. Princeton: Princeton University Press.

GOULD S J, 1980. The panda's thumb: More reflections in natural history[M]. 1st edition. New York: Norton.

GUANG X, LAN T, WAN Q H, et al, 2021. Chromosome-scale genomes provide new insights into subspecies divergence and evolutionary characteristics of the giant panda[J]. Science bulletin, 66(19): 2002-2013.

HOUGHTON R A, 2000. Interannual variability in the global carbon cycle[J]. Journal of geophysical research. 105: 20121-20130.

HUBER J, 2008. Pioneer countries and the global diffusion of environmental innovations: Theses from the viewpoint of ecological modernisation theory[J]. Global environmental change, 18(3): 360-367.

JACOB D J, 2000. Introduction to Atmospheric Chemistry[M]. Princeton: Princeton University Press.

JOHN A, 2019. Animal Behavior: An Evolutionary Approach[M]. Oxford: Sinauer Associates Press.

JOHN R K, NICHOLAS B D, 2011. Behavioral Ecology: An evolutionary approach[M]. Hoboken: Wiley Press.

KERR R A, 1998. No Longer Willful, Gaia Becomes Respectable[J]. Science, 240(4851): 393-395.

KEVIN J G, JOHN I S, 2004. Biodiversity: an introduction[M]. 2nd edition. New York: Wiley-Blackwell.

KIMON H, 2014. Ecology and Applied Environmental Science[M]. New York: CRC Press.

KREB C, 2001. Ecology: the Experimental Analysis of Distribution and Abundance[M]. 5th edition, San Francisco: Benjamin Cummings.

KREBS C J, 2009. Ecology: the experimental analysis of distribution and abundance[M]. San Francisco: Benjamin Cummings.

KUANG X, LIU J, SCANLON B R, et al, 2024. The changing nature of groundwater in the global water cycle[J]. Science, 383: 6686.

KUZYAKOV Y, GAVRICHKOVA O, 2010. Review: Time lag between photosynthesis and carbon dioxide efflux from soil: a review of mechanisms and controls[J]. Global change biology, 16(12): 3386–3406.

LARONDELLE N, HAASE D, 2013. Urban ecosystem services assessment along a rural–urban gradient: A cross–analysis of European cities[J]. Ecological indicators, 29: 179–190.

LAWRENCE B, SLOBODKIN, 2003. A citizen's guide to Ecology[M]. New York: Oxford University Press.

LIU J, DIAMOND J, 2005. China's environment in a globalizing world[J]. Nature, 435(7046): 1179–1186.

LIU Z, LAN J, HE G, et al, 2017. The coupling coordination relationship between rural eco–environmental quality and rural economic development in China[J]. Ecological indicators, 73: 535–543.

LØNBORG C, MÜLLER M, BUTLER E V, et al, 2021. Nutrient cycling in tropical and temperate coastal waters: Is latitude making a difference?[J]. Estuarine, coastal and shelf science, 262: 107571.

LOSACCO D, ANCONA V, DE PAOLA D, et al, 2021. Development of ecological strategies for the recovery of the main nitrogen agricultural pollutants: a review on environmental sustainability in agroecosystems[J]. Sustainability, 13: 7163.

LU Y L, YANG Y F, SUN B, et al, 2020. Spatial variation in biodiversity loss across China under multiple environmental stressors[J]. Science advances, 6(47): eabd0952.

MICHAEL B, MARTIN M, DAVID J T, 2014. Ecology: Individuals, Populations, and Communities[M]. Hoboken: Wiley Press.

MICHAEL L C, WILLIAM D B, SALLY D H, 2019. Ecology[M]. New York: Freeman and Company Press.

MOLLES M, 2015. Ecology: Concepts and Applications[M]. 7th editon. New York: McGraw–Hill Education

MUNOZ G, BUDZINSKI H, BABUT M, et al, 2017. Evidence for the Trophic Transfer of Perfluoroalkylated Substances in a Temperate Macrotidal Estuary[J]. Environmental science & technology, 51(15): 8450–8459.

OSTROM E, 2009. A general framework for analyzing sustainability of social–ecological systems[J]. Science, 325(5939): 419–422.

PAHL–WOSTL C, HOLTZ G, KASTENS B, 2010. Analyzing Complex Water Governance Regimes:

The Management and Transition Framework[J]. Environmental science & policy, 13: 571–581.

PAN Y P, WANG Y S, 2015. Atmospheric wet and dry deposition of trace elements at 10 sites in Northern China[J]. Atmospheric chemistry and physics, 15: 951–972.

QU J W, WANG Q, SUN X M, et al, 2022. The environment and female reproduction: Potential mechanism of cadmium poisoning to the growth and development of ovarian follicle[J]. Ecotoxicology and environmental safety, 244: 114029.

RAXWORTHY C, MARTINEZ-MEYER E, HORNING N, et al, 2003. Predicting distributions of known and unknown reptile species in Madagascar[J]. Nature, 426: 837–841.

REICH P B, OLEKSYN J, 2004. Global patterns of plant leaf N and P in relation to temperature and latitude[J]. Proceedings of the national academy of sciences of the United States of America, 10(30): 11001–11006.

SCHAUBER E M, KELLY D, TURCHIN P, et al, 2002. Masting by eighteen New Zealand plant species: The role of temperature as a synchronizing cue[J]. Ecology, 83(5): 1214–1225.

SEINFELD J H, PANDIS S N, 2016. Atmospheric Chemistry and Physics: From Air Pollution to Climate Change[M]. New York: Wiley Press.

SHI Y Q, SUN S, ZHANG G T, et al, 2014. Distribution pattern of zooplankton functional groups in the Yellow Sea in June: a possible cause for geographical separation of giant jellyfish species[J]. Hydrobiologia, 754: 43–58.

SHILPA S S, DEEPTHI D, HARSHITHA S, et al, 2023. Environmental pollutants and their effects on human health[J]. Heliyon, 9(9): e19496.

SMITH T, SMITH R, 2014. Elements of Ecology[M]. 9th edition. New York: Pearson Education Press.

STERNER R W, ELSER J J, 2002. Ecological Stoichiometry: The Biology of Elements from Molecules to the Biosphere[M]. Princeton: Princeton University Press.

STEVE POLLOCK, 2005. Eyewitness Ecology[M]. London: Dorling Kingdersley.

TARSA E E, HOLDAWAY B M, KETTENRING K M, 2022. Tipping the balance: The role of seed density, abiotic filters, and priority effects in seed-based wetland restoration[J]. Ecological applications, 32(8): e2706.

TOM T, LYNNE L, 2021. Environmental and Natural Resource Economics[M]. New York: Pearson Education Press.

TONY JUNIPER, 2019. The Ecology Book[M]. London: Dorling Kingdersley.

TRISOS C H, MEROW C, PIGOT A L, 2020. The projected timing of abrupt ecological disruption from climate change[J]. Nature, 580: 496–501.

WANG L K, SHAMMAS N K, HUNG Y T, 2007. Advanced physicochemical treatment Technologies[M]. Clifton: Humana Press.

WILSON E O, 1975. Sociobiology: The new synthesis[M]. Cambridge: Belknap Press of Harvard University Press.

WILSON E O, 2016. Half-earth: Our planet's fight for life[M]. First edition. New York: Liveright Publishing Corporation.

WILSON E O, FRANCES M P, 1988. Biodiversity [M]. Washington D C: National Academy Press.

WINDSOR F M, PEREIRA M G, MORRISSEY C A, et al, 2020. Environment and food web structure interact to alter the trophic magnification of persistent chemicals across river ecosystems[J]. Science of the total environment, 717: 137271.

WOODWELL J C, 1998. A simulation model to illustrate feedbacks among resource consumption, production, and factors of production in ecological-economic systems[J]. Ecological modelling, 112(2-3): 227-248.

XIE L Q, XIE P, GUO L G, et al, 2005. Organ distribution and bioaccumulation of microcystins infreshwater fishes with different trophic levels from the eutrophic Lake Chaohu, China[J]. Environmental toxicology, 20: 293-300.

YAMAMAE K, NAKAMURA Y, MATSUNO K, et al, 2023. Vertical changes in zooplankton abundance, biomass, and community structure at seven stations down to 3000 m in neighboring waters of Japan during the summer: Insights from ZooScan imaging analysis[J]. Progress in oceanography, 219: 103155.

YANG Y, SHI Y, SUN W, et al, 2022. Terrestrial carbon sinks in China and around the world and their contribution to carbon neutrality[J]. Science China: Life science(5): 534-574.

ZAMANIAN K, PUSTOVOYTOV K, KUZYAKOV Y, 2016. Pedogenic carbonates: Forms and formation processes[J]. Earth-science reviews, 157: 1-17.

ZHANG A, YIN J, ZHANG Y, et al, 2023. Plants alter their aboveground and belowground biomass allocation and affect community-level resistance in response to snow cover change in Central Asia, Northwest China[J]. Science of the total environment, 902: 166059.

ZHANG B, BI J, FAN Z, 2008. An overview of the environmental management systems in China in response to the challenges of sustainable development[J]. Journal of environmental management, 88(4): 529-538.

ZHANG D W, XIE P, LIU Y Q, et al, 2009. Transfer, distribution and bioaccumulation of microcystins in the aquatic foodweb in Lake Taihu, China, with potential risks to human health[J]. Science of the total environment, 407: 2191-2199.

ZHANG Z, PENG J, XU Z, et al. Ecosystem services supply and demand response to urbanization: A case study of the Pearl River Delta, China[J]. Ecosystem services, 2021, 49(1): 101274.

ZHAO L, FU D, LIU C, et al, 2023. Effect of fertilization on farmland phosphorus loss via surface runoff in China: A meta-analysis[J]. Soil & tillage research, 230: 105700.